# 化学電池の材料化学

杉本克久

アグネ技術センター

# まえがき

　化学電池(以降電池)は，材料を集積化して作られた化学エネルギーから電気エネルギーへのエネルギー変換を行うデバイスである．このような材料集積化デバイスは，材料化学の知識と材料集積化の技術を発揮するのに非常に適した対象である．このような対象を扱うことは，本来，金属・材料系の材料技術者の得意とする所と思われる．

　しかし，金属・材料工学系の技術者の中には，電池に対する興味はあるものの，電池に取り組むことに対しては，ある種の精神的バリアを感じておられる方もいるかも知れない．たぶんその理由は，ほとんどの金属・材料工学系学科・専攻には電池工学の専門科目がないこと，そして，電気化学などの専門講義がある学科・専攻においても，その講義内容は素材の電気化学であり，電池に求められる材料システムとしての観点が不足していることによるのではないかと思われる．したがって，このような教育上の不足を補えば，電池は取り付き易い研究・開発の対象になるのではと思われる．

　本書の目的は，金属・材料工学分野の学生・技術者諸氏に対して，電池に関する基礎的知識と電池構成材料に関する専門的知識を提供することである．そのために，本書の構成と内容には以下の配慮をした．

(1)一次電池，二次電池，および燃料電池の構造と構成材料の果たす役割について，歴史的変遷から今日の最先端に至るまで，取り付き易いように本書の前半で解説した．そして，電池の機能の理解に必要な電気化学の理論は，各電池の内容がよく分かってから取り掛かれるように，本書の後半に配置した．

(2)電池の電気化学に関する説明は，金属・材料工学系学科・専攻で行われている電気化学や材料化学の講義の内容をできるだけ活かし，これらの学科・専攻の学生および出身技術者が親しみ易いようにした．

(3)電池の電気化学および性能評価に関わる重要な式については，実際に利用できるように，電池に関する具体的な例を用いて演習形式で分かり易く解説した．

(4)実用電池の材料についての基本的解説をすると同時に，研究開発中の高性能電池の材料についても最近の技術動向が分かるように配慮した．

　高性能電池の使用は，電気自動車を例に取れば明らかなように，石油資源の

使用量を節減すると共に石油系燃料の燃焼に伴う環境有害物質の発生量を大きく減少させる．したがって，高性能電池は持続可能な未来社会の実現のためには不可欠であり，そのため，電池高性能化のための技術開発は今後共活発に進められると思われる．本書が金属・材料工学分野の学生・技術者諸氏の電池に対する取り組みの発端になればと願っている．

　なお，本書は株式会社アグネ技術センター出版の雑誌「金属」に2008年8月より2009年1月まで6回にわたって連載された拙著記事「化学電池の作動原理と材料化学」を書籍向きに纏め直したものである．本書の出版に当たっては，同社の前園明一氏および編集担当者の方々から貴重なご意見とご協力を頂いた．記して厚く感謝の意を表する．

2010年7月　杉本克久

# 目次

まえがき　*i*

## 第1章　電池の種類と発展の歴史　1
1.1　材料システムとしての電池　1
1.2　電池の分類　1
1.3　一次電池，二次電池，燃料電池の発明史　4
　　ホーヤットラップア電池　6
　　ガルバーニの実験　7
　　ボルタ電池　8
　　ダニエル電池　10
　　グローブの燃料電池　11
　　プランテ電池　13
　　ルクランシェ電池　14
　　ガスナー乾電池　15
　　屋井乾電池　16
1.4　化学電池の共通的構造　18
1.5　電池技術開発の社会的重要性　19
＜コラム＞電池の正しい使い方　21
参考文献　21

## 第2章　一次電池の電極反応と材料　23
2.1　一次電池に求められている事柄　23
2.2　一次電池の構造　23
2.3　各種一次電池の特徴と用途　24
　　2.3.1　マンガン乾電池　27
　　2.3.2　アルカリマンガン乾電池　27
　　2.3.3　酸化銀電池　28
　　2.3.4　空気・亜鉛電池　28
　　2.3.5　二酸化マンガン・リチウム電池　29
　　2.3.6　フッ化黒鉛・リチウム電池　30
　　2.3.7　塩化チオニル・リチウム電池　30
2.4　アルカリマンガン乾電池の構造と電極反応　30
　　2.4.1　構造　30
　　2.4.2　起電反応　32

2.4.3　合剤　*32*
　2.5　二酸化マンガン・リチウム電池の構造と電極反応　*33*
　　2.5.1　構造　*33*
　　2.5.2　起電反応　*34*
　　2.5.3　有機溶剤　*35*
　2.6　発展途上の一次電池　*36*
　　2.6.1　固体電解質電池　*37*
　　2.6.2　固体ポリマー電解質電池　*38*
　＜コラム＞一次電池，二次電池の生産量と生産額　*39*
　参考文献　*41*

# 第3章　二次電池の電極反応と材料　*43*
　3.1　二次電池に求められている事柄　*43*
　3.2　二次電池の構造　*43*
　3.3　各種二次電池の特徴と用途　*44*
　　3.3.1　鉛蓄電池　*46*
　　3.3.2　ニッケル・カドミウム蓄電池　*47*
　　3.3.3　ニッケル・水素電池　*47*
　　3.3.4　リチウム二次電池　*48*
　　3.3.5　リチウムイオン二次電池　*48*
　　3.3.6　ニッケル・亜鉛電池　*49*
　　3.3.7　亜鉛・塩素電池　*49*
　　3.3.8　レドックスフロー電池　*49*
　　3.3.9　ナトリウム・硫黄電池　*50*
　3.4　鉛蓄電池の構造と電極反応　*50*
　　3.4.1　構造　*50*
　　3.4.2　起電反応　*51*
　　3.4.3　鉛蓄電池の新技術　*52*
　3.5　ニッケル・水素電池の構造と電極反応　*54*
　　3.5.1　構造　*54*
　　3.5.2　起電反応　*55*
　　3.5.3　正極活物質　*56*
　　3.5.4　負極活物質　*57*
　　3.5.5　水素吸蔵合金　*58*
　3.6　リチウムイオン二次電池の構造と電極反応　*60*
　　3.6.1　構造　*60*
　　3.6.2　起電反応　*61*

		3.6.3　正極活物質　*63*
		3.6.4　負極活物質　*65*
		3.6.5　固体電解質界面相　*68*
		3.6.6　研究開発中の正極材料　*69*
		3.6.7　研究開発中の負極材料　*75*
		3.6.8　有機電解液　*78*
		3.6.9　研究開発中の電解質　*79*
	3.7　発展途上の二次電池　*81*
		3.7.1　全固体薄膜二次電池　*81*
		3.7.2　ポリマー二次電池　*83*
	3.8　二次電池の充電方法　*86*
	＜コラム＞メモリー効果　*87*
	参考文献　*89*

# 第4章　燃料電池の電極反応と材料　*91*
	4.1　燃料電池に求められている事柄　*91*
	4.2　燃料電池の構造　*91*
	4.3　各種燃料電池の特徴と用途　*93*
		4.3.1　アルカリ型燃料電池　*93*
		4.3.2　リン酸型燃料電池　*96*
		4.3.3　溶融炭酸塩型燃料電池　*97*
		4.3.4　固体酸化物型燃料電池　*97*
		4.3.5　固体高分子型燃料電池　*98*
	4.4　リン酸型燃料電池の構造と材料　*100*
		4.4.1　構造　*100*
		4.4.2　電解質としてリン酸を用いる得失　*101*
		4.4.3　起電反応　*101*
		4.4.4　燃料ガス／電解質水溶液／電極三相界面　*101*
		4.4.5　機能分離型電極　*102*
	4.5　固体酸化物型燃料電池の構造と材料　*103*
		4.5.1　構造　*103*
		4.5.2　起電反応　*105*
		4.5.3　燃料ガス／固体電解質／電極三相界面　*106*
		4.5.4　酸化物系および無機酸塩系固体電解質　*106*
		4.5.5　複合発電と排熱利用による熱効率向上　*112*
		4.5.6　中温作動固体酸化物型燃料電池　*113*
	4.6　固体高分子型燃料電池の構造と材料　*115*

        4.6.1　構造　*115*
        4.6.2　起電反応　*116*
        4.6.3　電極触媒　*116*
        4.6.4　固体高分子電解質の種類と特徴　*119*
        4.6.5　パーフルオロスルホン酸膜の伝導機構　*121*
        4.6.6　パーフルオロスルホン酸膜の劣化　*122*
        4.6.7　セパレータ材料　*123*
    4.7　直接メタノール燃料電池　*125*
        4.7.1　特徴　*125*
        4.7.2　構造　*125*
        4.7.3　起電反応　*126*
        4.7.4　電極触媒　*127*
        4.7.5　電解質膜のメタノールクロスオーバー　*128*
        4.7.6　電池性能向上のための研究開発　*129*
    4.8　水素の製造方法　*130*
        4.8.1　メタンの水蒸気改質　*131*
        4.8.2　メタン以外の炭化水素化合物の水蒸気改質　*133*
        4.8.3　水素の精製技術　*133*
    4.9　水素の貯蔵方法　*135*
        4.9.1　水素の性質　*135*
        4.9.2　圧縮ガスによる貯蔵　*136*
        4.9.3　液化水素による貯蔵　*137*
        4.9.4　水素吸蔵合金による貯蔵　*137*
        4.9.5　有機ハイドライドによる貯蔵　*138*
        4.9.6　ナノ構造炭素材料による貯蔵　*139*
        4.9.7　リチウム窒素複合材料による貯蔵　*139*
    ＜コラム＞地球環境問題対策における電池の役割　*140*
    参考文献　*141*

# 第5章　電気モーター駆動自動車の電池システム　*145*
    5.1　自動車用電池と携帯機器用電池の違い　*145*
    5.2　電気モーター駆動自動車　*145*
        5.2.1　電気モーター駆動自動車の種類　*145*
        5.2.2　電気モーター駆動自動車への社会の期待　*146*
    5.3　電気モーター駆動自動車用電池　*147*
        5.3.1　電気モーター駆動自動車用電池の要件　*147*
        5.3.2　電気自動車用二次電池に求められる性能　*148*

5.4 電気自動車用二次電池システム　*149*
　　5.4.1　二次電池システムの構成　*149*
　　5.4.2　電気自動車の電力－動力システム　*150*
　　5.4.3　電気自動車用リチウムイオン二次電池　*151*
　　5.4.4　電気自動車の二次電池への充電　*154*
5.5 ハイブリッド自動車用二次電池システム　*156*
　　5.5.1　ハイブリッド自動車の電力－動力システム　*156*
　　5.5.2　ハイブリッド自動車用二次電池　*157*
　　5.5.3　ニッケル・水素電池システム　*158*
5.6 燃料電池自動車用燃料電池システム　*162*
　　5.6.1　燃料電池自動車用の燃料電池　*162*
　　5.6.2　燃料電池自動車の電力－動力システム　*164*
　　5.6.3　燃料電池自動車用の燃料電池システム　*164*
　　5.6.4　自動車用固体高分子型燃料電池　*167*
　　5.6.5　燃料電池への水素の供給　*170*
＜コラム＞リチウムの資源問題　*173*
参考文献　*174*

## 第6章　化学電池の電気化学　*177*
6.1　電池機能の電気化学　*177*
6.2　単一電極上での電気化学反応の平衡電位　*177*
6.3　電池の起電力　*181*
6.4　Nernstの式を使って電池の起電力を求める方法　*181*
6.5　単一電極上での電気化学反応の反応速度　*184*
6.6　電池反応の分極曲線　*187*
6.7　Tafelの式を使って電池の作動電圧を評価する方法　*189*
6.8　放電に伴う分極曲線の変化　*191*
6.9　電池の放電曲線　*192*
6.10　電池の放電曲線から電池の容量とエネルギー密度を求める方法　*193*
6.11　電池の損失　*194*
6.12　電解質溶液の比導電率　*196*
6.13　イオンの移動度　*197*
6.14　電解質溶液の当量導電率　*198*
6.15　イオンの輸率　*200*
6.16　液間電位　*201*
6.17　膜電位　*202*
6.18　金属電極の腐食（自己放電）の局部電池　*203*

*viii*

  ＜コラム＞電気二重層キャパシタ　207
  参考文献　210

## 第7章　実用電池の性能評価　211
 7.1　電池の性能評価　211
 7.2　電池性能の指標　211
  7.2.1　一次電池, 二次電池の性能指標　211
  7.2.2　燃料電池の性能指標　214
 7.3　実用電池に求められる条件　215
 7.4　電極特性の解析・評価　216
 7.5　電流－電位曲線　216
  7.5.1　定電位分極曲線の測定法　217
  7.5.2　分極曲線から交換電流密度を評価する方法　218
 7.6　クロノポテンショメトリー　219
 7.7　サイクリックボルタンメトリー　220
 7.8　電気化学インピーダンス法　221
  7.8.1　周波数応答解析器の原理　222
  7.8.2　電気化学インピーダンスの測定　223
  7.8.3　電池系のセルインピーダンス　224
  7.8.4　電荷移動抵抗　226
  7.8.5　半無限拡散の場合の拡散抵抗　228
  7.8.6　有限拡散の場合の拡散抵抗　230
  7.8.7　電池系のインピーダンス軌跡とその解析例　231
 7.9　電池の$i$-$V$曲線の解析　233
  7.9.1　各種過電圧と$i$-$V$曲線　233
  7.9.2　電池の作動電圧の推定　235
  7.9.3　最大出力密度の評価　236
 7.10　燃料電池の発電効率の評価　237
 7.11　電位-pH図による電池反応の解析　238
 ＜コラム＞電池のリサイクル　242
 参考文献　244

索　引　245

# 第1章 電池の種類と発展の歴史

## 1.1 材料システムとしての電池

　電池には色々の種類があるが,どの種類にも共通する特色は,機械的運動部分を持たずに,材料同士の組み合わせだけによって電気を起こすという機能を発揮することである.ある機能を生む材料同士の組み合わせを材料システムというが,電池は正に材料システムそのものである.発電機能を生むためには,材料システム内の二つの材料界面でそれぞれ酸化反応と還元反応に相当する電気化学反応が進行し,化学エネルギーから電気エネルギーへの変換が行われる.いかに大きな電気エネルギーが得られるかは,個々の材料の性能と材料同士の組み合わせに依存している.したがって,電池は材料技術者がその知識と経験を活かし易い対象と言える.

　本書は,材料技術者に電池とその材料についての基礎的知識を提供することを目的にしている.その序章として,本章では,まず電池の種類について展望し,次に現在の主要な電池がたどってきた歴史を振り返る.歴史を振り返りながら電池には共通の構造と機能があることを理解する.そして,最後に電池技術を開発することの社会的重要性について述べる.

## 1.2 電池の分類

　電池 (cell, battery) とは,電池構成系内での化学的,物理的,あるいは生物化学的エネルギー変化を電気エネルギーに直接変換する装置である[1].エネルギー変換装置としての電池を分類すると図1.1のようになる.電池は,大きく

```
<大分類>      <中分類>       <小分類>
                          ┌─ マンガン乾電池
                          ├─ アルカリマンガン乾電池
              ┌─ 一次電池 ─┼─ 酸化銀電池
              │           ├─ 空気・亜鉛電池
              │           └─ 二酸化マンガン・リチウム電池
              │           ┌─ 鉛蓄電池
              │           ├─ ニッケル・カドミウム電池
   ┌─ 化学電池 ┼─ 二次電池 ─┼─ ニッケル・水素電池
   │          │           ├─ リチウムイオン電池
   │          │           └─ ナトリウム・硫黄電池
   │          │           ┌─ アルカリ型燃料電池
   │          │           ├─ リン酸型燃料電池
   │          └─ 燃料電池 ─┼─ 溶融炭酸塩型燃料電池
電池┤                      ├─ 固体酸化物型燃料電池
   │                      └─ 固体高分子型燃料電池
   │          ┌─ 太陽電池
   ├─ 物理電池 ┼─ 熱電変換電池
   │          └─ 原子力電池
   │          ┌─ 酵素電池
   └─ 生物電池 ┼─ 微生物電池
              └─ 生物太陽電池
```

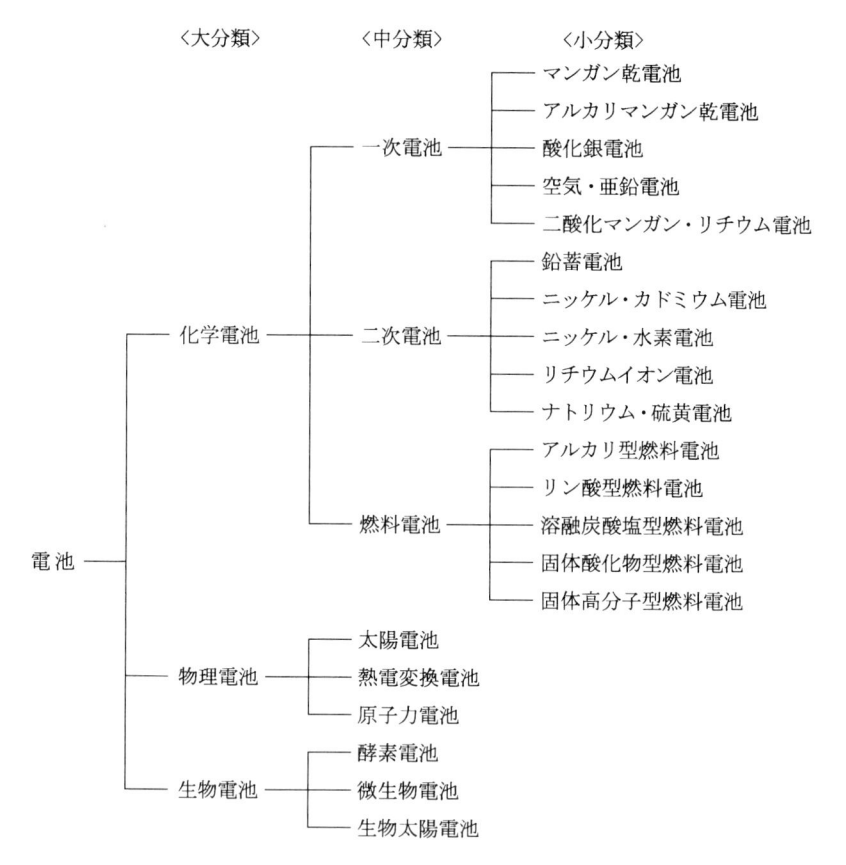

図1.1 電池の分類（物理電池と生物電池は小分類を省略）

分類すると，化学電池，物理電池，生物電池の三種類になる[1)2)]．これらは，次のように定義することができる．

(1) **化学電池** (chemical cell)
　　化学反応によって発生する化学エネルギーを電気エネルギーに変換する装置
(2) **物理電池** (physical cell)
　　物理現象によって発生する物理エネルギーを電気エネルギーに変換する装置
(3) **生物電池** (bio-cell)
　　生体触媒を利用した生物化学反応によって発生するエネルギーを電気エネル

ギーに変換する装置

　上の分類の各電池を更に中分類すると，それぞれに次のような電池が属している．

　　**化学電池**：一次電池－内蔵する化学物質の不可逆的反応を利用する放電のみの電池

　　　　　　　二次電池－内蔵する化学物質の可逆的反応を利用する充放電可能な電池

　　　　　　　燃料電池－反応関与物質を内蔵せず，外部から供給して発電する電池

　　**物理電池**：太陽電池－半導体のpn接合により太陽の光エネルギーを利用する電池

　　　　　　　熱電変換電池－熱電対の両端の温度差熱エネルギーを利用する電池

　　　　　　　原子力電池－ラジオアイソトープの崩壊熱を利用する電池

　　**生物電池**：酵素電池－酵素による触媒反応で生成した化学物質の反応を利用する電池

　　　　　　　微生物電池－微生物の生活活動で発生した化学物質の反応を利用する電池

　　　　　　　生物太陽電池－細菌や植物の光合成で生成した化学物質の反応を利用する電池

　上記の電池の中で化学電池に属する一次電池，二次電池，燃料電池は，それぞれ小型電子機器，電気自動車，燃料電池自動車などの電源として，最近研究開発が活発になっている．物理電池のうち太陽電池は自然エネルギーを利用するクリーンな発電装置として開発と利用が急がれているが，他の物理電池は特殊用途向けである．生物電池に属する各電池は，まだ研究端緒の状態である．したがって，化学電池について理解を深めることが現時点では社会的重要性が大きいと考えられる．このような理由から，本書では，化学電池に属する各電池について解説する（今後「電池」と記したら，特に断りがない限り，これらの化学電池を指すことにする）．

化学電池に属する一次電池,二次電池,燃料電池をさらに小分類し,各分類の中の代表的電池を図1.1の中に示した[2)3)].小分類に挙げた各電池はよく知られているものであり,その他にも多くの電池がある.一次電池,二次電池,燃料電池の中の代表的電池とその特徴については,それぞれ第2章,第3章,第4章で述べる.

## 1.3 一次電池,二次電池,燃料電池の発明史

電池の発見・発明に関する重要事項の歴史年表を表1.1に示す[4)5)].この年表には記してないが,約2000年前の古代遺跡から電池ではないかと推定されている遺物(ホーヤットラップア電池)が発見されている.これについては,後で述べる.

表1.1 電池発明の歴史年表

| 年 | 発見・発明者 | 発見・発明事項 |
|---|---|---|
| 1791 | L. Galvani | 異種金属接触による蛙の筋肉の痙攣の発見 |
| 1800 | A. G. Volta | ボルタ電池の発明 |
| 1836 | J. F. Daniell | ダニエル電池の発明 |
| 1839 | W. R. Grove | 水素・酸素燃料電池の発明 |
| 1859 | G. Planté | 鉛蓄電池の発明 |
| 1866 | G. Leclanché | ルクランシェ電池の発明 |
| 1887 | C. Gassner | マンガン乾電池の発明 |
| (1887) | (屋井先蔵) | (マンガン乾電池の発明) |
| 1899 | V. Jungner | ニッケル・カドミウム電池(ユングナー電池)の発明 |
| 1901 | T. A. Edison | ニッケル・鉄電池(エジソン電池)の発明 |

近代の電気化学の始まりは,1791年,イタリアのガルバーニ(L. Galvani)が鉄棒に吊された蛙の死体の足の筋肉に鉄棒と接触している真鍮鉤が触れると筋肉が痙攣することを発見したことである.同じイタリアのボルタ(A. G. Volta)は,ガルバーニの発見した現象の原因を究明した結果,二種類の金属の間に電解液が存在する構造が電気発生の原因であることに気付き,1800年,世界初の電池であるボルタ電池を発明した.この電池は,亜鉛板/希硫酸/銅板構造の電池で,最初の一次電池である.しかし,この電池には,銅板上で発生する水

素のため電池性能が直ぐ低下する欠点があった．この点を改良したのが，1836年，イギリスのダニエル (J. F. Daniell) によって発明された亜鉛板/硫酸亜鉛/多孔質隔壁/硫酸銅/銅板構造を持つダニエル電池である．

　1839年には，イギリスのグローブ (W. R. Grove) によって現在の燃料電池と同じ原理の水素・酸素燃料電池が発明されている．

　1859年には，フランスのプランテ (G. Planté) が鉛/硫酸/二酸化鉛（鉛）構造を持つ充電可能な電池を発明している．二次電池の祖といえるもので，プランテ電池と呼ばれている．

　1866年には，フランスのルクランシェ (G. Leclanché) が亜鉛/塩化アンモニウム/二酸化マンガン/炭素棒構造のルクランシェ電池を発明している．ルクランシェ電池の電解質は水溶液であったが，1887年，ドイツのガスナー (C. Gassner) がこの電池の電解液を石膏で固め，携帯を可能にしたマンガン乾電池を発明している．なお，ガスナーとほぼ同じ頃に日本の屋井先蔵も同様の乾電池を作っているが，特許申請がなかったために未公認になっている．

　1899年には，スウェーデンのユングナー (V. Jungner) がカドミウム/水酸化カリウム/オキシ水酸化ニッケル構造の二次電池を，また，1901年にはアメリカのエジソン (T. A. Edison) が鉄/水酸化カリウム/オキシ水酸化ニッケル構造の二次電池を，それぞれ発明している．いずれもアルカリ性電解液を使う最初の二次電池であり，後者は自己放電率が大きいため使われなくなったが，前者はそのようなことがないため，今でも使われている．

　以上のように，18世紀末から20世紀初頭にかけて，現在の重要な電池の原型が整えられた．

　現在市販されている一次電池，二次電池，燃料電池の主なものの発明と実用化については，以下の通りである．二酸化マンガン・リチウム電池は，1973年，三洋電機株式会社の池田宏之助が発明し，実用化している．リチウムイオン電池（炭素負極/有機電解液/コバルト酸リチウム正極型のもの）は，1985年，旭化成工業株式会社の吉野彰，実近健一，中島孝之によって発明されている．実用化は，1991年，株式会社ソニーエナジーテックによってなされた．固体高分子型燃料電池は，1965年，アメリカの人工衛星ジェミニ (Gemini) 5号の

電源として，ジェネラルエレクトリック（General Electric）社が初めて実用化している．自動車用の固体高分子型燃料電池は，1989年にカナダのバラード（Ballard）社が開発している．

次に，上記の発明史の中に登場した重要な電池について，それらの構造と意義をもう少し詳しく紹介する．

## ホーヤットラップア電池

1932年，ドイツの考古学者ウィルヘルム・ケーニッヒ（W. König）は，イラクの首都バグダッド近郊にあるパルティア（Parthian）時代（BC248〜AC226）の古代都市ホーヤットラップア（Khujut Rabuah，クジュト・ラブアとも記される）遺跡で，小さな粘土製の壺の中に肉厚の薄い銅製の筒と鉄の棒が入れられた遺物を発掘した．銅製の筒の内部に電解液を入れると電池の機能を発揮することから，古代の電池ではないかと推定され，ホーヤットラップア電池（あるいは，バグダッド電池）と呼ばれている[4)〜6)]．

図1.2に，復元されたホーヤットラップア電池の構造を示す[6)]．銅製の筒の

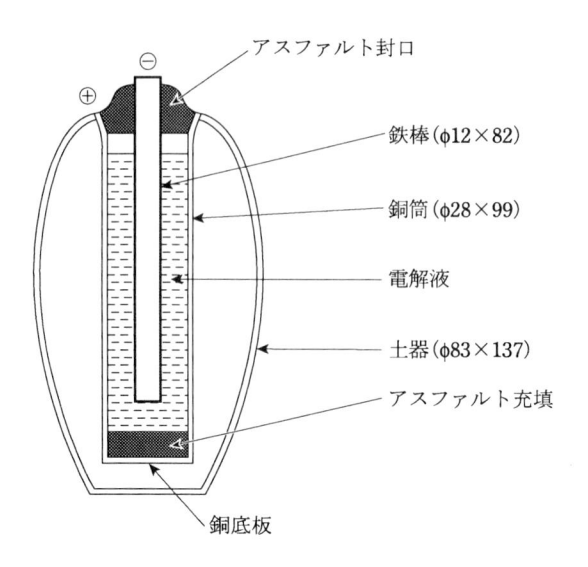

図1.2 復元されたホーヤットラップア電池の構造[6)]（単位：mm）

中にワインビネガーを入れ，これに鉄棒を挿入すると電池が構成され，銅極（正極）と鉄極（負極）の間に0.8〜0.9 Vの起電力が生じる．封口にアスファルトが使われていることは，近代の電池と良く似ている．当時の銀細工師がこの電池を用いて器物に電気メッキを施したのではないか，と想像されている．電池として使用したことを裏付ける証拠は無いが，人類が電池作用に気付いたのはかなり早い時代ではないか，と思わせる遺物である．

## ガルバーニの実験

イタリアのボローニャ大学の解剖学，生理学の教授であったルイジ・ガルバーニ（Luigi Galvani, 1737〜1798）は，1780年頃，解剖しておいた蛙の足にメスをあて，近くで起電機（回転する硫黄に布を押しつけて静電気を発生させる装置）を放電させると，放電の火花が蛙に直接触れなくても蛙の足が痙攣することに気付いた．同じことが空中電気（雷）でも起こるのではないかと考え，皮をはいで脊髄と脚の神経を露出させた蛙の下肢を庭の鉄柵の鉄線に掛け，脊髄に真鍮のフックを付けて鉄線に引っ掛けたところ，死んだ蛙の脚が痙攣することを発見した．ガルバーニの肖像[a]を図1.3に，また，蛙の足の実験の概念図を図1.4に示す．

ガルバーニはこの現象は異種金属の接触が原因であると正しく洞察し，痙攣の強さが金属の組み合わせに依存することを確認した．当時動物の神経には動物電気が流れていると考えられていたので，ガルバーニはこの動物電気が金属によって取り出されたと考えて，1791年に「筋肉の運動における電気力に関する論考」と題する論文を発表した．

図1.3　ルイジ・ガルバーニ

この論文は当時のヨーロッパの多くの学者の興味を引き，筋肉を介した異種金属の接触による電気現象はボルタの電池の発明に繋がった．また，筋肉の伸縮現象は神経細胞の興奮の仕組みを解明する切っ掛けを与え，後のバイオエレクトロニクスに繋がっている．ただし，ガルバーニの考えた動物電気は誤り

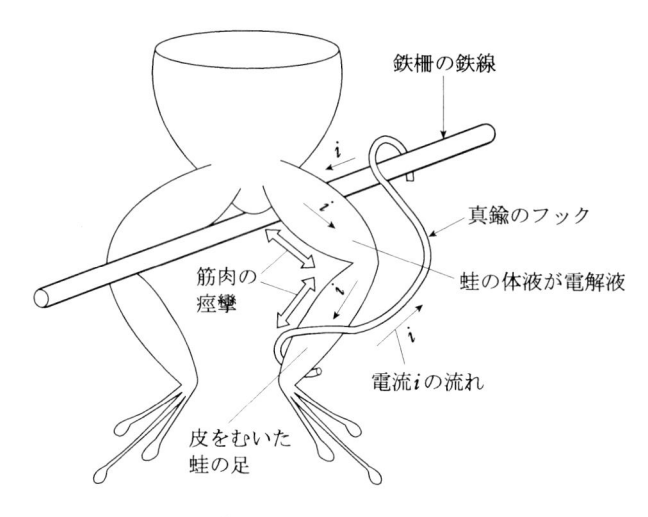

図1.4 ガルバーニの蛙の足の実験

で，実際には鉄/蛙の体液（電解質）/真鍮構造の電池が構成されたため，発生した電気が蛙の足の筋肉を刺激していたことが真相である．ガルバーニの実験は，論文の考察には時代的限界があったが，電気を用いる近代科学技術発展の幕開けとなるものであった．

### ボルタ電池

イタリアのパビア大学の物理学教授であったアレッサンドロ・ジュゼッペ・ボルタ（Alessandro Giuseppe Volta, 1745～1827）は電気盆やコンデンサなどの静電気関係の研究を行っていたが，ガルバーニの動物電気の報告に大変興味を持ち，動物電気の発生機構を解明する研究を始めた．ボルタは，動物が電気の発生源ではなく，電解質を介した金属の組み合わせが大切であることに気付き，種々の金属の組み合わせの起電力を測定した．その結果，亜鉛板/希硫酸でぬらした布/銅板の組み合わせを繰り返し積み上げたボルタの電堆（でんたい，voltaic pile）を発明した．ボルタの電堆は，ライデン瓶のように一度の放電で消耗してしまうことはなく，持続的に電気を発生する電源であることが確認された．ボルタは，また，希硫酸を満たした容器に亜鉛板と銅板を挿入した

いわゆるボルタ電池を何連も直列に繋いだ組電池 ("crown of cups" と呼ばれる) も作製した.

以上の成果をボルタは,1800年,ロンドン王立協会の年報に「異種の導電物質の接触で発生する電気について」と題して論文発表した. ボルタの肖像[a]を図1.5に,また,ボルタ電池の概念図を図1.6に示す. ボルタ電池の起電力は1.1 Vであるがこれを10個積み上げた電堆では10 V程度の電圧が得られ,十分実験に使える電源になる. このような業績は当時のヨーロッパの著名な学者や政治家に認められ,1801年にはナポレオンの前でボルタ電池の公開実験が行われ,また,1804年にはナポレオンより伯爵位が授与されている.

図1.5　アレッサンドロ G. ボルタ

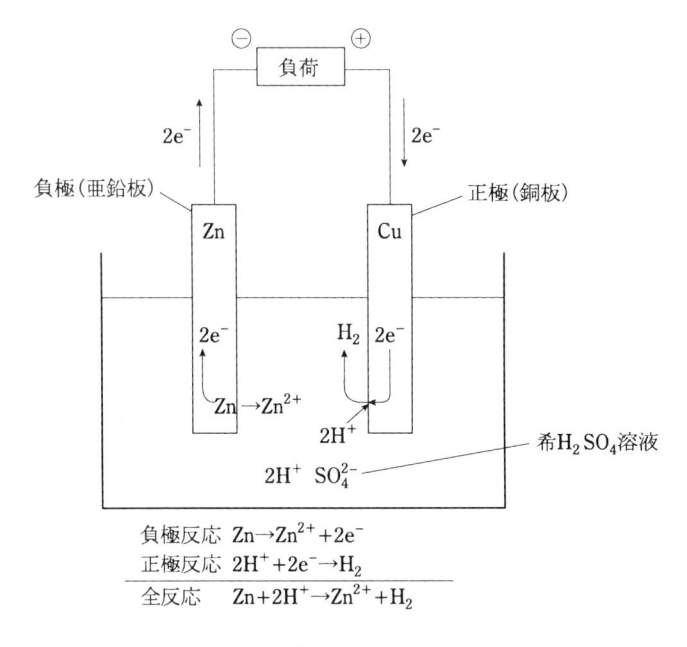

負極(亜鉛板) Zn
正極(銅板) Cu
希 $H_2SO_4$ 溶液

負極反応　$Zn \rightarrow Zn^{2+} + 2e^-$
正極反応　$2H^+ + 2e^- \rightarrow H_2$
全反応　　$Zn + 2H^+ \rightarrow Zn^{2+} + H_2$

図1.6　ボルタ電池の構造

ボルタの電堆はすぐにイギリスのニコルソン（W. Nicholson）とカーライル（A. Carlisle）の水の電気分解の実験（1800年），デービー（H. Davy）のアルカリ金属の電解採取の実験（1807年），ファラデー（M. Faraday）の電磁誘導発見の実験（1831年），ファラデー法則発見の実験（1833）などに利用され，［電気と磁気の19世紀］の原動力となった．このため，ボルタは「電気学の始祖」と呼ばれている．

しかし，ボルタ電池には，正極の銅板上で発生する水素の気泡が銅板上に付着し電流が流れなくなり作動電圧が低下する(このような現象を分極(polarization)という)欠点があった．また，ボルタの電堆には，多数積み上げた電極間の電解液が漏出し，漏電が起こり，高い電圧を得ることが困難になる欠点があった．

## ダニエル電池

イギリスの化学者ジョン・フデレリック・ダニエル（John Frederic Daniell, 1790〜1845）は作動電圧が持続する電池の開発に取り組み，1836年，亜鉛板/硫酸亜鉛/多孔質隔壁/硫酸銅/銅板構造を持つダニエル電池を発明した．ダニエルの肖像[a]を図1.7に，また，ダニエル電池の概念図を図1.8に示す．この電池の特徴は，硫酸銅溶液と銅板が素焼きの容器に入れられており，素焼きの壁（多孔質隔壁）のために亜鉛板が入っている硫酸亜鉛溶液とはイオン的導通はあるが両溶液が容易に混じり合わないことである．このため，銅板（正極）上での反応は電解液中の$Cu^{2+}$からのCuの析出反応となり，$H^+$からの$H_2$の析出は起こらず，大きな放電電流が流れても作動電圧の低下が少ない．この電池の起電力は1.1 Vである．

図1.7　ジョンF.ダニエル

この電池は多孔質隔壁（セパレータ）が使われた最初の電池であり，セパレータを用いる現在の電池の原型になっている．また，硫酸銅溶液は水素による分極を解消する減極剤（depolarizer）となっている．分極の解消を図ることは，この後の電池の大きな流れである．

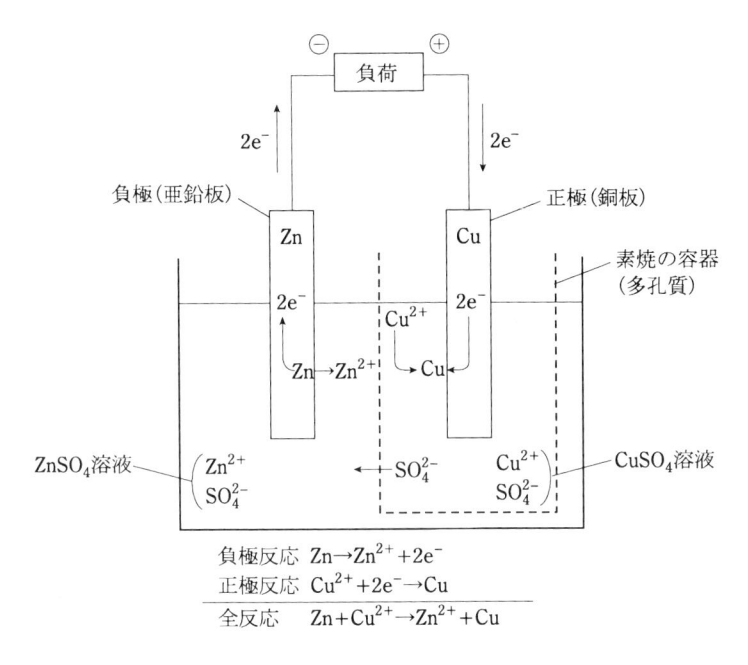

図1.8 ダニエル電池の構造

　ダニエル電池は1837年にアメリカのモールスが発明した電信機の電源として使われ，欧米における電信事業の発展に大きく貢献した．しかし，この電池には，負極の亜鉛板が硫酸亜鉛溶液に腐食され易く，硫酸亜鉛溶液が飽和してしまうので，硫酸亜鉛溶液を短期間で取り替えなければならない不便さがあった．

### グローブの燃料電池
　イギリスの科学者であり裁判官でもあったウィリアム・グローブ (William R. Grove, 1811～1896) は，1839年，水の電気分解と全く逆の原理で電気を起こすことができることを実験的に示した．
　図1.9にグローブの燃料電池の概念図を示す．グローブは，希硫酸を満たした容器に白金電極を挿入した試験管を2本立て，これを電解槽とした．実験では，まず，電解槽のそれぞれの電極に外部電源 (一次電池) のマイナス極とプラス極を繋いで水電解を行い，電池のマイナス極側の試験管内に水素を，そし

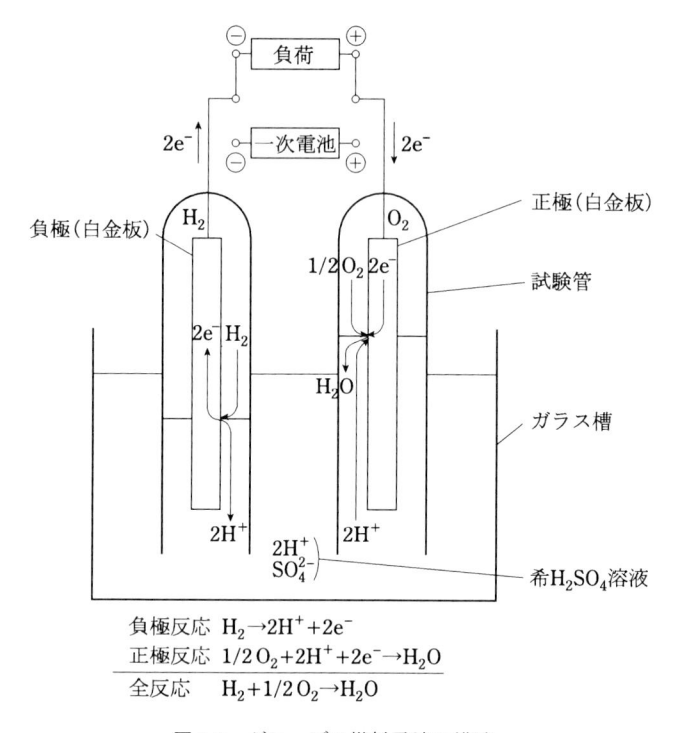

図 1.9 グローブの燃料電池の構造

て電池のプラス極側の試験管内に酸素を蓄えた．つぎに，この状態で外部電源を取り外し，この電解槽の二つ白金電極からの導線を負荷として入れた同タイプの電解槽（未だ電解をしていないもの）の電極に繋ぐと，水素の入った試験管からの導線を繋いだ電極では水素が発生し，酸素が入った試験管からの導線を繋いだ電極からは酸素が発生した．すなわち，水素，酸素が入った試験管と電極を持つ槽が電池になり，新たに繋いだ電解槽内の電極で水の電気分解が行なわれた．これが世界最初の水素・酸素燃料電池であった（実際には，燃料電池になった槽を4個直列に繋ぎ，1個の槽の水電解を行っている）．

　燃料電池になった槽の二つの電極上ではそれぞれ水素の酸化と酸素の還元が行われており，1.2 Vの起電力が得られる．この電池の原理は現在の水素・酸素燃料電池と同じであり，そのため，グローブは「燃料電池の父」と呼ばれて

いる.グローブは水素,酸素から効率よく電気を発生させるためには触媒作用のある白金電極が必要であることを述べているが,この指摘は現在の水素・酸素燃料電池にも通用している.

## プランテ電池

フランスのガストン・プランテ(Gaston Planté, 1834～1889)は,1859年,2枚の鉛板の間に布を入れてこれを巻き上げて渦巻き状電極にした後,希硫酸を満たした容器に挿入し,2枚の鉛板の一方を一次電池のプラス極に繋ぎ,もう一方をマイナス極に繋いで電解して,プラス極に繋いだ側の鉛の表面を酸化して二酸化鉛に,そしてマイナス極に繋いだ側の鉛の表面酸化物を還元して金属鉛にした鉛/硫酸/布/硫酸/二酸化鉛(鉛)構造を持つ電池を発明した.こ

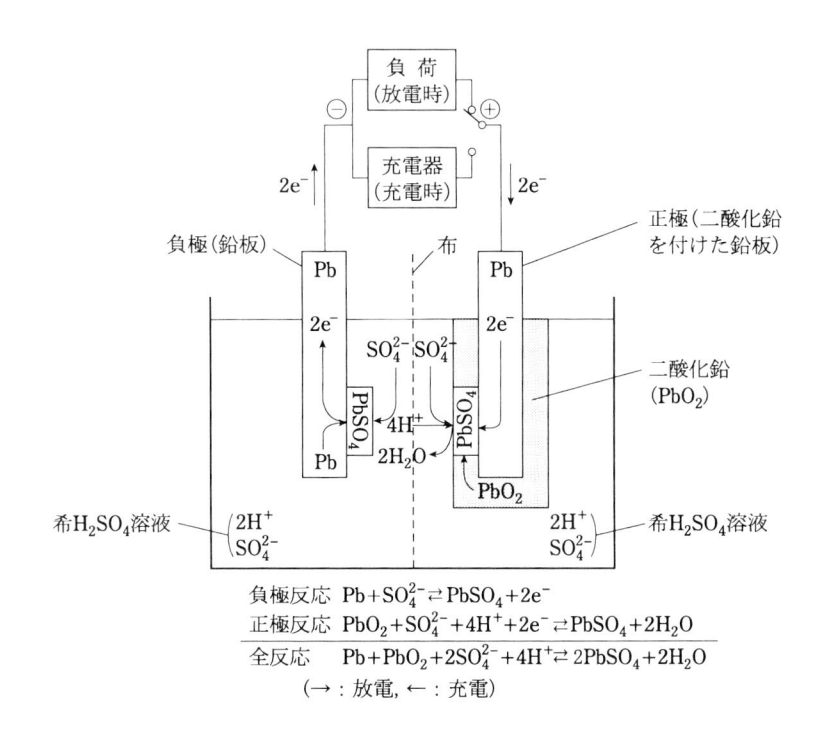

負極反応 $Pb + SO_4^{2-} \rightleftarrows PbSO_4 + 2e^-$
正極反応 $PbO_2 + SO_4^{2-} + 4H^+ + 2e^- \rightleftarrows PbSO_4 + 2H_2O$
全反応 $Pb + PbO_2 + 2SO_4^{2-} + 4H^+ \rightleftarrows 2PbSO_4 + 2H_2O$
(→:放電,←:充電)

図1.10 プランテ電池の構造

の電池は放電後再び一次電池で充電すると何回でも使用することができる.最初の二次電池であり,プランテ電池と呼ばれている.図1.10にプランテ電池の概念図を示す.二酸化鉛の酸化力が大きいので,約2Vの起電力を発生する.布がセパレータになっている.この電池は,基本構造を変えることなく,現在の鉛蓄電池に発展して来ている.

ただし,希硫酸中に入れた2枚の鉛板をそれぞれプラス極,マイナス極として直流電解した後電源を切ると,2枚の鉛板間に二次的な起電力が発生することは,ドイツのシンステーデン(Sinsteden)によって1854年に発見されている.プランテの電池は,これを実用二次電池に発展させたものと言える.

## ルクランシェ電池

フランスのジョルジュ・ルクランシェ(Georges Leclanché, 1839〜1882)は,1866年,負極に亜鉛棒,電解液に塩化アンモニウム溶液,正極の反応に関与する物質(正極活物質という)に二酸化マンガン粉,正極の集電体に炭素棒を使用した電池を発明している.二酸化マンガン粉は砂またはおが屑と混ぜられて素焼きの壺に入れられており,この二酸化マンガン粉の中に炭素棒が挿入されている.この電池の電解液は水溶液であるが,現在のマンガン乾電池と同じ構成をしていることから,乾電池の原型とされ,ルクランシェ電池と呼ばれている.ルクランシェの肖像[b]を図1.11に,また,ルクランシェ電池の概念図を図1.12に示した.二酸化マンガンは酸化力が強く,この電池は1.5Vの起電力を有する.また,二酸化マンガンは減極剤にもなっており,長期間作動電圧が安定に継続する.しかし,電解液の塩化アンモニウム水溶液がこぼれやすく持ち運びには不便なこと,冬期に電解液が凍結しやすいことなど,まだ実生活で利用するには難点があった.

なお,正極活物質に二酸化マンガンを用いることは1812年にイタリアのザニボーニ

図1.11 ジョルジュ・ルクランシェ

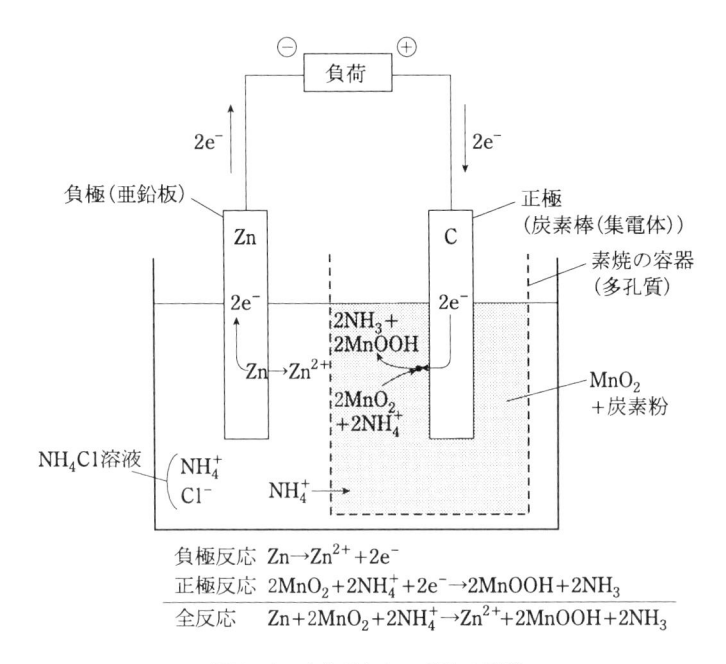

第1章 電池の種類と発展の歴史　　15

```
負極反応  Zn→Zn²⁺+2e⁻
正極反応  2MnO₂+2NH₄⁺+2e⁻→2MnOOH+2NH₃
全反応    Zn+2MnO₂+2NH₄⁺→Zn²⁺+2MnOOH+2NH₃
```

図1.12　ルクランシェ電池の構造

(Zaniboni)により，また，電解液に塩化アンモニウムを使うことは1844年にヤコビ(Jacobi)とプリンス(Prince)によって提案されている．ルクランシェ電池はこれらの知識を上手に取り入れている．

## ガスナー乾電池

ドイツのカール・ガスナー (Carl Gassner) は，1887年，ルクランシェ電池の電解液を石膏で固めて電解液の漏れを防いだ現在のマンガン乾電池と同じ構造の電池を発明し，ドイツ特許を得ている．そして，翌1888年には，この電池の生産を始めている．なお，デンマークのヘレンセンも1888年に乾電池の特許を同国で取得している．

ガスナー乾電池の概念図を図1.13に示す．すなわち，負極に亜鉛缶，電解質に塩化アンモニウム溶液と石膏粉末を混ぜて練ったペースト状物質，セパレータに多孔質の紙(紙袋)，正極活物質に二酸化マンガン粉末と炭素粉末を混ぜ

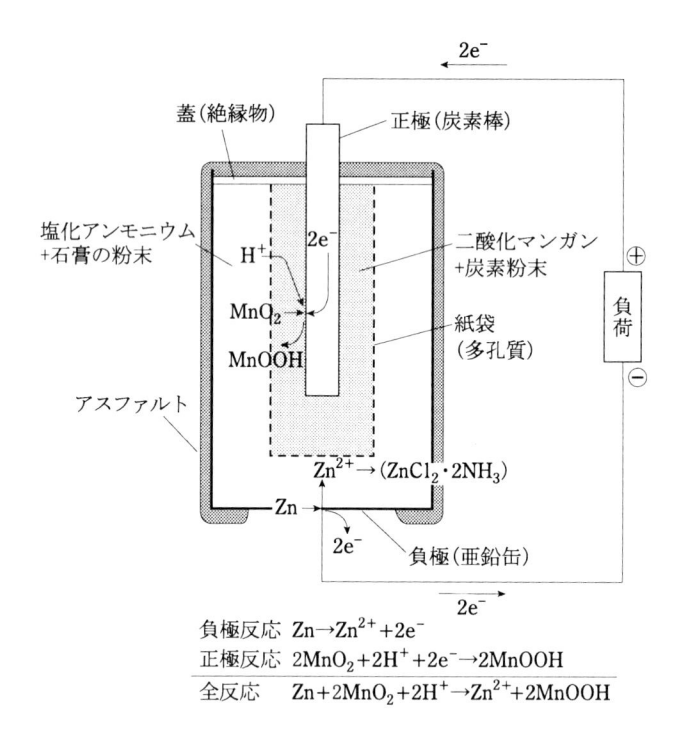

図中ラベル:
- 蓋（絶縁物）
- 正極（炭素棒）
- 塩化アンモニウム+石膏の粉末
- 二酸化マンガン+炭素粉末
- 紙袋（多孔質）
- アスファルト
- 負荷
- 負極（亜鉛缶）
- $H^+$, $MnO_2$, $MnOOH$
- $Zn^{2+} \to (ZnCl_2 \cdot 2NH_3)$
- $Zn$, $2e^-$

負極反応　$Zn \to Zn^{2+} + 2e^-$
正極反応　$2MnO_2 + 2H^+ + 2e^- \to 2MnOOH$
全反応　　$Zn + 2MnO_2 + 2H^+ \to Zn^{2+} + 2MnOOH$

図1.13　ガスナー乾電池の構造

たもの，正極に炭素棒を用い，亜鉛缶全体をアスファルトで覆っている．電池の電圧は現在のマンガン乾電池と同じ1.5 Vである．

　ガスナー乾電池は，その基本構造が現在でも受け継がれているほど完成度が高く，いつでもどこでも簡便に使える電池として，電池を人々の身近な存在にした．しかし，ガスナー乾電池の欠点は，長時間経つと正極の炭素棒の微細孔を通して電解液がにじみ出し，電池を入れた製品の金属部品を腐食することであった．

## 屋井乾電池

　乾電池の発明は，ガスナーとほぼ同じ頃（1887年（明治20年）頃），日本の時計技師屋井先蔵（やいさきぞう，1863～1927（文久3年～昭和2年））によっても

なされている．屋井に関する人物伝によれば，その経緯は以下のようである[7]．

越後長岡藩藩士の家に生まれた屋井は，6才のときに父を失い，13才で郷里を離れ，東京および長岡の時計店で修理工として働き，時計技術を身に付けた．努力家で進取の気質に富んだ屋井は，正確な電気時計（幾つかの電気時計を連結した連続時計）を作製することを志していた．当時，電気時計の電源にはダニエル電池が使用されていたが，この電池は運搬が不便でまた日常の維持管理に大変な手間を要した．そのため，電池を密閉化して簡便に使えるようにすることを思い立ち，1887年頃，独力で乾電池を完成している．24才のときと思われる．

発明時の電池の構造の正確な記録は残されていないが，図1.13のガスナー乾電池とほぼ同じ構造であったと推定されている．この電池の発明時に屋井が特許申請をしておれば，屋井も乾電池の発明者となったものと思われる．しかし，特許申請をしなかった（資金難によるといわれている）ために，発明期日の特定ができないので，公には認められないままになっている．屋井の乾電池の正極の炭素棒はロウでもって微細孔が封止されており，電解液のにじみ出しが防止されていたといわれる．この点はガスナー乾電池よりも優れたものであった．屋井はその後乾電池の構造改良に関する特許を1893年（明治26年）に取得（特許第2086号）している．屋井は発明した乾電池を「屋井乾電池」として自ら製造・販売した．

図1.14　屋井先蔵　　　　　図1.15　屋井乾電池
（日本乾電池工業会（現(社)電池工業会）発行「日本乾電池工業史」[7] より）

屋井乾電池は1894年（明治27年）に勃発した日清戦争において通信機の電源として用いられ，中国東北地方（旧満州）の寒冷地で凍結もせずに使用できたことから，当時の新聞の号外で「満州での勝利はひとえに乾電池によるもの」と報道され，一躍有名になった．屋井の会社は合資会社屋井乾電池，屋井乾電池株式会社へと成長し，我が国の電池産業の発展に貢献した．その業績の故に，屋井は「乾電池王」と讃えられた．屋井乾電池株式会社は昭和の初期に盛時を持ったが，同社の名は1950年（昭和25年）以降日本乾電池工業会の名簿から無くなっており，この頃終業したものと思われる．図1.14に屋井先蔵の肖像[7]を，また，図1.15に屋井乾電池の外観[7]を示す．今日の我が国の科学技術の礎を築いた先覚者の一人として，忘れてはならない人物である．

## 1.4 化学電池の共通的構造

歴史的な一次電池，二次電池，および燃料電池の構造から分かるように，化学電池には図1.16に示す共通的構造がある[3)4]．ここで，この共通的構造に基づいて，電池の各部分の名称とそれらが果たしている役割について概説する．

図1.16にみるごとく，共通的構造には，電子伝導性の正極（positive electrode）

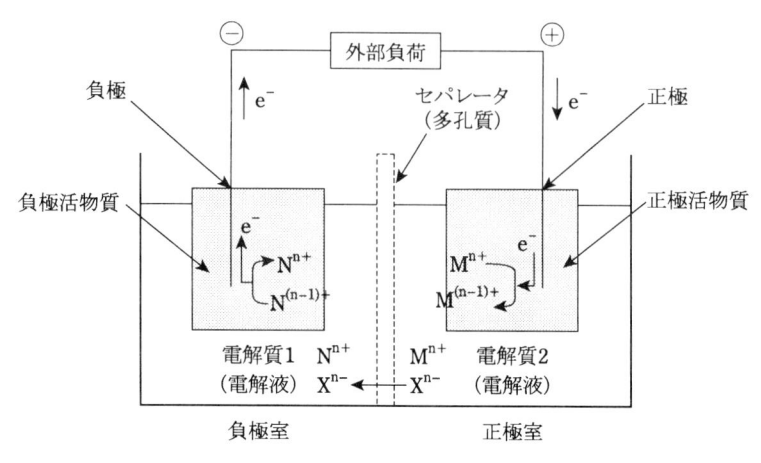

図 1.16 化学電池の共通的構造

および負極（negative electrode）の二つの電極とこれらの間にイオン伝導性の電解質（electrolyte）が存在する．

正極は電流が流出する（電子が流入する）電極であり，負極は電流が流入する（電子が流出する）電極である．正極と負極の間に負荷を入れると，正極ではカソード反応（cathodic reaction，還元反応），負極ではアノード反応（anodic reaction，酸化反応）が進行する．カソード反応の進行電位とアノード反応の進行電位の差が電池の作動電圧となる．

正極，負極の物質そのものが反応に関わる場合と，正極，負極の物質は電子の伝導に与るだけで正極，負極の表面に付けてある物質（あるいは表面に外部から供給される物質）が反応に関わっている場合とがある．電極反応に関わる物質を活物質（active material）という．

正極と負極の間には，イオン伝導性の電解質が入れられている．電解質が液体であるときには，両極の接触を避けるために，両極の間に多孔質でイオンは透過する絶縁性のセパレータ（separator，隔膜）が置かれている．電解質は，図1.16に電解質1，電解質2としたように，負極側と正極側で異なることもあるし同一のこともある．

要するに，化学電池は，負極活物質/電解質1/セパレータ/電解質2/正極活物質で構成される材料システムである．

## 1.5　電池技術開発の社会的重要性

既存電池を高性能化すること，そして，さらに，新規な高性能電池を開発することが，産業界のみならず一般社会からも強く望まれている．このような電池技術に対する社会の要求の根元的理由は，図1.17に示したように，以下の三つの事項による．

(1) 情報化社会の高度化

社会活動をする上で情報の常時取得・発信は，今や不可欠になっている．このような高度情報化社会では携帯型情報機器が必要であり，これらの機器の電源には小型・高性能・長寿命の電池が求められている．

(2) 地球環境問題の解決策

化石燃料の大量消費が地球環境に大きな負荷を与えている．電池は化学エネルギーから電気エネルギーへの変換効率が高く，また，変換前のエネルギー源として化石燃料以外の燃料も使用可能であるので，化石燃料の消費を抑えると共に新しい燃料への転換を図る有効な手段と考えられている．

(3) 発電所の補完的役割

現在の巨大発電所による発電システムでは，電力需要の時間的変動に対応することが難しい．余剰電力を家庭または事業所に設置した電池に蓄えることができれば，発電のための無駄なエネルギー消費を減らすことができる．また，同時に，大規模停電に対する社会的安全保障にもなる．

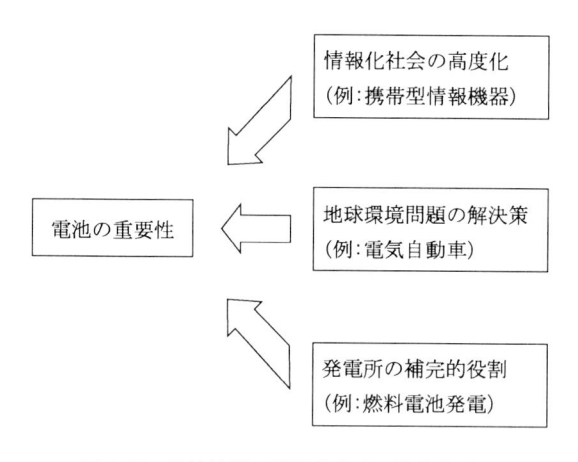

図 1.17 電池技術の発展を求める社会的要因

### 電池の正しい使い方

一次電池や二次電池は色々な電気器具や電子機器の電源に使われており，我々の日常生活に必須のものになっている．これらの電池は，見方を変えれば大きなエネルギーを発生する化学装置であるので，使い方を誤ると思わぬ事故を招く恐れがある．以下に電池を使用する上での注意事項を列挙しておく[8]．

(1) 機器が指定する電池を使用する
(2) 電池の正極（＋極）および負極（－極）を機器側の指定に合致させて使用する
(3) 銘柄，種類，新旧の異なる電池を混ぜて使用しない
(4) 保管中あるいは使用中に電池をショートさせない
(5) 乾電池は充電しない．充電式電池は決められた充電器で充電する
(6) 機器使用後電池回路のスイッチを切る．使い切った電池は機器から取り出す
(7) 電池は傷つけたり分解したりしない
(8) 電池は乳幼児のそばに置かない
(9) 電池は火中に投じない．また，高温に曝さない
(10) 使用済み電池は地方自治体および電池メーカーの指定する方法で処分する

### 参考文献

1) 池田宏之助：電池の進化とエレクトロニクス，工業調査会,(1993), p.9
2) 松下電池工業株式会社監修：図解入門 よくわかる 最新電池の基本と仕組み，秀和システム,(2005), p.16
3) 杉本克久：材料電子化学，日本金属学会,(2003), p.173
4) 竹原善一郎：電池－その化学と材料，大日本図書,(1988), p.1
5) 岡田和夫：電池のサイエンス，森北出版,(1979), p.4
6) 橋本 尚：電池の科学 生物電池から太陽電池まで，講談社,(1996), p.28
7) 日本乾電池工業史：宮崎謙道編，日本乾電池工業会,(1960), p.13, p.486
8) 松下電池工業株式会社監修：文献2), p.217

### 参照情報

a) 電気史偉人典:http://www.ijinten.com/
b) 電池の歴史:http://www.geocities.jp/chemistry_10th_yellow/history.html

# 第2章 一次電池の電極反応と材料

## 2.1 一次電池に求められている事柄

　一次電池 (primary cell) は，放電のみで充電ができない電池である．主として携帯電子機器や携帯照明器具に使われるので，できるだけ小型軽量でエネルギー密度が高く，容量が大きく，寿命が長いことが望まれる[†]．また，人体の近くで使われることが多いので，高い安全性が求められる．さらに，使用されるまで長い期間保管されることが多いので，自己放電が少ないことも重要である．

　本章では一次電池の電極反応と材料について解説する[1]．上記の要望事項を高いレベルで実現するために，どのような考えの下でどのような材料が使われているか，理解を深めたい．まず始めに一次電池の基本構造について述べる．次に幾つかの一次電池の特徴，電極反応，材料，性能，および用途について概要を述べる．そして，それに続いて，一次電池の中で普及度が高い代表的なものや性能が高く注目度が高いものについて，それらの電池への理解を一層深めるために，電池の構造と電極反応をさらに詳しく解説する．そして最後に，まだ研究開発段階にあり将来が期待される幾つかの一次電池について触れる．

## 2.2 一次電池の構造

　一次電池の基本構造を図2.1に示す[2]〜[4]．電流が流れ出す側 (すなわち電子

---

[†] エネルギー密度とは，電池を使用したとき電池の単位質量当りあるいは単位体積当り取り出すことのできるエネルギーのことで，平均放電電圧と放電電流と放電時間の積に相当する．また，容量は，電池を放電させたとき端子電圧が放電終子電圧に達するまでに取り出された電気量のことである．なお，電池の性能を表す術語の詳細は，7.2.1 を参照のこと．

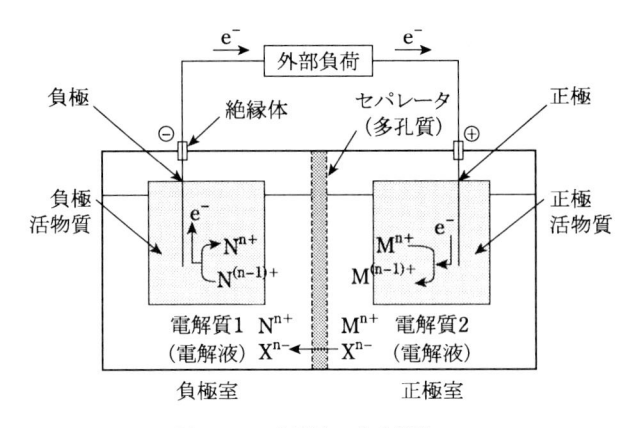

図2.1 一次電池の基本構造

が流れ込む側)の電極を正極(プラス極),電流が流れ込む側(すなわち電子が流れ出す側)の電極を負極(マイナス極)という.一次電池では,正極および負極の電気化学反応にそれぞれ還元方向および酸化方向に一方的に進みやすい(いいかえれば可逆性の悪い)反応を利用していることが特徴である.電池の起電力を生ずる電気化学反応に関わる物質を活物質という.正極での反応に関わる物質が正極活物質,負極での反応に関わる物質が負極活物質である.正極室,負極室には電解質が存在する.各室の電解質は異なっても良いが,多くの場合同一である.正極室と負極室の間には,両極の短絡を防ぎ,かつ電解質のイオン交換を行うセパレータが設けられている.一次電池では,電解質の漏洩を防ぐために,密閉構造になっている.誤使用等により内部でガス発生の恐れがあるものには,安全弁を設けた防爆構造が採られている.

## 2.3 各種一次電池の特徴と用途

代表的な一次電池の電極反応,正負両極の活物質,電解質,および公称電圧を表2.1に示した[1),3)~11)].また,代表的な一次電池のエネルギー密度[†]と適し

---

[†] 本書ではSI単位を使用する.よく使われている他の単位とは次の関係がある.
電池の容量(電荷):C(クーロン)=A・h/$3.6×10^3$(アンペアアワー)
電池のエネルギー(仕事):J(ジュール)=kW・h/$3.6×10^6$(キロワットアワー)

表2.1 代表的な一次電池の電極反応，正負両極活物質，および電解質

| 名称 | 放電反応 | 負極活物質 | 電解質 | 正極活物質 | 公称電圧(V) |
|---|---|---|---|---|---|
| マンガン乾電池 | $8MnO_2+4Zn+8H_2O+ZnCl_2$<br>$\rightarrow ZnCl_2\cdot 4Zn(OH)_2+8MnOOH$ | Zn | $NH_4Cl+ZnCl_2$ | $MnO_2$ | 1.5 |
| アルカリマンガン乾電池 | $2MnO_2+Zn+H_2O$<br>$\rightarrow 2MnOOH+ZnO$ | Zn | KOHまたはNaOH | $MnO_2$ | 1.5 |
| 酸化銀電池 | $Ag_2O+Zn\rightarrow 2Ag+ZnO$ | Zn | KOHまたはNaOH | $Ag_2O$ | 1.55 |
| 空気・亜鉛電池 | $O_2+2Zn+2H_2O\rightarrow 2Zn(OH)_2$ | Zn | KOHまたは$NH_4Cl$ | $O_2$ | 1.4 |
| 二酸化マンガン・リチウム電池 | $MnO_2+Li\rightarrow MnOOLi$ | Li | $LiClO_4$(PC) | $MnO_2$ | 3 |
| フッ化黒鉛・リチウム電池 | $CF+Li\rightarrow C+LiF$ | Li | $LiBF_4$($\gamma$-BL) | CF | 3 |
| 塩化チオニル・リチウム電池 | $2SOCl_2+Li\rightarrow SO_2+S+4LiCl$ | Li | $LiAlCl_4$($SOCl_2$) | $SOCl_2$ | 3.6 |

＊PC：プロピレンカーボネート，$\gamma$-BL：$\gamma$-ブチロラクトン

図2.2 一次電池．左からマンガン乾電池，単1形・単2形．アルカリマンガン乾電池，単3形・単4形・単5形．

た使用対象を表2.2に示した[1]．図2.2には，身近な一次電池であるマンガン乾電池とアルカリマンガン乾電池の外観を示した．

表2.2 代表的な一次電池のエネルギー密度と適した使用対象

| 名称 | エネルギー密度 kJ/kg | GJ/m$^3$ | 特徴 | 適した機器 |
|---|---|---|---|---|
| マンガン乾電池 | 180 | 720 | 安価．間欠使用でパワーが回復する． | 時々使用する機器．懐中電灯，インターフォン，リモコン． |
| アルカリマンガン乾電池 | 360 | 1152 | 大電流，大容量，長寿命． | 大電流を持続的に流す機器．CDプレーヤー，電動おもちゃ，小型カメラ，シェーバー． |
| 酸化銀電池 | 360 | 1620 | 出力電圧安定．大容量，長寿命． | 小電流で長時間使用する機器．腕時計，医療機器，小形精密機器． |
| 空気・亜鉛電池 | 360 | 4320 | 小形，大容量，長寿命． | 小型で頻繁な電池交換ができない機器．補聴器． |
| 二酸化マンガン・リチウム電池 | 1080 | 1440 | 高電圧，大電流，大容量．使用温度範囲広い． | 大きなエネルギーが必要な機器．寒冷地や熱帯地で使用する機器．液晶表示電子機器，小型カメラ，各種メーター，ヘッドライト． |
| フッ化黒鉛・リチウム電池 | 1080 | 1440 | 二酸化マンガン・リチウム電池とほぼ同じ．ただし，放電中の維持電圧は少し低いが，電圧の平坦性は優れている． | 二酸化マンガン・リチウム電池とほぼ同じ．電気ウキ，各種メーター，メモリーバックアップ電源． |
| 塩化チオニル・リチウム電池 | 1512 | 3600 | 実用一次電池の中で最もエネルギー密度が高い．安全性にやや問題あり． | 高出力，高エネルギー密度を必要とする機器．メモリーバックアップ電源． |

以下，表2.1および表2.2に基づいて，各電池の電極反応，材料，および性能上の特色を述べる．なお，アルカリマンガン乾電池および二酸化マンガン・リチウム電池の構造と電極反応については，前者は一般用乾電池の代表として2.4に，そして後者は高性能乾電池の代表として2.5において更に詳しく解説する．

### 2.3.1 マンガン乾電池

　マンガン乾電池（manganese dioxide-zinc dry cell）は，乾電池の原形であるルクランシェ電池（1866年発明）から発展してきた伝統ある電池である．この電池は放電時の電圧低下が早いなどの欠点はあるが，安価でかつ実用に耐える性能は備えている．1998年頃までは一番使用量の多い電池であったが，現在では，より性能の高いアルカリマンガン乾電池に押されて，使用量は少なくなっている．

　マンガン乾電池は，正極に電解二酸化マンガン（$\gamma$-$MnO_2$），負極に金属亜鉛（Zn），そして電解質に塩化亜鉛（$ZnCl_2$）と塩化アンモニウム（$NH_4Cl$）の混合物を用いている．負極の亜鉛は缶状になっており，これが電池容器になっている．また，正極活物質の$MnO_2$には炭素棒が挿入されており，これが正極集電体になっている．電解二酸化マンガンは，$MnSO_4$水溶液からアノード析出した$\gamma$-$MnO_2$で，結晶構造に多くの空隙を持っており，活物質としての利用率が良い．

　電池の放電が進むと電解液中の$H_2O$と$ZnCl_2$が反応に関与し，$ZnCl_2 \cdot 4Zn(OH)_2$が析出する．すなわち，$H_2O$が減少し耐漏液性は増すが，電池の内部抵抗は大きくなる．この電池は放電時の電圧低下が比較的早い．しかし，間欠使用では起電力が回復する．公称電圧は1.5 V，使用温度範囲は263〜318 K（−10〜45℃）である．使用対象は時々小電流で使用するもの，例えば電子機器のリモートコントローラーなど，が好ましい．

### 2.3.2 アルカリマンガン乾電池

　アルカリマンガン乾電池（alkaline manganese dioxide-zinc dry cell）は，正極に$MnO_2$，負極にZn，そして電解質に高濃度KOHを用いている．すなわち，正極，負極の材料はマンガン乾電池と同じであるが，電解質が違っている．KOH溶液の導電率は高いので電池の内部抵抗が小さく，また，放電による抵抗増加も少ないため，大電流放電を持続して行なうことができる．公称電圧は1.5 V，使用温度範囲は263〜333 K（−10〜60℃）である．エネルギー密度はマンガン乾電池の約2倍，容量は約6倍あることから，一般用途の乾電池の中では最も多く使用されている．使用対象は大電流を持続的に流す機器，例えば電動おも

ちゃなどが好適である．

電解液の高濃度KOHは，人体や衣服に付着すると化学的な損傷を与えるので，電池には漏液を防ぐ構造が採られている．

最近はアルカリマンガン乾電池の高性能化が図られており，正極活物質のMnO$_2$へのオキシ水酸化チタンの添加による利用率の向上，負極のZnのより微細粒化による反応面積の増加，電池構造の改良による活物質の充填量の増大，などにより小〜大電流域で力が発揮できる大容量のものが市販されている．

この系統の電池でオキシライド乾電池（ニッケル系一次電池）と呼ばれるものがある．これはアルカリマンガン乾電池の正極活物質に二酸化マンガン（MnO$_2$）と共にオキシ水酸化ニッケル（NiOOH）を使用している．この電池の出力および容量は，通常のアルカリマンガン乾電池の1.5倍といわれ，一時期デジタルカメラなどによく用いられた．しかし，初期電圧が1.7 Vであり，アルカリマンガン乾電池の初期電圧1.6 Vより高いため，初期電圧が高いことを想定していない機器に使用されると電子部品を損傷する恐れがあった．そのため，前述のアルカリマンガン乾電池の高性能化が図られた後は，生産が打ち切られている．

### 2.3.3 酸化銀電池

酸化銀電池（silver oxide cell）は，正極に酸化銀（Ag$_2$O），負極にZn，電解質にKOHを用いている．電解質にKOHを用いているため電池の内部抵抗が小さく，大電流放電特性に優れている．放電反応生成物は金属Agであり，電池の内部抵抗が増加しないので出力電圧の経時変化が小さい．公称電圧は1.55 V，使用温度範囲は263〜318 K（−10〜45 ℃）である．使用対象は小電流を長時間持続的に流す機器，例えば腕時計などが適している．

### 2.3.4 空気・亜鉛電池

空気・亜鉛電池（air-zinc dry cell）は，正極活物質に空気中の酸素（O$_2$）を，負極活物質にZnを用いている．そのため，正極にはO$_2$を還元するための触媒だけを用いればよい．触媒にはAg, MnO$_2$, NiCo複酸化物，フタロシアニン化

合物などが用いられている．電池内には負極活物質だけを詰めればよいので，体積エネルギー密度の高い電池ができる．

電池には空気孔があり，使用前はシールで封がされているので，使用直前にシールをはがして電池内に空気を取り入れて電池を起動する．5 sほどで実用電圧1.3 Vに達する．公称電圧は1.4 V，使用温度範囲は263～318 K(-10～45℃)である．使用対象としては，小型軽量で頻繁な電池交換ができない機器，例えば補聴器など，が向いている．

## 2.3.5 二酸化マンガン・リチウム電池

二酸化マンガン・リチウム電池(manganese dioxide-lithium cell)は，正極にMnO$_2$，負極に金属リチウム(Li)を用いている．MnO$_2$は結晶格子内に大きな空隙があり，放電時には，この空隙の中に負極で生成したLi$^+$イオンが挿入される．電解質には有機溶媒からなる非水電解液が用いられる．この電池には，エネルギー密度が大きい，公称電圧が高い(3 V)，放電曲線が平坦，使用温度範囲(233～358 K(-40～85℃))が広い，自己放電が少ない，等々優れた特性がある．そのため，リチウム一次電池(負極にLiを使う一次電池)の中では一番多く使われている．使用対象は大きなエネルギーを必要とする機器，寒冷地や熱帯地で使用する機器，例えば液晶表示携帯電子機器など，である．

電解液の有機溶媒が可燃性であるため，誤って大電流が流れ発熱すると危険である．そのため，大電流が流れたとき電流を止める安全装置[PTC(positive temperature coefficient)素子]が電池に付けられている．

この電池の端子電圧が高くエネルギー密度が大きいことは，負極活物質にLiを使用していることによる．LiのLi⇄Li$^+$+e$^-$反応の標準電極電位は-3.045 V(標準水素電極(NHE)基準)で，金属中最も低い．標準電極電位の高い正極活物質と組み合わせれば，高い起電力が得られる．また，Liの重量当たりの電気容量は13.79 kC/gで，金属中最も大きい．自己放電が少なく保存性が良いことは，有機電解液を使用していることによる．放電電流が小さい場合には，10年以上作動させることができる．

### 2.3.6 フッ化黒鉛・リチウム電池

フッ化黒鉛・リチウム電池（fruolocarbon-lithium cell）は，正極にフッ化黒鉛（(CF)$_n$），負極に金属リチウム（Li）を用いている．(CF)$_n$は層状化合物であり，放電時には負極で生成したLi$^+$イオンが層間に挿入される．電解質には非水電解液や固体電解質が用いられている．電池性能は二酸化マンガン・リチウム電池とよく似ている．放電中の維持電圧は二酸化マンガン・リチウム電池よりも低いが，電圧の平坦性は優れている．公称電圧は3 V，使用温度範囲は233～358 K(−40～85 ℃)である．使用対象は二酸化マンガン・リチウム電池と同じであるが，電気ウキなどによく使われた．

### 2.3.7 塩化チオニル・リチウム電池

塩化チオニル・リチウム電池（thionyl chloride-lithium cell）は，正極活物質に液体の塩化チオニル（SOCl$_2$），負極にLi，電解液に四塩化アルミニウムリチウム（LiAlCl$_4$）を溶解したSOCl$_2$溶液を用いている．正極の集電体には炭素棒が使われている．SOCl$_2$は空気中の水分と反応してSO$_2$とHClに分解するので，これを防ぐため電池は完全密閉構造になっている．この電池には，公称電圧が非常に高い(3.6 V)，低温でも安定に作動する（使用温度範囲は218～358 K(−55～85 ℃)），自己放電が少なく保存性が良い，などの特徴がある．使用対象は高出力，高エネルギー密度を必要とする機器であり，例えば屋外設置機器の主電源あるいはバックアップ電源などに使われている．

## 2.4 アルカリマンガン乾電池の構造と電極反応

一般用乾電池の代表的存在であるアルカリマンガン乾電池について，その構造と電極反応を解説する．この電池の一般的な特徴については，2.3.2において既に述べてある．

### 2.4.1 構造

アルカリマンガン乾電池の構造の概略を図2.3に示した[1)7)12)]．アルカリマ

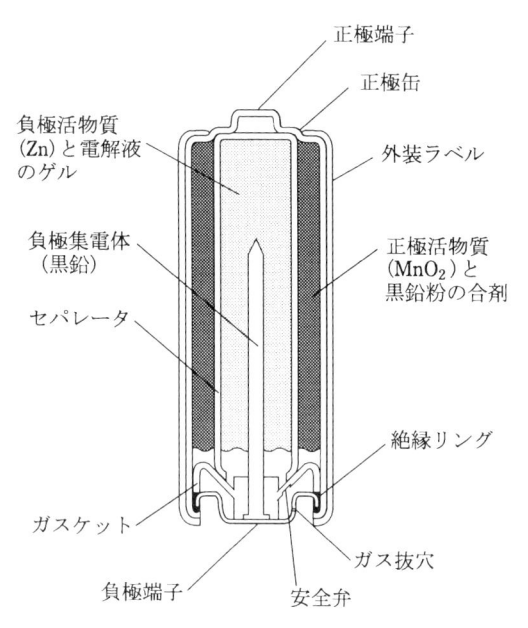

第2章　一次電池の電極反応と材料　　　　　　　　　　　　　　　　　　　　　　31

図2.3　アルカリマンガン乾電池の構造

ンガン乾電池の正極には電解二酸化マンガン（$\gamma$-$MnO_2$）と黒鉛の合剤（mix），負極には亜鉛（Zn）粉末と電解液とゲル化剤を混ぜてゲル状にしたもの，電解液には30〜40％KOHに酸化亜鉛（ZnO）を飽和するまで溶解させたものが使用されている．Znを粉末（40〜200メッシュ）にしているのは，電解液との接触面積を増し放電性能を向上させるためである．電解液に30〜40％KOHを用いているのは，この濃度付近でイオン導電率が最も高くなるからである．Znには，腐食による水素ガス（$H_2$）の発生を防止するために，In, Pb, Bi, Al, Gaなどの水素過電圧を高める元素を微量合金している．電解液にZnOを飽和させているのも，Znの腐食防止のためである．セパレータには，ポリエチレン多孔膜などが用いられている．

　電池の外缶（can）は，ニッケルメッキ鋼板製で，正極容器を兼ねている．缶の開口部は金属製の底板と合成樹脂製のガスケット（gasket）で封口されている．ガスケットの一部は肉薄になっており，ガス発生等により電池内圧が異常

に増したときの安全弁となっている.

## 2.4.2 起電反応

アルカリマンガン乾電池の起電反応は，以下のように表される[1) 7) 12)].

$$負極：Zn+4OH^- \xrightarrow{放電} Zn(OH)_4^{2-}+2e^- \qquad (2.1)$$

$$放電が進むと Zn(OH)_4^{2-} \rightarrow ZnO+H_2O+2OH^- \qquad (2.2)$$

$$+) 正極：2MnO_2+2H_2O+2e^- \xrightarrow{放電} 2MnOOH+2OH^- \qquad (2.3)$$

$$全反応：Zn+2MnO_2+H_2O \xrightarrow{放電} ZnO+2MnOOH \qquad (2.4)$$

式(2.2)から分かるように，放電が進んだ段階では酸化亜鉛(ZnO)の析出が起こる．このZnOが金属Znの表面を被覆すると電流が流れ難くなる(不働態化(passivation)という)．そのため，式(2.1)で生成した$Zn(OH)_4^{2-}$をできるだけ速やかに電解液中に拡散させる必要がある．Znを粉末状にして電解液と触れ易くしているのも，このためである．

## 2.4.3 合剤

電池の容量は，正極および負極の活物質の量に依存している．したがって，活物質の量を多くすれば容量を大きくすることができる．また，正極および負極での電極反応はそれぞれの極の活物質の表面で行われるので,表面積を大きくすれば全電流を大きくすることができると同時に真の面積当たりの電流を小さくすることができるので分極が小さくなる．そのような理由から，活物質を粉末にし，この粉末と導電剤(electronic conductor)のアセチレンブラック(カーボン粉末)とを電解液で混練し，固形状に押し固めた活物質が用いられている．このような固形混合物の活物質を合剤(正極用をpositive mix, 負極用をnegative mix)と呼んでいる．合剤を金属またはカーボン製の集電体(current collector)に接合して正極または負極の電極(electrode)としている．合剤を接合した電極の断面の様子を図2.4に模式的に示す[3)].

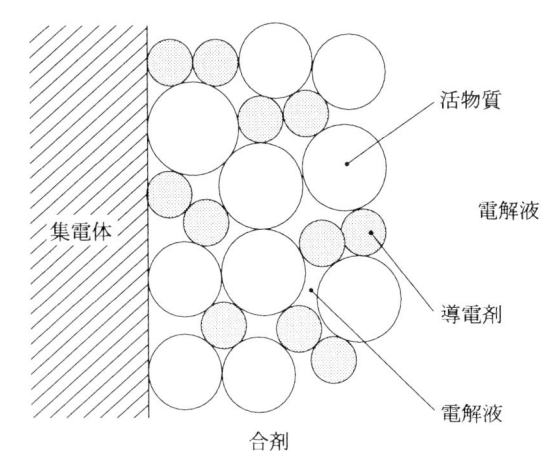

第2章　一次電池の電極反応と材料

図2.4　合剤を接合した電極の断面[3]

アルカリマンガン乾電池では，$\gamma$-$MnO_2$粉末とアセチレンブラックとを混ぜ合わせて加圧成形した正極合剤が用いられている．最近のアルカリマンガン乾電池では，$\gamma$-$MnO_2$粉末にオキシ水酸化チタンを添加しているものもある．

　合剤の中の電流は，イオン伝導と電子伝導の両方によって分担される．その分担の割合は合剤の組成や厚さによって変化する．このような合剤の中でのイオン電流と電子電流の分布に注意を払わないと，ただ単に合剤の厚さを増すだけでは，電池の容量を増やすことはできない．

## 2.5　二酸化マンガン・リチウム電池の構造と電極反応

　代表的な高性能乾電池である二酸化マンガン・リチウム電池について，その構造と電極反応を解説する．この電池の一般的な特徴については，2.3.5において既に述べてある．

### 2.5.1　構造

　二酸化マンガン・リチウム電池のうち，電極をスパイラル状に巻いたタイプの構造の概略を図2.5に示す[1) 13)]．この電池は，正極活物質に無水二酸化マン

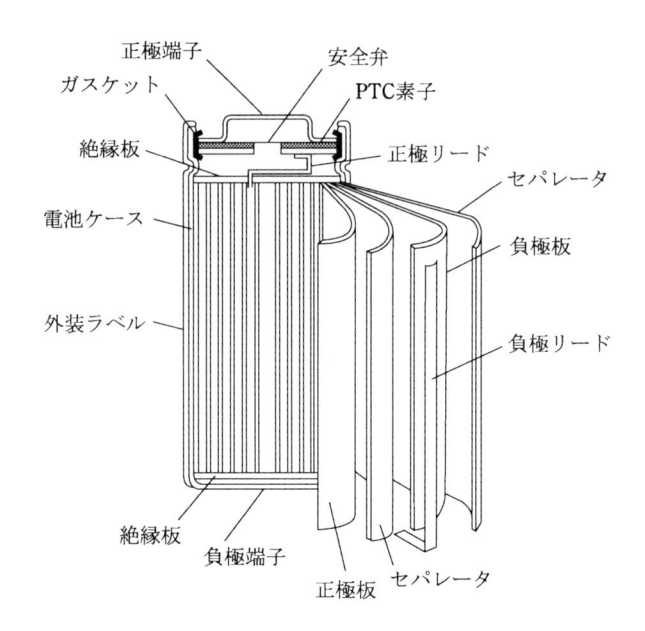

図2.5 二酸化マンガン・リチウム乾電池の構造（スパイラル構造タイプ）

ガン（γおよびβ-MnO$_2$），負極活物質に金属リチウム（Li），電解質にプロピレンカーボネート（PC）と1,2-ジメトキシエタン（DME）の混合溶媒に過塩素酸リチウム（LiClO$_4$）を溶解したものを用いている．MnO$_2$は電子伝導性が少し低いので，黒鉛粉と混合した正極合剤として用いている．セパレータには，シャットダウン機能があるポリエチレンやポリプロピレン製の微細多孔膜が用いられている．シャットダウン機能とは，短絡などによって電池温度が上がると膜が熱収縮して孔を閉じ，イオンの通路を遮断する機能である．また，異常な大電流が流れたとき電流を止める働きをするPTC素子が付けられている．このようにして電解液の発火を防いでいる．電池ケースはアルミニウム製である．

### 2.5.2 起電反応

正極に用いるγおよびβ-MnO$_2$はチャンネル構造化合物であり，これらの結晶内の回路網状につながった小空隙にはLiのような小さな原子が出入りする

ことができる[入ることをインターカレーション（intercalation, 挿入），出ることをディインターカレーション（deintercalation, 脱離）という]．電解液中のLi$^+$イオンがMnO$_2$とインターカレーション反応を起こすと，MnO$_2$結晶格子中のMn$^{4+}$イオンの一部はMn$^{3+}$に還元される．この電池では，インターカレーション反応を起電反応に利用している[13]．

$$負極：Li \rightarrow Li^+ + e^- \tag{2.5}$$
$$+)\ 正極：Mn(IV)O_2 + Li^+ + e^- \rightarrow Mn(III)O_2(Li^+) \tag{2.6}$$
$$全反応：Li + Mn(IV)O_2 \rightarrow Mn(III)O_2(Li^+) \tag{2.7}$$

ただし，Mn(IV)O$_2$はMn$^{4+}$からなるMnO$_2$，Mn(III)O$_2$(Li$^+$)はLi$^+$が入り一部のMn$^{4+}$がMn$^{3+}$となったMnO$_2$を指している．図2.6にγ・β-MnO$_2$にLi$^+$イオンがインターカレーションする様子を示した[1]．

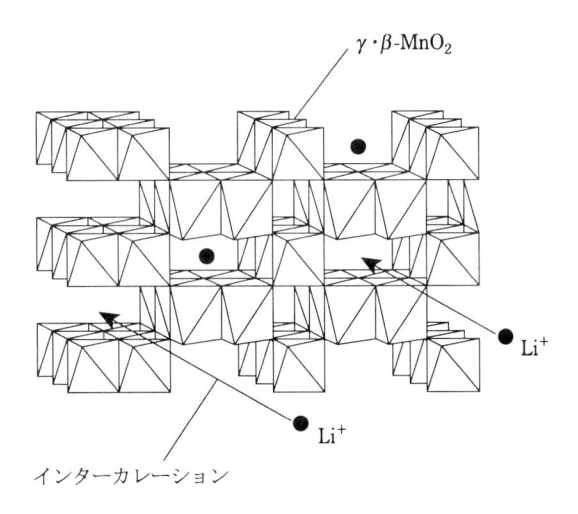

図2.6　γ・β-MnO$_2$へのLi$^+$イオンのインターカレーション

### 2.5.3　有機溶剤

Liを負極活物質とするときには，電解質として水溶液は用いることができない．そのため，Liに対する反応性の低い非プロトン性有機電解液が用いられて

いる.非プロトン性有機電解液の溶媒としては,支持電解質のリチウム塩を溶かし易くするため,高誘電率で,かつ,溶けたLi$^+$イオンの移動の容易な低粘度の物質が望ましい.このような要求を単一の溶媒で満たすことは難しいので,性質の異なる複数の溶媒を混ぜ合わせた混合溶媒が使用されている.この場合,高誘電率溶媒としては,プロピレンカーボネート(PC),エチレンカーボネート(EC),γ-ブチロラクトン(γ-BL),ジメチルスルホキシド(DMSO)が,また,低粘度溶媒としては,ジメチルカーボネート(DMC),ジエチルカーボネート(DEC),エチルメチルカーボネート(EMC),ジメトキシエタン(DME)が用いられている.図2.7に,これらのうちの代表的なものの分子構造を示す.支持電解質のリチウム塩としては,過塩素酸リチウム(LiClO$_4$),四フッ化ホウ酸リチウム(LiBF$_4$),六フッ化リン酸リチウム(LiPF$_6$),六フッ化ヒ酸リチウム(LiAsF$_6$)が用いられている.

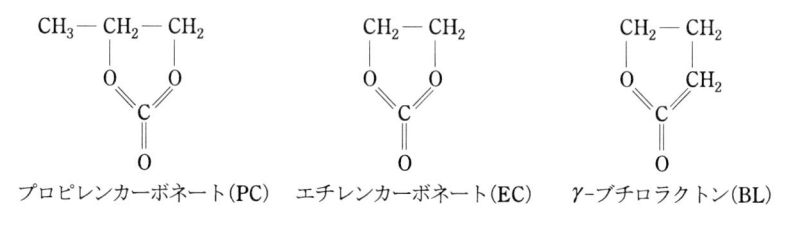

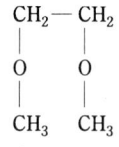

**図2.7 リチウム電池に用いられる非プロトン性有機溶媒**

## 2.6 発展途上の一次電池

未だ研究開発途上にあり,将来の発展が期待される電池について概説する.いずれも超小型化,超軽量化を志向している.

## 2.6.1 固体電解質電池

普通の小型一次電池の電解質には水溶液系電解質が用いられている.水溶液系電解質の長所は常温におけるイオン導電率が大きいことであるが,短所は電池缶体が破損したときの漏液である.通常,多孔質セパレータ中に保持したり,活物質圧粉体中に染み込ませたり,あるはゲル化してある程度固定化しているが,安全に対する信頼性は十分ではない.

このような水溶液系電解質に代わって固体電解質を用いることができれば,電池の信頼性は大きく向上する.固体電解質を用いた全固体電池は,固体電解質電池 (solid electrolyte cell) と呼ばれている.固体電解質を用いる利点は,耐漏液性ばかりでなく,自己放電が極めて少なくなるので,電池の保存性がよいことにもある.

人体内に埋め込んで使用し人体の機能の一部を代行するバイオエレクトロニクス機器は,高い信頼性が求められる.そのため,これらの機器は,固体電解質電池の利点をよく活かすことができる対象である.すでに,心臓ペースメーカー用電源として,リチウム (Li)/ヨウ化リチウム (LiI)/ヨウ素 ($I_2$) 電池が実用されている.

リチウム・ヨウ素電池の構造[14]と起電反応を図2.8に示す.電解質にはLiIが用いられている.LiIはリチウムイオン伝導性固体電解質で,負極Liと正極活物質$I_2$の反応によってLiの表面に生成する.正極活物質としては,$I_2$を含むヨウ素電荷移動錯体 (ポリ-2-ビニルピリジン・$nI_2$) が使用される.電池の起電力は3 Vである.出力電流は,LiIのLi$^+$導電率が小さい ($10^{-5}$ S/m, 303 K) ため小さく,<$10^{-3}$ A/m$^2$である.

その他,固体電解質としてLiI-Al$_2$O$_3$混合系 (Li$^+$導電率$10^{-3}$ S/m),Li$_3$N-LiI-(LiOH)混合系 (Li$^+$導電率$10^{-1}$ S/m) を用いたLi/LiI-Al$_2$O$_3$/PbI$_2$+PbS$_2$電池 (起電力1.9 V,出力電流>$10^{-3}$ A/m$^2$),Li/Li$_3$N-LiI-(LiOH)/PbI$_2$+Pb電池 (起電力1.9 V,出力電流>$10^{-2}$ A/m$^2$) も作られている.

固体電解質電池がなかなか普及しない理由は,常温で高いイオン導電率を持つ固体物質が限られていることである.常温で水溶液並のイオン導電率を持ち,かつ分解電圧の大きい安定な固体電解質の開発が望まれる.

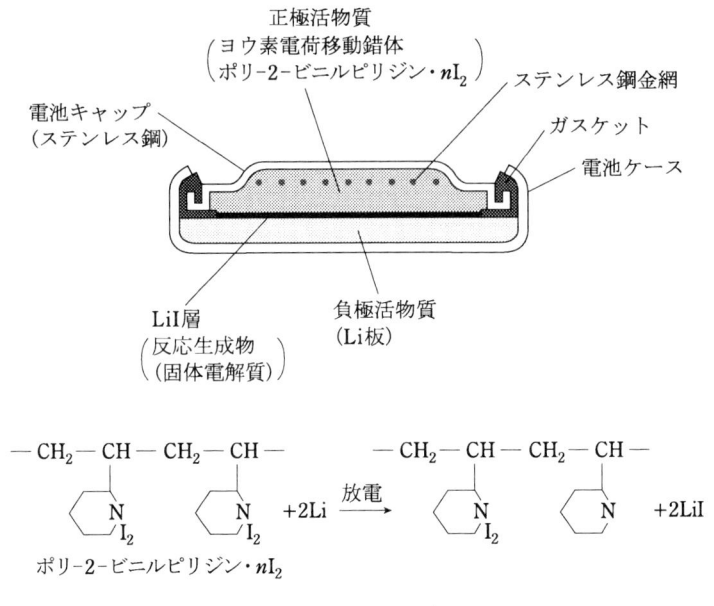

図2.8 リチウム・ヨウ素電池の構造[14]（上）と起電反応（下）

イオン導電率がそれほど高くない固体電解質でも，薄膜にして使えば電池の内部抵抗を小さくできる．そのため，電池構成部品を全て薄膜化した薄膜電池の開発が行われている．薄膜電池はエレクトロニクスデバイスの他の部品と一体化して基盤上に形成される．そのため，一次電池としてではなく，二次電池としての開発が進んでいる．これについては，3.7.1で述べる．

## 2.6.2 固体ポリマー電解質電池

正負電極活物質や電解質に有機高分子材料を使用した電池は，広い意味でポリマー電池（polymer battery）と呼ばれている．このうち，正極あるいは負極活物質に導電性高分子を使用したものは二次電池であり，狭い意味でポリマー電池というときにはこのような二次電池を指している．二次電池のポリマー電池については，3.7.2で述べる．一次電池のポリマー電池には，電解質にだけイオン伝導性ポリマーを使用した固体ポリマー電解質電池がある．

第2章　一次電池の電極反応と材料

ポリエチレンオキシド［(-CH$_2$CH$_2$O-)$_n$］にLiClO$_4$を溶解させたポリマーはLi$^+$イオン伝導性電解質として機能する．これを用いてLi/ポリエチレンオキシド-LiClO$_4$付加体/MnO$_2$電池が作製されている．この電池の特徴は，電池の厚さを非常に薄くできることであり，厚さ0.3 mm程度のフイルム状のものが作られている．このような電池は，カード型エレクトロニクス機器の電源に適している．ポリマー電解質についても，3.6.9(4)で再び触れる．

**一次電池，二次電池の生産量と生産額**

一次電池，二次電池に属する各種電池は，一般社会において多く使われている．これらの電池のうちのいずれの社会的重要性が高いかは，各電池の生産量と生産額の統計から知ることができる．図2.9に2008年（暦年）の日本の一次電池と二次電池の生産量と生産額に関する経済産業省機械統計を示す[a]．この統計によれば，2008年（暦年）の日本の電池の総生産は，総数53.8億個，総額8,461億円であった．このうち一次電池が36.1億個で1,253億円，二次電池が17.7億個で7,208億円となっており，生産量では一次電池が多いが，生産額では二次電池が遙かに上回る．

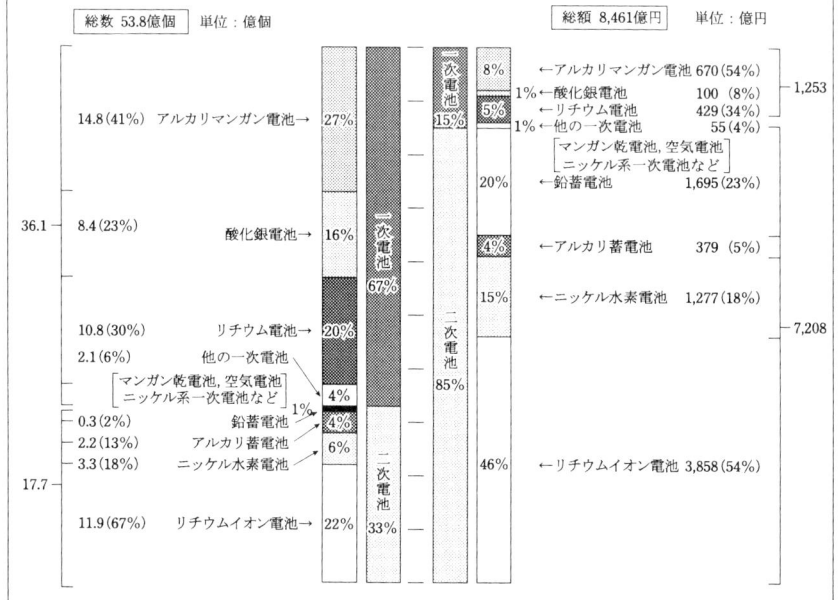

図2.9　一次電池と二次電池の生産量と生産額に関する経済産業省機械統計[a]
（出典：(社)電池工業会）

一次電池の生産量の順は，①アルカリマンガン電池（14.8億個，以下同じ），②リチウム電池（10.8），③酸化銀電池（8.4），④その他の一次電池（2.1），また生産額の順は①アルカリマンガン電池（670億円，以下同じ），②リチウム電池（429），③酸化銀電池（100），④その他の一次電池（55）であり，アルカリマンガン電池が生産量，生産額とも一位である．

二次電池の生産量の順は，①リチウムイオン電池（11.9億個，以下同じ），②ニッケル・水素電池（3.3），③アルカリ蓄電池（2.2），④鉛蓄電池（0.3）となっており，生産額の順では①リチウムイオン電池（3,858億円，以下同じ），②鉛蓄電池（1,695），③ニッケル・水素電池（1,277），④アルカリ蓄電池（379）であり，リチウムイオン電池が生産量，生産額とも一位である．

一次電池，二次電池を通して生産量，生産額ともに順位が高いのはリチウムイオン電池であり，この電池が全ての電池の中で現在最も重要な地位を占めていることが分かる．

リチウムイオン電池の発展がいかに小型携帯式電子機器の発達を促してきたかは，図2.10に示す世界市場におけるリチウムイオン電池の生産量と携帯電話の生産量の年度による変化を見ればよく分かる[15]．携帯電話の生産量は，リチウムイオン電池の生産量が伸び始めた1995年より伸び始め，その後の両者の増加曲線は軌を一にしている．

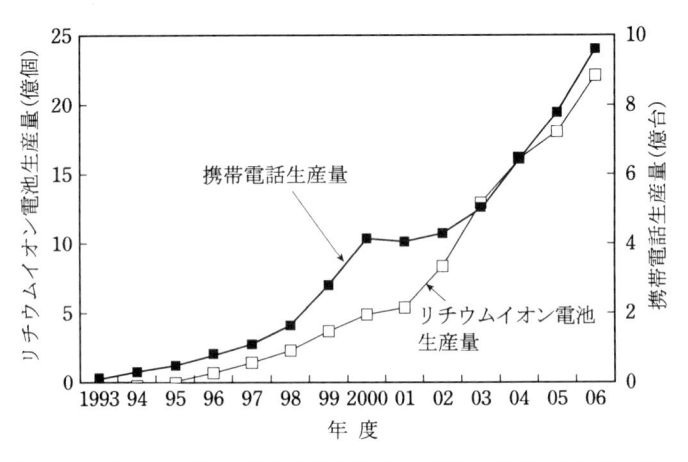

図2.10 リチウムイオン電池と携帯電話の生産量の年度による変化[15]

**参考文献**
1) 杉本克久：金属，**78** (2008), 111
2) 杉本克久：金属，**78** (2008), 817
3) 杉本克久：材料電子化学，日本金属学会,(2003), p.1
4) 杉本克久：まてりあ，**46** (2007), 744
5) 竹原善一郎：電池－その化学と材料，大日本図書,(1988), p.30
6) 吉澤四郎監修：新訂版 新しい電池，東京電機大学出版局,(1978), p.1
7) 内田 勇，佐藤祐一：現代の電気化学，小沢昭弥監修，新星社,(1990), p.62
8) 逢坂哲彌：材料電気化学，逢坂哲彌，太田健一郎，松永 是共著，朝倉書店,(1998), p.53
9) 外島 忍，佐々木英夫：電気化学 改訂版，電気学会,(1987), p.326
10) 内田 勇：金属表面物性工学，日本金属学会編，日本金属学会,(1990), p.274
11) 松下電池工業株式会社監修：図解入門 よくわかる 最新電池の基本と仕組み，秀和システム,(2005), p.43
12) 平井竹次，小槻 勉：Electrochemistry, **59** (1991), 732
13) 池田宏之助：電池の進化とエレクトロニクス，工業調査会,(1993), p.115
14) 山本隆一：現代化学，**165** (1984), 48; バウンダリー，**2** (1983), 58
15) 吉野 彰：化学装置，**51** No.10, (2009), 24

**参照情報**
a)（社）電池工業会ホームページ http://www.baj.or.jp/statistics/01.html

# 第3章 二次電池の電極反応と材料

## 3.1 二次電池に求められている事柄

　二次電池（secondary cell, strage battery）は，放電，充電共に可能な電池である．繰り返し使用が可能であるので，携帯電子機器から電気自動車まで，いろいろな用途に用いられている．二次電池の用途は多様であるが，二次電池に共通して求められている主な性能は，質量および体積エネルギー密度が高いこと，サイクル寿命が良いこと，および安全なことである．

　本章では，二次電池の電極反応と材料について解説する[1]．性能に対する上記の要求を満たすために，どのような考えの下でどのような材料が使われているか，理解を深めたい．始めに二次電池の基本構造について説明した後，二次電池に属する幾つかの電池とその特徴について紹介する．続いて，二次電池の中で普及度が高い代表的なものや性能が高く注目度が高いものについて，それらの内容を詳しく述べる．そして，最後に，現在研究開発中で将来が期待される二次電池について触れる．

## 3.2 二次電池の構造

　二次電池の基本構造を図3.1に示す[2]．電池の基本的構造は一次電池と同じであるが，二次電池では正極，負極共に可逆性の良い電気化学反応を利用していることに特徴がある．正極には正極活物質，負極には負極活物質，そして，それぞれの活物質と接する電解質が存在する．正極室と負極室の間には，イオン伝導性のセパレータが設けられている．多くの二次電池も密閉構造になって

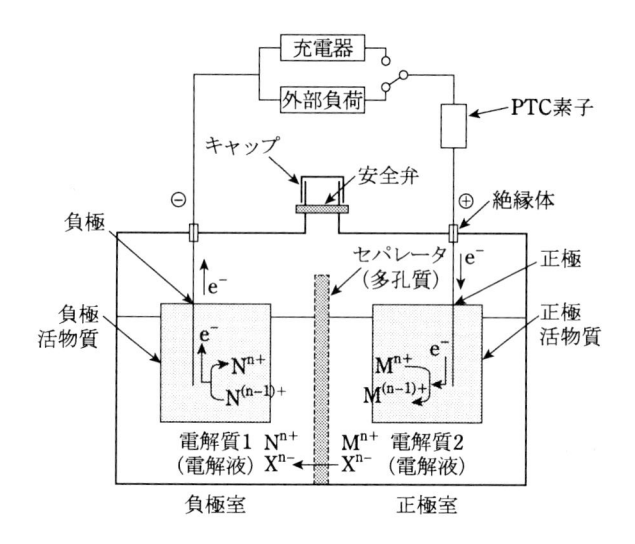

図3.1 二次電池の基本構造

いる.高エネルギー密度の二次電池には,外部短絡などで異常大電流が流れたとき自己発熱して電流を遮断するPTC (positive temperature coefficient：正温度抵抗係数)素子や過充電などで内圧が異常上昇したときガスを放出するための安全弁など,安全装置が取り付けられている.

## 3.3 各種二次電池の特徴と用途

代表的な二次電池の充放電反応,正負両極の活物質,電解質,および公称電圧を表3.1に示した[3]~[10].また,これら電池のエネルギー密度,性能上の特徴,適した用途を表3.2に示した.図3.2には,身近なところで使われている二次電池である鉛蓄電池,ニッケル・水素電池,およびリチウムイオン二次電池の外観を示した.以下,表3.1および表3.2に基づいて,これらの電池の概要を説明する.これらの電池のうち鉛蓄電池,ニッケル・水素電池,リチウムイオン二次電池については,社会生活の中で重要な役割を果たしているので,更に詳しい説明を3.4, 3.5, 3.6でそれぞれ行う.

第3章 二次電池の電極反応と材料

表 3.1 代表的二次電池の充放電反応とセル構成材料

| 名 称 | 充放電反応 $\left(\begin{smallmatrix}放電\\\rightleftarrows\\充電\end{smallmatrix}\right)$ | 負極活物質 | 電解質 | 正極活物質 | 公称電圧(V) |
|---|---|---|---|---|---|
| 鉛蓄電池 | $PbO_2+Pb+2H_2SO_4 \rightleftarrows 2PbSO_4+2H_2O$ | Pb | $H_2SO_4$ | $PbO_2$ | 2.0 |
| ニッケル・カドミウム蓄電池 | $2NiOOH+Cd+2H_2O \rightleftarrows 2Ni(OH)_2+Cd(OH)_2$ | Cd | KOH | NiOOH | 1.2 |
| ニッケル・水素電池 | $NiOOH+MH \rightleftarrows Ni(OH)_2+M$ | MH | KOH | NiOOH | 1.2 |
| リチウム二次電池 | $V_2O_5+Li \rightleftarrows V_2O_5Li$ | Li-Al | $LiBF_4$ (PC) | $V_2O_5$ | 3.0 |
| リチウムイオン二次電池 | $Li_{1-x}CoO_2+Li_xC_6 \rightleftarrows LiCoO_2+C$ | $Li_xC_6$ | $LiPF_6$ (EC, DEC) | $Li_{1-x}CoO_2$ | 3.0 |
| ニッケル・亜鉛電池 | $2NiOOH+Zn+2H_2O \rightleftarrows 2Ni(OH)_2+Zn(OH)_2$ | Zn | KOH | NiOOH | 1.6 |
| 亜鉛・塩素電池 | $Cl_2+Zn+6H_2O \rightleftarrows ZnCl_2+6H_2O$ | Zn | $ZnCl_2$ | $Cl_2$ | 1.9 |
| レドックスフロー電池 | $V^{2+}+V^{5+} \rightleftarrows V^{3+}+V^{4+}$ | $V^{2+}, V^{3+}$ | $H_2SO_4$ | $V^{5+}, V^{4+}$ | 0.9～1.4 |
| ナトリウム・硫黄電池 | $xS+2Na \rightleftarrows Na_2S_x$ | Na | $\beta''$-アルミナ ($Na_2O\cdot MgAl_{10}O_{16}$) | $Na_2S_x$, S | 2.1 |

＊MH：金属水素化物，PC：プロピレンカーボネート，EC：エチレンカーボネート，DEC：ジエチルカーボネート

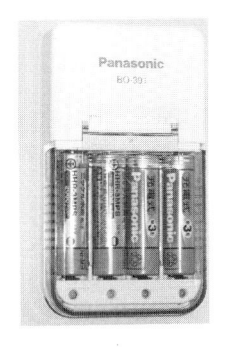

図 3.2 二次電池．左から自動車用鉛蓄電池，ニッケル・水素電池（単3形）と充電器，デジタルカメラ用リチウムイオン二次電池

表 3.2 代表的二次電池の特徴と適した使用対象

| 名　称 | エネルギー密度 kJ/kg | エネルギー密度 GJ/m³ | 特　徴 | 適した機器 |
|---|---|---|---|---|
| 鉛蓄電池 | 126 | 302.4 | 安定した品質，高い信頼性，優れた経済性．バランスのとれた性能． | 自動車用電源，各種移動体用電源，非常用電源． |
| ニッケル・カドミウム蓄電池 | 180 | 493.2 | 長寿命，過充電・過放電に強い．Cdによる環境汚染が課題． | 電動工具，産業用予備電源． |
| ニッケル・水素電池 | 198 | 720 | 大容量，大電流放電．充放電を繰り返しても安定した性能を保つ． | ハイブリッド自動車用電源，デジタルカメラ． |
| リチウム二次電池 | 158* | 468 | 負極に金属 Li，Li-Al合金を使用．高電圧，薄型．サイクル寿命の改善が課題． | 時計用，メモリーバックアップ電源． |
| リチウムイオン二次電池 | 432 | 1080 | 高エネルギー密度，高電圧，長寿命，作動温度範囲広い．電極活物質が高価． | 各種小型携帯電子機器用電源，電気自動車用電源． |
| ニッケル・亜鉛電池 | 432 | 612 | エネルギー密度高い，放電電圧の平坦性良い．材料が低価格．寿命改善が課題． | 特殊用途（レース車用エンジンスターター，海洋開発のための水中動力源）．電気自動車用電源（研究開発中）． |
| 亜鉛・塩素電池 | 1674 |  | 高エネルギー密度，高充放電効率．塩素の毒性が問題． | 電力貯蔵用(現在は開発中止中)． |
| レドックスフロー電池 | 370 |  | 長寿命，高充放電効率．レドックス電解液のタンクを増せば電池容量を大きくできる． | 電力貯蔵用． |
| ナトリウム・硫黄電池 | 360 |  | 高エネルギー密度，高出力密度．充放電効率良い．573K（300℃）で作動． | 電力貯蔵用．電気自動車用(現在は開発中止中)． |

＊理論エネルギー密度

### 3.3.1 鉛蓄電池

　鉛蓄電池（lead-acid battery, lead storage battery）は，プランテの電池（1859年発明）から発展してきた古典的電池である．この電池では，正極活物質に$PbO_2$，負極活物質にPb，電解質に$H_2SO_4$が使用されている．この電池には，起電力が比較的大きい（2 V），電池の内部抵抗が小さい，エネルギー密度と出力密度のバランスが良い，充放電特性が良い，電極材料および電解質が安価，生産技術が成熟している，リサイクル性に優れる，などの長所がある．そのた

め，総合性能の高い電池として自動車のエンジン始動用などに広く利用されている．短所は，保存中に正極鉛格子が$H_2SO_4$によって腐食される，負極活物質に$PbSO_4$が蓄積し過ぎる（サルフェーション（sulfation）という）と充電し難くなる，などである．

　鉛蓄電池の生産額は国内電池総生産額（2008年，暦年）の約20％を占め，その用途の60％は自動車用である．現在様々な種類の鉛蓄電池が生産されており，容量28.8 MCを超える大型据置式のものから数kC程度の小型携帯式のものまである．

### 3.3.2　ニッケル・カドミウム蓄電池

　ニッケル・カドミウム蓄電池（nickel-cadmium battery）は，正極活物質にNiOOH，負極活物質にCd，電解質にKOHを使用している．充放電反応にKOHは関与せず，原理的には電解液の濃度変化はない．このため，負極吸収式完全密閉化（3.4.1参照）はこの電池で初めて成し遂げられた．この電池には，急速充放電特性が良い，大電流放電が可能，1.2 Vを使用時間の90％維持，サイクル寿命が長い，などの長所がある．そのため，以前はモーターを有する各種小型機器用電源として多く用いられた．しかし，メモリー効果（浅い充放電の繰り返しにより容量が見かけ上低下する現象）がある，環境有害物質であるCdを含む，などの欠点がある．特に後者の欠点から需要が減退し，現在では，業務用の充電式電動工具，ソーラーライト用蓄電池など，限られた所で用いられている．

### 3.3.3　ニッケル・水素電池

　ニッケル・水素電池（nickel-hydrogen battery, nickel-metal hydride battery）は，正極活物質にNiOOH，負極活物質に金属水素化物MH（M：金属）のH，電解質にKOHを使用している．この電池においても充放電反応にKOHは関与せず，原理的に密閉化が可能である．金属水素化物には，$MmNi_5H$（Mm：ミッシュメタル（希土類金属の混合物））などが使われている．この電池には，エネルギー密度が大きい，急速充電・大電流放電が可能，サイクル寿命が長い，発

火の危険性が低く安全性が高い,環境負荷の低い材料で構成されている,という長所がある.また,ニッケル・水素電池は,公称電圧は1.2 Vであり乾電池(マンガン乾電池,アルカリマンガン乾電池)の1.5 Vよりは低いが,1.2 Vでの放電時間が非常に長いので,この電圧で作動可能な機器ならば乾電池に置き換えて使用することができる.そのような時は,乾電池の買い換えがいらなくなり,機器の維持コストが低減する.以上のような利点により,各種携帯電子機器からハイブリッド自動車まで,電源用電池として広く使用されている.短所は,公称電圧が少し低い,自己放電が比較的大きい,軽微ではあるがメモリー効果がある,などである.

### 3.3.4 リチウム二次電池

リチウム二次電池は,負極に金属リチウム(実際にはLi-Alなどの合金)を,電解質に有機電解液を使用している二次電池である.負極をリチウム合金にしているのは充電時のリチウムのデンドライト(樹枝状晶)析出を防ぐためである.コイン型やボタン型の小型電池が実用されており,微少電流で使用するバックアップ電源などに用いられる.

### 3.3.5 リチウムイオン二次電池

リチウムイオン二次電池(lithium ion battery)は,正極活物質にLi$_{1-x}$CoO$_2$,負極活物質にLi$_x$C$_6$,電解質にLiPF$_6$を溶解したエチレンカーボネート(EC)を使用している.正極および負極活物質は共に層間化合物であり,分子構造の隙間にLi$^+$イオンを電気化学的に可逆的に挿入・脱離することができる(挿入をインターカレーション(intercalation),脱離をディインターカレーション(deintercalation)という).正極および負極活物質の母構造は,充放電反応によって変化しない.また,電解質は充放電反応に関与していない.したがって電池の密閉化が可能であり,電解質が水分を極度に嫌うこともあって,電池は完全密閉構造になっている.

この電池は,エネルギー密度が非常に大きい,単セル当りの電圧が高い,出力密度が大きい,サイクル寿命が良い,作動温度範囲が広い,急速充電が可

能,充放電効率が高い,自己放電率が低い,残存容量表示が容易,メモリー効果が無い,などの優れた長所を持っている.そのため,現代の高性能二次電池の代表的な存在になっている.リチウムイオン二次電池の生産額は,全二次電池生産額の54％(2008年)に達している.用途は携帯電子機器から電気自動車まで様々である.短所は,可燃性の有機溶媒を含むため安全への対策が必要,過充放電に弱いので充放電制御回路が必要,コバルト酸化物系正極活物質のコストが高い,などである.ことに安全への配慮は重要で,この電池は複数の安全機構を組み込んだ電池パックとして市場に供給されている.

### 3.3.6 ニッケル・亜鉛電池

ニッケル・亜鉛電池は,ニッケル・カドミウム電池の負極を亜鉛に置き換えたものである.エネルギー密度が高く,放電電圧は高くて平坦性が良く,電池材料のコストは低い.そのため,自動車用電池を目指した開発が行われた.しかし,充電時に負極亜鉛にデンドライトができ易く,負極が原状に回復せず,サイクル寿命が短い,という短所があり,開発は進んでいない.

### 3.3.7 亜鉛・塩素電池

亜鉛・塩素電池は,負極に亜鉛,正極に多孔質黒鉛電極を使用する.電解質には塩素ガスを溶解した塩化亜鉛水溶液を使用し,多孔質黒鉛電極上で塩素ガス/塩素イオン間の酸化還元反応が行われる.質量エネルギー密度が極めて大きく,公称電圧も高いので,電力貯蔵用としての用途が考えられたが,開発は進んでいない.

### 3.3.8 レドックスフロー電池

レドックスフロー電池 (redox flow cell) は,正極活物質に$V^{5+}$と$V^{4+}$を含む硫酸バナジウム溶液,負極活物質に$V^{2+}$と$V^{3+}$を含む硫酸バナジウム溶液,電解質に$H_2SO_4$を使用している.正極用および負極用の硫酸バナジウム溶液は,電池セル外の貯槽からそれぞれの電極上にポンプで循環供給される.正極室と負極室は$H^+$イオン交換膜で隔てられている.この電池には,大容量化が容易,

活物質のリサイクル性が良く経済性が高い，という長所があるので，電力貯蔵設備が開発されており，工場やビルなどの非常用電源として用いられている．短所は，正負活物質の貯槽など，電池付帯設備が大きくなることである．

### 3.3.9 ナトリウム・硫黄電池

ナトリウム・硫黄電池 (sodium sulfur battery) は，正極活物質にS,負極活物質にNa,電解質に$Na^+$イオン伝導性の固体電解質であるベータアルミナを使用している．正極では放電反応によって多硫化ナトリウム ($Na_2S_x$) ができる．電池は，両極活物質が液体となる573 K (300 ℃) 付近で使用される．この電池は，エネルギー密度が大きい，充放電効率が高い，大容量化が可能，自己放電がない，寿命が長い，という長所がある．短所は，化学反応性の高い溶融活物質を使用することである．この電池は，電力貯蔵用に実用化されており，変電所における電力需要の平準化や風力発電所の電力安定化などに用いられている．

## 3.4 鉛蓄電池の構造と電極反応

### 3.4.1 構造

自動車用鉛蓄電池[10]〜[12]の構造の概略を図3.3に示した．正極活物質は二酸化鉛 ($PbO_2$)，負極活物質は金属鉛 (Pb)，電解質は希硫酸 ($H_2SO_4$) である．自動車用の場合，電極はペースト方式で作られている．この方式の正極は，鉛粉末 (表面酸化物PbOと素地Pbの混成物) と異方性黒鉛粉 (導電剤) と$H_2SO_4$の練膏物をPb-0.5〜1.0％Ca-0.3〜1.5％Sn (またはPb-1.5〜3.0％Sb-0.1〜0.5％As) 合金の格子状極板に充填し，この極板を$H_2SO_4$中で化成 (電解酸化) して鉛粉末を$PbO_2$に変えたものである．負極は鉛粉末と防縮剤 (硫酸バリウムやリグニン系化合物；粒子の凝集を防止) と$H_2SO_4$の練膏物をPb-0.5〜1.0％Ca-0.3〜1.5％Sn合金の格子状極板に充填し，これを$H_2SO_4$中で化成 (電解還元) して鉛粉末をPbに変えたものである．電解液には，自動車用では，比重1.280 (293K) の$H_2SO_4$が使われている．セパレータには，親水性ポリエチレン繊維と多孔質シリカ粉末から成る抄紙セパレータ (ガラス繊維マットと併用) など

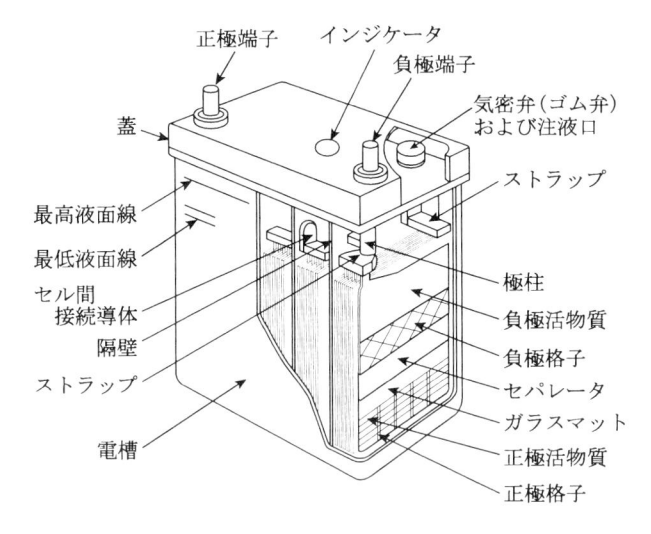

図3.3 鉛蓄電池の構造

が用いられている．シリカ粉末やガラス繊維マットは電解液の保持体（リテイナー（retainer））として働き，電解液が流動しないようになっている．電槽と蓋は，耐衝撃性の高いポリプロピレン系樹脂（EPP）でできている．

鉛蓄電池は，過充電すると正極で$O_2$，負極で$H_2$を発生するが，触媒栓方式（$O_2$と$H_2$を触媒上で反応させて$H_2O$にする）や負極吸収方式（$O_2$を負極において還元 [$O_2+4H^++4e^-\rightarrow 2H_2O$] する）により密閉化されている．密閉化された電池は一定圧力以上で作動する安全弁を備えており，制御弁式鉛蓄電池と呼ばれている．

### 3.4.2 起電反応

鉛蓄電池の起電反応[11) 12)]は，以下のように表される．

$$負極：Pb+SO_4^{2-} \underset{充電}{\overset{放電}{\rightleftarrows}} PbSO_4+2e^- \quad (3.1)$$

$$+）正極：PbO_2+4H^++SO_4^{2-}+2e^- \underset{充電}{\overset{放電}{\rightleftarrows}} PbSO_4+2H_2O \quad (3.2)$$

$$全反応：PbO_2+Pb+2H_2SO_4 \underset{充電}{\overset{放電}{\rightleftarrows}} 2PbSO_4+2H_2O \quad (3.3)$$

式 (3.3) に見るごとく，放電によってH$_2$SO$_4$が消費され，H$_2$Oができる．すなわち，H$_2$SO$_4$溶液の濃度が減少し比重が低下する．充電するとH$_2$SO$_4$が生成し，H$_2$SO$_4$溶液の濃度が増す．このように，H$_2$SO$_4$は電池反応に関与しており，電解質としての働きばかりではなく，活物質としての働きもある．充電は，電極活物質の表面積当たりの電流密度が均一になるように，初期は大電流，後期は小電流となるよう，電流を漸減させて行う．

### 3.4.3 鉛蓄電池の新技術
#### (1) アイドリングストップ対策
環境負荷の低減のために，自動車にはアイドリングストップやブレーキエネルギー回生などの技術が導入されている．このような技術が導入された車では，電池は部分充電状態（満充電の60〜90％の状態）においてパルス的に大電流充放電が行えることが要求される．従来の鉛蓄電池は部分充電状態ではサルフェーションが起き易く，また，パルス的大電流充放電によって活物質や電極板に劣化が生じた．このような問題への対策として，

a. 正極活物質の高密度充填（正極活物質の溶解・析出繰り返しによる軟化の防止）
b. 負極活物質への炭素粉添加の増量（サルフェーション劣化の防止）
c. 負極電極板ラグ(lug)部への高Sn含有Pb合金被覆（耳やせ（腐食）の防止）

などが行われている．

#### (2) サルフェーション抑制策
サルフェーションは負極活物質表面に生成したPbSO$_4$結晶が粗大化し，活物質層の導電性が悪くなる現象である（充電受け入れ性能が悪くなる）．この対策として，負極活物質への炭素粉添加が行われている，これにより，生成したPbSO$_4$結晶の粒界にカーボンネットワークが形成され，活物質層の導電性が維持される．

#### (3) キャパシタとのハイブリッド化
パルス的大電流充放電を可能にする方策として，鉛蓄電池と電気二重層キャパシタを一体構造にしたキャパシタハイブリッド型鉛蓄電池が開発され

第3章　二次電池の電極反応と材料

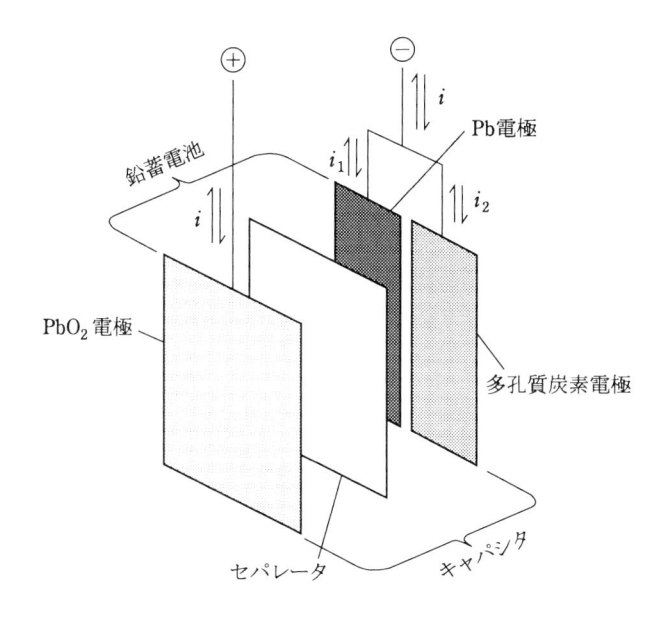

図3.4　鉛蓄電池と電気二重層キャパシタのハイブリッド電池

ている[13]．この電池の電極配置を図3.4に示した[13]．正極はPbO₂電極一つであるが，負極はPb電極と多孔質炭素電極が並置されている．定常的な充放電はPbO₂電極－Pb電極の組が行い，パルス的大電流充放電はPbO₂電極－多孔質炭素電極の組が行うようになっている．

(4) バイポーラ電極

一枚の電極の片側に正極活物質，反対側に負極活物質を塗ったバイポーラ電極が開発されている．バイポーラ電極を組み合わせて電池を作れば，電極自体にセル間接続機能があるので，多数のセルを有するモジュールをコンパクトに作製できる．また，従来のセル間を繋ぐ鉛合金の溶接が無いことは，その分，電池の信頼性が向上する．

## 3.5 ニッケル・水素電池の構造と電極反応

### 3.5.1 構造

　密閉形ニッケル・水素電池の形状には，円筒形と角形がある．広く用いられている円筒形電池の構造を図3.5に示す．薄いシート状の正極板と負極板の間に不織布セパレータを挟み，これらを渦巻き状に巻き，この巻物を円筒形の金属缶に挿入している．挿入後，電解液が注入される．金属缶は負極板と導通が取られており，負極端子になっている．金属缶は樹脂製のガスケットを介して金属製の蓋で密封されている．蓋は正極板と導通が取られており，正極端子になっている．蓋の中にはゴム式またはバネ式の安全弁が入れられている．過充電などによって電池内圧が上昇したときには，安全弁からガスが放出され，電池の破損が防がれる．金属缶は，薄いステンレス鋼板製である．

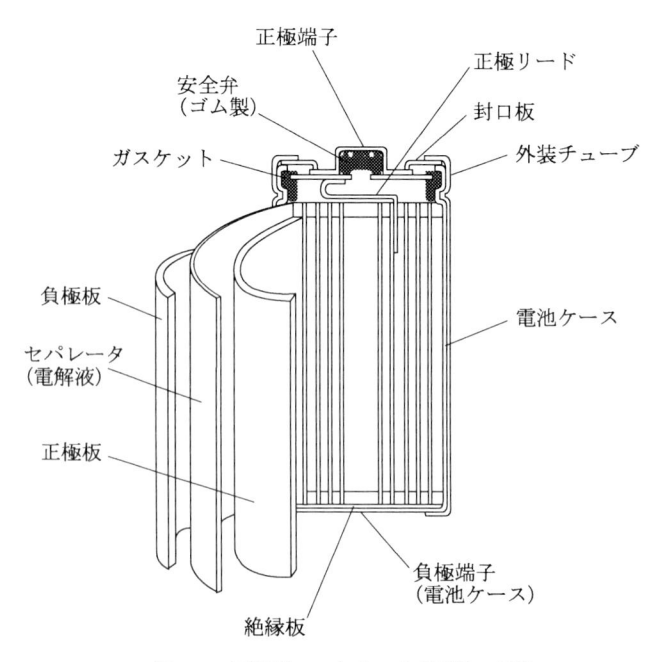

図3.5　円筒形ニッケル・水素電池の構造

## 3.5.2 起電反応

ニッケル・水素電池の起電反応は，以下のように表される．

$$負極：MH+OH^- \underset{充電}{\overset{放電}{\rightleftarrows}} M+H_2O+e^- \tag{3.4}$$

$$+) \quad 正極：NiOOH+H_2O+e^- \underset{充電}{\overset{放電}{\rightleftarrows}} Ni(OH)_2+OH^- \tag{3.5}$$

$$全反応：NiOOH+MH \underset{充電}{\overset{放電}{\rightleftarrows}} Ni(OH)_2+M \tag{3.6}$$

負極活物質には金属水素化物(metal hydride；MH)，正極活物質には層間化合物のオキシ水酸化ニッケル($\beta$-NiOOH)，電解質にはKOHが用いられている．MHを作る母体金属Mには，原子状水素Hを可逆的に出し入れできる水素吸蔵合金が用いられる．放電時においては，MH中のHは$H_2O$に酸化され，この$H_2O$はNiOOHと反応して$Ni(OH)_2$に還元される．充電時にはこの逆の反応が進行する．すなわち，$H_2O$および$OH^-$の形で負極と正極の間をHが物質移動するだけである．式(3.6)に見るように，$H_2O$は見掛け上起電反応に関与していない．このため，電解液の濃度変化がないので，この電池の密閉化は原理的に容易である．放電時および充電時における正負両極の状況を図3.6に模式的に示した．

不用意に過充電されると，正極では$O_2$が，また，負極では$H_2$が，それぞれ発生する．しかし，これらのガスは，以下のように，吸収することができる．正極で発生する$O_2$は，負極に導くと，負極中の水素により$H_2O$に還元される．

$$MH_x+O_2 \rightarrow MH_{x-4}+2H_2O \tag{3.7}$$

また，負極で発生する水素Hは，$H_2$ガスになる前に負極中に直接吸蔵される．

$$MH_x+2H \rightarrow MH_{x+2} \tag{3.8}$$

このように，ニッケル・水素電池は，過充電時に発生する$O_2$および$H_2$に対する吸収機能を有するため，過充電に対して比較的強い．

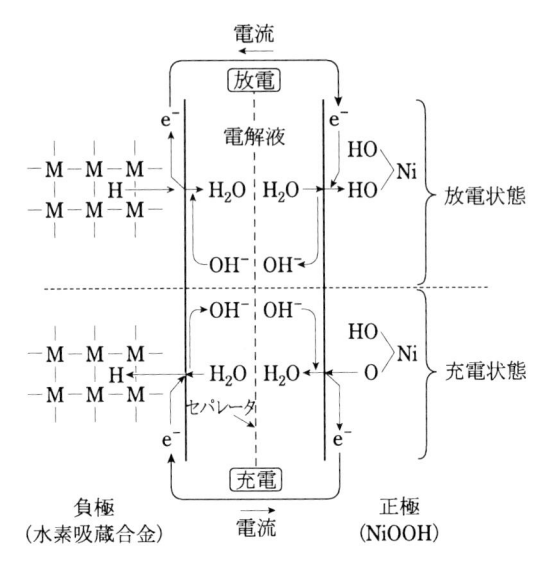

図 3.6 ニッケル・水素電池の充電（図の下半分）および放電（図の上半分）時の電極の状況

### 3.5.3 正極活物質

　ニッケル・水素電池では，過充電時に発生する$O_2$と$H_2$を吸収させるために負極活物質$MH_x$の量を正極活物質NiOOHの量よりも多くしてある．このため，電池の容量，出力，寿命，温度安定性などの性能は，正極の性能に依存することになる．このように，ある性能が正極に依存することを正極規制と言う．特に電池容量は，正極規制である．したがって，ニッケル・水素電池の高エネルギー密度化を図るためには，正極を高容量なものにしなくてはならない．このような目的で，正極には，ペースト式電極が用いられている．

　ペースト式ニッケル電極では，活物質の高密度水酸化ニッケル粉末$Ni(OH)_2$と導電助剤としての水酸化コバルト粉末$Co(OH)_2$を水溶液と混練してペースト状とし，これをニッケル多孔体基板に充填して電極としている．ニッケル多孔体基板は，有機繊維不織布や発泡ウレタンにニッケルを電気めっきし，これを還元性雰囲気の高温炉中で加熱して有機繊維やウレタンを焼却除去して作製さ

れている.Ni(OH)$_2$粉末に混練されたCo(OH)$_2$はNi(OH)$_2$粉末の表面を覆っており,この状態の正極を充電するとCo(OH)$_2$は導電性のCoOOHとなる.すなわち,CoOOHは活物質間および活物質と基板間にミクロの導電性ネットワークを形成する.このため,活物質の利用率が向上し,95％以上の高利用率が達成されている.このような様子を図3.7に示した.

充電中の正極でのO$_2$発生を抑制するため,酸素過電圧を大きくする目的でNi(OH)$_2$粉末中にフッ化カルシウム(CaF$_2$)や酸化イッテルビウム(Yb$_2$O$_3$)を添加することも行われている.また,低密度なγ-NiOOHが生成して正極が膨潤することを抑制するために,Ni(OH)$_2$粉末中に数％のZnを固溶体添加することも行われている.

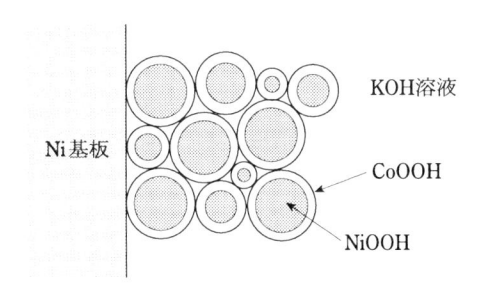

図3.7 CoOOHによるミクロ導電性ネットワーク

### 3.5.4 負極活物質

ニッケル・水素電池の負極活物質に使われる水素吸蔵合金は,水素吸蔵量が大きいこと,水素平衡圧力が適当であること,電気化学的初期活性化が容易であること,耐アルカリ腐食性および耐微粉化性が大きいこと,などが必要である.このような条件下で,AB$_5$型のLaNi$_5$のLaを安価なミッシュメタルMm(希土類金属混合物でおよそCe:50％,La:30％,Nd:15％,Pr:4％,Sm他:1％)に替え,Niの一部を耐食性および耐微粉化性に優れたCoで置換し,さらにNiの一部をMn,Alで置換して水素解離圧を333 K(60 ℃)で0.1 MPa以下に下げたMmNi$_{5-x}$(Co, Mn, Al)$_x$合金,例えばMmNi$_{3.55}$Co$_{0.75}$Al$_{0.3}$Mn$_{0.4}$,が広く用いられている.この合金粉末にはアルカリエッチングなどの表面処理が施され,

電池内圧の上昇防止などが図られている.

　金属水素化物電極は，上記の合金を200メッシュ程度の粉末にし，粘着剤，導電剤と共に混練して合剤とし，これを多孔度95％以上のニッケル多孔体基板に充填して作製される.

　なお，新しい負極活物質については，5.5.3(3)で述べる.

### 3.5.5　水素吸蔵合金
#### (1) 水素吸蔵・放出過程

　大量の水素を可逆的に吸蔵・放出できる合金を水素吸蔵合金（hydrogen-storing alloy）といっている．このような合金としては，$LaNi_5$ がよく知られている．水素吸蔵合金(M)は水素ガス($H_2$)と反応し，金属水素化物(MH)を形成する.

$$2M + H_2 \underset{圧力}{\overset{温度}{\rightleftarrows}} 2MH + \Delta H (反応熱) \quad (3.9)$$

$LaNi_5$ の場合，式(3.9)は，水素吸収過程が発熱反応，水素放出過程が吸熱反応である．したがって，$H_2$ の圧力を高くするかあるいは温度を低くすれば，合金の水素吸蔵量は増す．逆に，$H_2$ の圧力を低くするかあるいは温度を高くすれば，合金の水素吸蔵量は減る.

　水素吸蔵合金の水素吸蔵過程は，平衡圧－組成等温曲線(pressure composition isotherm, PCT曲線)から知ることができる．実用合金である $MmNi_{4.0}Co_{0.4}Al_{0.4}Mn_{0.3}$ の333 KにおけるPCT曲線を図3.8に示す[14]．一定温度の下で水素の圧力を増して行くと，合金の組織は次のように変化する．A-B間では，合金に水素が固溶された相（α相）になる．B点で金属水素化物（β相）が形成される．B-C間では，α相とβ相の2相組織になる．水素はβ相の生成に費やされ，β相の量は増すが平衡圧力は一定値を保つ．C点では，β相のみとなる．C-D間では，高い圧力の下，β相に水素が固溶する．D点が合金の水素吸蔵量の限界である．水素吸蔵合金は，B-C間の組成で使われる.

　$H_2$ ガスから合金へ水素が吸蔵される場合には，$H_2$ 分子が合金表面に接触してH原子2個に解離し，このH原子が合金中へ拡散し，合金の結晶格子中の安定位置に納まるという過程を経る．アルカリ電解液を持つ電池の充電反応に

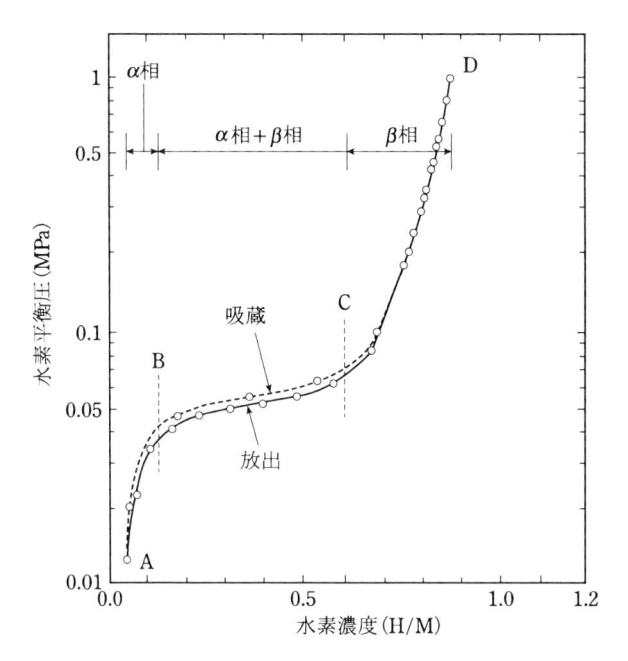

図 3.8 MmNi$_{4.0}$Co$_{0.4}$Al$_{0.4}$Mn$_{0.3}$ 合金の 333K における PCT 曲線[14]と合金の相の変化. 水素濃度 (H/M) の H は水素原子数, M は金属原子数

よって水素が合金に吸蔵される場合には,

$$2H_2O+2e^-\rightarrow 2H+2OH^- \tag{3.10}$$

によって合金表面に発生したH原子が直ちに合金中に吸収され,吸収量が多くなると金属水素化物を生成することになる.充電反応は水素の圧力を高めることに相当している.電池の放電反応では,以上のことと逆の過程が起こる.

(2) 負極活物質用水素吸蔵合金

ニッケル・水素電池の負極活物質用の水素吸蔵合金としては,常温常圧付近で式(3.9)が可逆的に進行することが大切である.そのため,発熱型金属A($\Delta H$が正のもの)と吸熱型金属B($\Delta H$が負のもの)を組み合わせて,常温付近の平衡水素圧を下げた合金が開発されている.積極的に開発されているのは,AB$_5$型とAB$_2$型である.

AB$_5$型合金では,AサイトにMm, La, Zr, Ndなど,BサイトにNi, Co, Mn, Al,

Vなどを用いており，MmNi$_{3.55}$Co$_{0.75}$Al$_{0.3}$Mn$_{0.4}$，Mm$_{0.85}$Zr$_{0.15}$Ni$_{1.0}$Al$_{0.8}$V$_{0.2}$，La$_{0.8}$Nd$_{0.2}$Ni$_{2.5}$Co$_{2.4}$Al$_{0.1}$などがある．このタイプは初期段階から水素吸蔵反応が容易に進むので，実用化が進んでいる．

AB$_2$型合金（ラーベス相金属間化合物に相当）では，AサイトにTi, Zr, Vなど，BサイトにCr, Niなどを用いている．これらには(Ti$_{z-x}$Zr$_x$V$_{4-y}$Ni$_y$)$_{1-z}$Cr$_2$，ZrV$_{0.41}$Ni$_{1.6}$，ZrMn$_{0.6}$Cr$_{0.2}$Ni$_{1.2}$などがある．これらの合金は，水素吸蔵量は大きいが，電気化学的初期活性化が難しい．

## 3.6　リチウムイオン二次電池の構造と電極反応

### 3.6.1　構造

円筒形リチウムイオン二次電池[15)〜19)]の構造の概略を図3.9に示した．負極活物質にリチウム・炭素層間化合物（黒鉛の層状構造の層間にLiを含む化合物）Li$_x$C$_6$が，そして，正極活物質にLiCoO$_2$，LiNiO$_2$，LiMn$_2$O$_4$などのリチウム

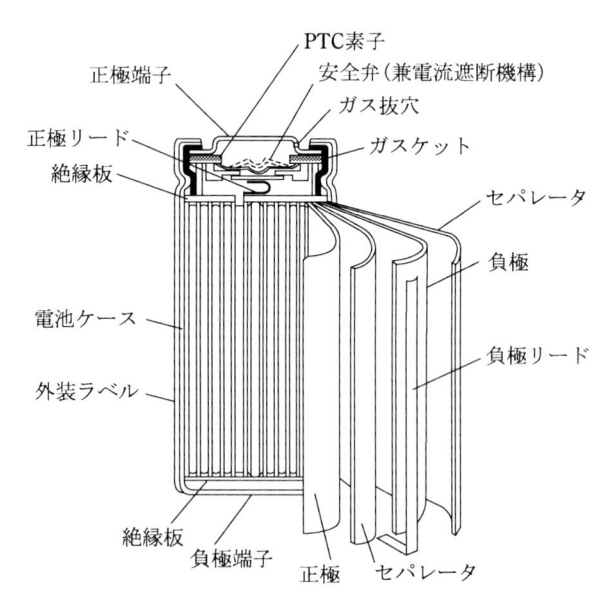

図3.9　リチウムイオン二次電池の構造

複酸化物が用いられている．これらの複酸化物も層状構造（LiCoO$_2$, LiNiO$_2$）かあるいはチャンネル構造（LiMn$_2$O$_4$）をしており，放電および充電に伴って層間あるいはチャンネル内にLi$^+$イオンが挿入（intercalation）および脱離（deintercalation）される．電解質には，エチレンカーボネート（ethylene carbonate; EC）などの環状炭酸エステルとジエチルカーボネート（diethyl carbonate; DEC）などの鎖状炭酸エステルの混合溶媒に溶質として六フッ化リン酸リチウム（LiPF$_6$）などのリチウム塩を溶解させた非水電解質溶液が用いられている．セパレータには，ポリエチレンやポリプロピレン製の微細多孔膜が用いられている．これらの膜にはシャットダウン機能があり，電池の温度が異常上昇（393 K（120℃）位まで）すると膜が熱収縮して孔を閉じ電流が遮断される．これによって過大電流による電池の発火や破裂などの事故を防止することができる．電池ケースにはアルミニウム合金やステンレス鋼が用いられている．

その他，さらなる安全対策として，電池にはPTC素子（温度が上昇すると電流を遮断），保護回路（過充放電のとき外部回路を切断），電流遮断機構（内圧上昇のとき放電回路を遮断），安全弁（内圧上昇のときガスを放出）などが付けられている．

### 3.6.2 起電反応

この電池の起電反応[15)～19)]を式（3.11）～（3.13）に示す．

$$\text{負極}: \text{Li}_x\text{C}_6 \underset{\text{充電}}{\overset{\text{放電}}{\rightleftarrows}} \text{C}_6 + x\text{Li}^+ + xe^- \tag{3.11}$$

$$+)\ \text{正極}: \text{Li}_{1-x}\text{CoO}_2 + x\text{Li}^+ + xe^- \underset{\text{充電}}{\overset{\text{放電}}{\rightleftarrows}} \text{LiCoO}_2 \tag{3.12}$$

$$\text{全反応}: \text{Li}_{1-x}\text{CoO}_2 + \text{Li}_x\text{C}_6 \underset{\text{充電}}{\overset{\text{放電}}{\rightleftarrows}} \text{LiCoO}_2 + \text{C}_6 \tag{3.13}$$

上記の充放電反応の機構を概念的に図3.10に示した．放電時には，負極ではLi$_x$C$_6$の層間に挿入されていたLi$^+$イオンが脱離し，電解液中に入る．Li$^+$イオンが脱離したためLi$_x$C$_6$中で過剰になった電子は導線および負荷を通って正極

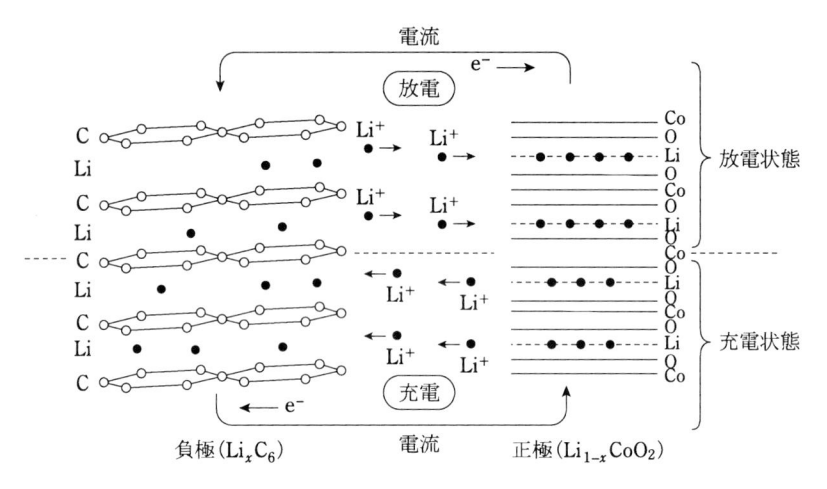

**図 3.10** リチウムイオン二次電池の充電（図の下半分）および放電（図の上半分）時の電極の状況

に移行する．正極では，電解液中のLi$^+$イオンがLi$_{1-x}$CoO$_2$の層間に母構造を変えることなく挿入される．挿入したLi$^+$イオンはそのままLi$^+$イオンとして存在するため，正極では正電荷が過剰となる．この過剰正電荷を補償するため，負極で過剰となった電子が正極中に供給される．上記の一連の反応のGibbs自由エネルギー変化は大きな負の値であるので，放電反応は自発的に進行する．充電においては，負極に電子が注入される方向に電流を流すと，上記とは逆向きの反応が進行する．すなわち，正極においてはLi$_{1-x}$CoO$_2$からLi$^+$イオンが脱離し，負極ではLi$_x$C$_6$にLi$^+$イオンが挿入される．全反応式 (3.13) に見るごとく，電池反応に電解質や溶媒はまったく関与していない．充電・放電に伴って，Li$^+$イオンが正極活物質と負極活物質の層間を行き来するだけである．

Li$_{1-x}$CoO$_2$ ($0 \leq x \leq 1$) にLi$^+$イオンが挿入（$x$が減少）されると，Li$_{1-x}$CoO$_2$中のCo$^{4+}$はCo$^{3+}$に還元される (Co$^{4+}$O$_2^{2-}$+Li$^+$+e$^-$→Li$^+$Co$^{3+}$O$_2^{2-}$)．逆にLi$^+$イオンが脱離（$x$が増加）すると，Li$_{1-x}$CoO$_2$中のCo$^{3+}$はCo$^{4+}$に酸化される (Li$^+$Co$^{3+}$O$_2^{2-}$→Co$^{4+}$O$_2^{2-}$+Li$^+$+e$^-$)．このようなLi$^+$イオンの挿入/脱離に伴うCo$^{3+}$/Co$^{4+}$酸化還元 (redox) が正極の電位を決定（大きく支配）する．ただし，実際には反応はもっと複雑であり，Co (3d遷移金属) ばかりでなく酸素 (2p軌

道)も電子移動反応に関与している.

Li$_x$C$_6$負極の電位は,黒鉛層(graphene layer)間へのLi$^+$イオンの挿入の程度によって変化する.Li$^+$イオンの挿入はステージ構造(stage structure)をとり,挿入されたLi$^+$イオン層間に挟まれた黒鉛層の数でステージを表す.ステージ1の組成はLiC$_6$,ステージ2はLiC$_{12}$,ステージ3はLiC$_{16-27}$,ステージ4はLiC$_{36}$となる.各ステージ間では2相共存状態になり,この状態の負極の電位は一定になる.例えば,ステージ1とステージ2の間では90 mV(Li/Li$^+$基準)になる.以下,間を作るステージ数が大きくなるにつれて電位が上昇(電池の起電力は低下)する.黒鉛層間のリチウムはイオンの状態で存在しており,グラファイト格子中に非局在化している電子により電気的中性が保たれている.

### 3.6.3 正極活物質

現在市販されている小型リチウムイオン二次電池の正極活物質には,すべてLiCoO$_2$が使用されている.LiCoO$_2$は$\alpha$-NaFeO$_2$型層状構造をとる酸化物で,岩塩構造の立方最密充填した酸素層の間をCoとLiが1層毎にオーダーした構造を持っている.図3.11にLiCoO$_2$の結晶構造を示す.結晶構造は六方晶系,空間群はR$\bar{3}$m(No.66)である.Li層は二次元的であり,平面層内でのLiの拡散は

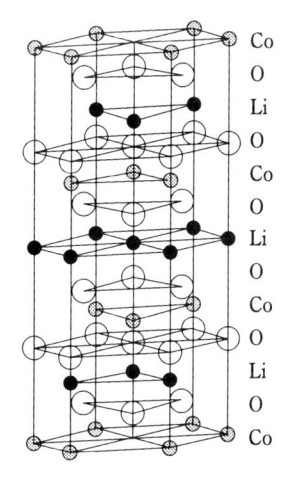

図3.11　LiCoO$_2$の結晶構造

容易であるので，この構造はLiの挿入/脱離反応に適している．

LiCoO$_2$を正極に用いる場合，最初にLiCoO$_2$からLi$^+$イオンを電気化学的に脱離させる．

$$\mathrm{Li}_{1-x}\mathrm{CoO}_2 + x\mathrm{Li}^+ + x\mathrm{e}^- \rightleftarrows \mathrm{Li}_{1.0}\mathrm{CoO}_2 \qquad (3.14)$$

一度脱離した後は，式(3.14)に従って何回でも挿入/脱離を繰り返すことができる．ただし，可逆的に反応を繰り返すことのできる組成幅は$x \leqq 0.43$であり，この組成範囲であれば500回以上の充放電を行なわせることができる．$x>0.5$では六方晶系から単斜晶系への相転移が起こり，結晶は六方晶系と単斜晶系の二相共存状態になる．二相共存状態ではLiの挿入/脱離の可逆性が悪く，サイクル寿命が低下する．$x \fallingdotseq 1$の状態になると酸素層間が拡大し，結晶構造が不安定になる．

電気化学的に求められるLiCoO$_2$の理論容量は986 kC/kgであるが，上述のように，現在の所，サイクル寿命の良い組成幅$x \leqq 0.43$で使われている．$x \leqq 0.43$での実効容量は468 kC/kgであり理論容量の半分以下である．したがって，LiCoO$_2$の結晶構造の安定化を図れば，実効容量は大きく向上すると期待される．

LiCoO$_2$が正極活物質に採用されている理由の一つに，製造のし易さがある．LiCoO$_2$は，炭酸リチウム(Li$_2$CO$_3$)と酸化コバルト(Co$_3$O$_4$)の混合物を空気中で823 K (550 ℃)，18 ks (5 h) 仮焼後，1123 K (850 ℃)で86.4 ks (24 h) 熱処理することによって化学量論組成のものを容易に作ることができる．他の複酸化物では，化学量論組成のものを作ることが難しい．

LiCoO$_2$の問題点の一つに熱分解温度が低いことが挙げられている．Li$_{1-x}$CoO$_2$は$x$が大きくなると熱安定性が低下し，473 K (200℃)付近から次の反応を起こし，酸素を生じる．

$$\mathrm{Li}_{1-x}\mathrm{CoO}_2 \rightarrow (1-x)\mathrm{LiCoO}_2 + 0.5x\mathrm{Co}_2\mathrm{O}_3 + 0.25x\mathrm{O}_2 \qquad (3.15)$$

異常時の昇温によってこのような反応が起こると，安全上の問題が生じる．Li$_{1-x}$CoO$_2$のCoの一部をNi, Mnで置換して熱分解温度を上げる工夫がされている．

正極の製造においては，活物質のLiCoO$_2$粉末，粘結剤のポリフッ化ビニリデン樹脂，溶媒のN-メチルピロリドン，および導電剤の黒鉛粉を混ぜ合わせ

てペースト状にし，このペーストを厚さ20 μmのAl箔集電体の両面にコーターを用いて塗布する．塗布する厚さは，片面約100 μmである．塗布後乾燥して電極としている．

### 3.6.4 負極活物質

リチウムイオン二次電池の負極活物質としては，炭素質材料が用いられている．炭素 (carbon) はアモルファス炭素，黒鉛 (グラファイト，graphite)，ダイヤモンド，フラーレンの4種類の結晶構造をとる．このうち，黒鉛は炭素6員環が連なる層状構造をとっており，層間はファンデルワールス力 (van der Waals force) で弱く結合されている．この層間には色々の物質を挿入できることが知られており，層間に他物質を挿入した黒鉛化合物のことを黒鉛層間化合物 (graphite intercalation compound；GIC) と呼んでいる．黒鉛電極へのLi$^+$イオンの挿入/脱離に伴う層間距離の変化を図3.12に示した．Li$^+$イオンが挿入されたときは，Li$_x$C$_6$というリチウム－炭素層間化合物 (lithium carbon intercalation compound；Li-CIC) が形成される．Li-CIC中では，リチウムはLi$^+$イオンとして存在している．Li$^+$イオン挿入前の黒鉛の層間距離は0.335 nmであるが (図3.12(a))，Li$^+$イオンが挿入されると層間距離は0.372 nmに拡大する (図3.12(b))．Li$^+$イオンが脱離されると，層間距離は元の値の0.335 nmに

(a) インターカレーション前　0.335 nm

(b) インターカレーション後　0.372 nm

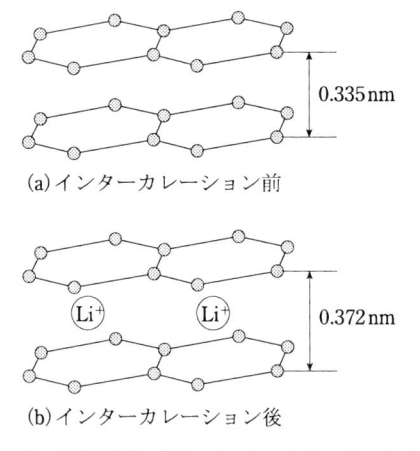

図3.12　黒鉛の層間距離のLi$^+$インターカレーションによる変化

戻る．このような層間距離の伸縮挙動が，負極のサイクル寿命を決定する．
　負極活物質用炭素質材料の中で，現在実用されているのは，天然黒鉛，メソカーボン(ソフトカーボン)，ハードカーボンの3種類である．これら3種類の炭素材料の結晶構造[20]とLi⁺挿入の様子を図3.13に模式的に示した[3]．以下にこれらの炭素材料の特徴を述べる．

### (1) 天然黒鉛

　天然黒鉛の層構造は大変安定しており，良好な充放電サイクル特性を示す．リチウムは炭素層間に入る(図3.13(a))．炭素中に入るリチウムの量は最大で$LiC_6$に相当する組成であり，$LiC_6$から計算される黒鉛の理論容量は1.34 MC/kgである．これに対して黒鉛の放電容量は1.33 MC/kgであり，ほぼ理論容量に近い理想的な値を示す．ただし，充電時にこれ以上の電気量を流すと，理論容量を超えた分は層間に収容し切れず，黒鉛表面に金属リチウムとして析出する

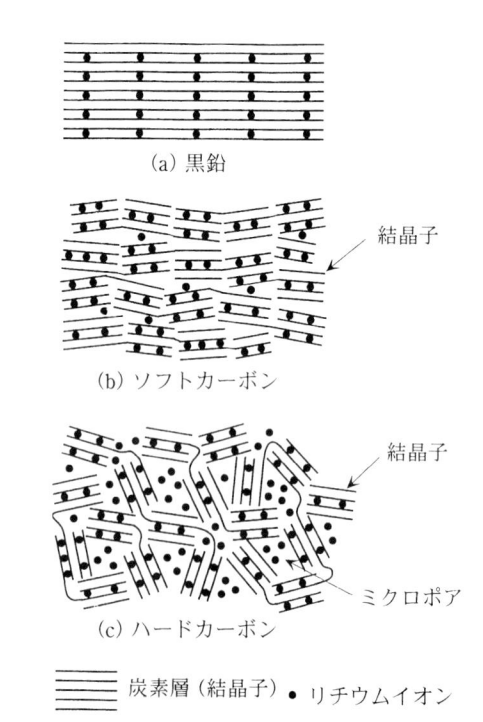

(a) 黒鉛

(b) ソフトカーボン　結晶子

(c) ハードカーボン　結晶子　ミクロポア

≡ 炭素層(結晶子)　● リチウムイオン

**図3.13**　炭素材料の結晶構造[20]とLi⁺インターカレーションの様子[3]

ことになる．デンドライト状に析出したときには，セパレータの破壊による両極間の短絡など，問題を生ずる可能性がある．

(2) メソカーボン（ソフトカーボン）

メソカーボン(mesocarbon)は，メソフェーズ(mesophase)を含むピッチから作った炭素繊維である．ピッチを原料として炭素材料を作製する過程で，ピッチを623〜673 K (350〜400 ℃) に保持するとメソフェーズの小球体 (mesocarbon microbeads) が現れる．メソフェーズとは，炭素への中間段階にあるという意であり，多核－多環芳香族分子が液晶状態になったものである．液晶状態になると，ピッチは光学的異方性を示す．メソフェーズ小球体は層状構造を有しているので，メソフェーズを含むメソカーボン炭素繊維は$Li^+$の挿入に適している．この炭素繊維は高温で焼成すると黒鉛構造がよく発達する．また，焼成温度によっては微結晶子がランダムに配列する乱層構造をとる．乱層構造を取ったときには結晶子の端面やミロクポア（空隙）が挿入サイトとなり，容量が増加する（図3.13(b)）．メソカーボンのように高温で黒鉛化しやすい炭素をソフトカーボン（soft carbon；易黒鉛化性炭素）という．

メソカーボンは高容量負極材料として期待されているが，充放電曲線（電極電位－容量曲線）のヒステリシスが大きいこと，不可逆容量（放電時に取り出せない容量）が大きいこと，サイクル劣化が大きいこと，などの難点がある．

なお，メソカーボンが高容量を示す理由については，残存している芳香環と$Li^+$イオンが可逆的に錯体を形成するという考えや，炭素と結合している残存水素末端にリチウムが可逆的に付加するという考えもある．

(3) ハードカーボン

ハードカーボン（hard carbon；難黒鉛化性炭素）は，光学的等方性のピッチを使用して比較的低温で焼成して作った炭素である．このような炭素は，その後高温で焼成しても結晶化（黒鉛化）し難いので，ハードカーボンという．ハードカーボンは，内部に屈折率の異なる部分があるため，擬似等方性炭素（pseudo isotropic carbon）とも呼ばれている．ハードカーボンは黒鉛化不充分の微結晶子が非常にランダムに配列した乱層構造を取る．このため端面やミクロポアが多数存在し，挿入サイトが増えるため，黒鉛の理論容量（1.34 MC/kg）よりも

はるかに大きな容量 (1.44 MC/kg) を示す (図3.13 (c))[16].

ハードカーボンは, 有望な高容量負極材料であるが, 不可逆容量が大きいこと, 充電電位が低いため急速充電時に金属リチウムの析出が起こり易いこと, などの問題点がある.

負極の製造においては, 黒鉛 (あるいは他のカーボン) 粉末を溶媒のN-メチルピロリドン中で粘結剤のポリフッ化ビニリデン樹脂と混合してペースト状にし, このペーストを銅箔 (厚さ10 μm) の両面に塗布した後乾燥して電極としている.

### 3.6.5 固体電解質界面相

充放電を繰り返した炭素材料負極と有機電解液との間には, 固体電解質界面相 (solid electrolyte interface; SEI) と呼ばれる固体皮膜が形成されている. 黒鉛負極の場合, この皮膜は黒鉛とエチレンカーボネートとの直接接触を妨げ, 黒鉛によってエチレンカーボネートが電気分解されるのを防ぐ. この固体皮膜は$Li^+$イオン伝導性であるため, 黒鉛とSEIの間では$Li^+$イオンの授受が可能であり, 黒鉛層間に$Li^+$イオンが挿入/脱離される. したがって, 効率の良い充放電が行なえるためには, $Li^+$イオン導電率の高いSEIが形成されることが重要である. SEIは黒鉛と有機電解液との反応を妨げる皮膜であるので, 不働態皮膜 (passive film) とも呼ばれている.

SEIの形成機構は, 次のように考えられている[21]. 初期の充電においては, 黒鉛と有機電解液が直接接しており, 溶媒和した$Li^+$イオンは配位した溶媒分子を付けたまま黒鉛層間の入り口付近に入り込む. そして, そこで脱溶媒和し, 溶媒分子の分解生成物を残して裸の$Li^+$イオンは黒鉛層間の奥に拡散する. 溶媒分子の分解生成物は黒鉛表面に堆積し, 電解液中の$Li^+$イオンを内部に取り込み, $Li^+$イオン伝導性固体電解質としての機能がある皮膜を形成する. このようなSEI皮膜の概念図を図3.14に示した[21]. SEI皮膜の分析によると, 皮膜は電解質や不純物とリチウムの反応生成物である無機物 ($LiF$, $Li_2CO_3$, $LiOH$, $Li_2O$など) と溶媒の分解生成物である有機物 (リチウムアルキルカーボネート ($ROCO_2Li$), リチウムアルコキシド, ポリエチレンオキサイドなど) か

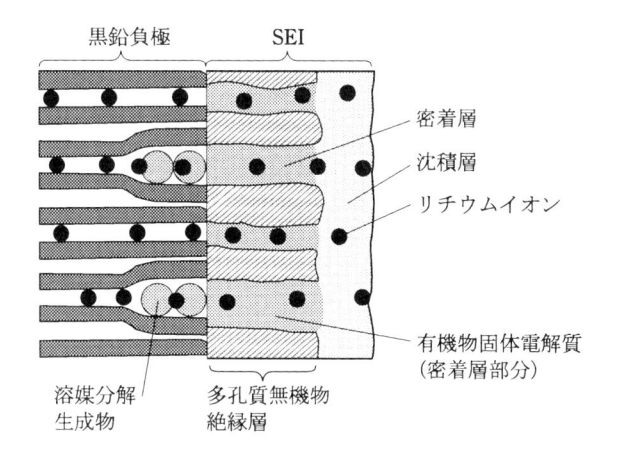

図3.14 黒鉛電極上のSEI皮膜の概要（小久見[21]の図を元に作成）

ら成っている．このような分析結果から，多孔質な無機物層の空隙を$Li^+$イオン伝導性の有機物が充填している皮膜構造が推定されている[21]．皮膜全体の厚さは20〜40 nmで，皮膜の有機物部分は，黒鉛電極に接した密着層と緩く結合した沈積層から成っている．$Li^+$イオン伝導性固体電解質の機能を発揮するのは，密着層と考えられている．

### 3.6.6 研究開発中の正極材料

従来正極には電池的特性の優れた$LiCoO_2$が使われてきた．しかし，コバルト化合物は高価であり，また資源的に不安がある．そのため，幾つかの代替材料が検討されている．その主なものの容量と電位を表3.3に示した[22]．この表には，比較のために，$LiCoO_2$の値も示してある．検討中の主要なものの動向は，以下の通りである．

表3.3 主な正極材料の容量と放電電位

| 正極活物質 | 酸化還元系 | 理論容量(kC/kg) | 容量(kC/kg) | 電位(V(Li/Li$^+$基準)) |
|---|---|---|---|---|
| $Li_{1-x}CoO_2$ | $Co^{3+}/Co^{4+}$ | 986 | 432〜540 | 3.9 |
| $Li_{1-x}NiO_2$ | $Ni^{3+}/Ni^{4+}$ | 986 | 648 | 3.8 |
| $Li_{1-x}Mn_2O_4$ | $Mn^{3+}/Mn^{4+}$ | 533 | 432 | 4.0 |
| $Li_{1-x}FePO_4$ | $Fe^{2+}/Fe^{3+}$ | 612 | 576 | 3.5 |

## (1) 層状岩塩型化合物

この系の化合物で検討されているのは，$LiCoO_2$のCoの一部を他の元素で置換した化合物とニッケル酸リチウム($LiNiO_2$)およびそのNiの一部を他の元素で置換した化合物である．

$LiCoO_2$のCoの一部をNiおよびMnで置換した新正極材料として，$LiCo_{1/3}Ni_{1/3}Mn_{1/3}O_2$が開発されている[23]．この新材料を使った電池は，従来型と比べ，容量は変わらないがサイクル寿命および熱安定性に優れている．また，充放電過程での$LiCoO_2$自体の安定性を高めるために，$LiCoO_2$粒子の表面を$ZrO_2$，$Al_2O_3$，$MgO$，$SiO_2$などで被覆することが行われている．高電位における$LiCoO_2$からの$Li^+$イオンの溶出が抑制され，電位による相変化の可逆性が向上している．

$LiNiO_2$は，$LiCoO_2$と同様に$\alpha$-$NaFeO_2$型層状構造をとり，$Li^+$イオンの挿入/脱離が可能である．$Li_{1-x}NiO_2$($0 \leq x \leq 1$)への$Li^+$イオンの挿入/脱離に伴う$Ni^{3+}$/$Ni^{4+}$酸化還元が正極の電位を決定（大きく支配）する．$LiNiO_2$の結晶構造を図3.15に示す．$LiNiO_2$を活物質にした場合は，電池の起電力が$LiCoO_2$の場合よりもわずかに低くなる．しかし，電池の容量は，$LiCoO_2$の場合よりも大きくなる．$LiNiO_2$は，熱分解温度423 K (150 ℃)が$LiCoO_2$よりも約50 K低く，異常加熱されたとき熱分解して$O_2$を生じる恐れがあることが問題である．このため，$LiNiO_2$のNiの一部を他の元素で置換して熱安定性を高めた化合物が作られてい

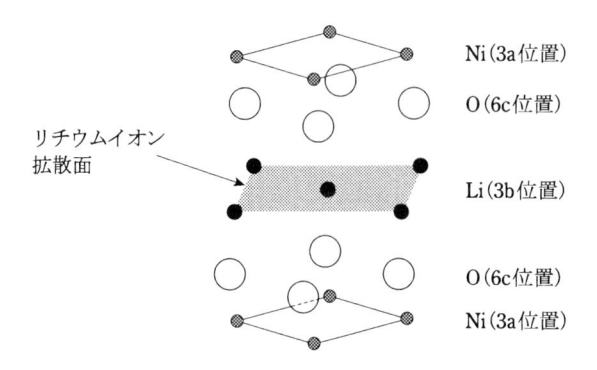

図3.15 $LiNiO_2$の結晶構造

る．これらの中で，$LiNi_{0.5}Mn_{0.5}O_2$ は，$LiNiO_2$ より高い熱安定性と4 V領域で 540 kC/kgという高い容量を持っている[24]．

## (2) スピネル型化合物

この系の化合物には，マンガン酸リチウム（$LiMn_2O_4$）がある．$LiMn_2O_4$ の結晶構造を図3.16に示す．$LiMn_2O_4$ は立方晶スピネル構造（空間群：$Fd\bar{3}m$）をとり，この構造の四面体サイト（8aサイト）に入っている $Li^+$ イオンは空の八面体サイト（16cサイト）を介して結晶内を容易に拡散しうるので，$Li^+$ イオンの挿入/脱離が可能である．$Li_{1-x}Mn_2O_4$（$0 \leq x \leq 1$）への $Li^+$ イオンの挿入/脱離に伴う $Mn^{3+}/Mn^{4+}$ 酸化還元が正極の電位を決定（大きく支配）する．$LiMn_2O_4$ は $LiCoO_2$ よりも放電電位は高いが，容量は小さい．$LiMn_2O_4$ は，完全放電状態の $\lambda$-$MnO_2$ になっても623 K（350℃）まで熱分解は起こらないので，安全性が高い．

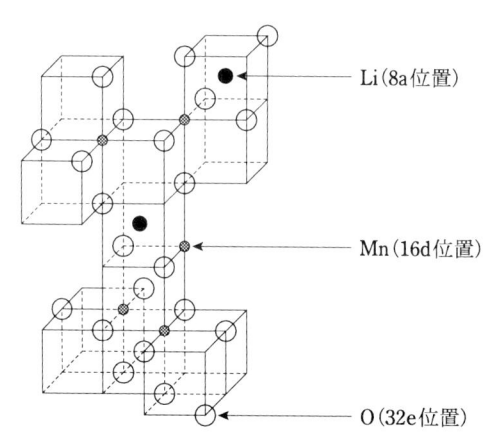

図3.16　$LiMn_2O_4$ の結晶構造

$Li^+$ イオンがすべて八面体サイトを占める $Li_2Mn_2O_4$ となると，結晶中のMnがすべて3価となり，結晶は立方晶から正方晶に相転移を起こす．挿入/脱離に伴ってこのような相転移が繰り返されるため，$LiMn_2O_4$ のサイクル寿命特性は良くない．結晶中のMnの一部をCo, Ni, あるいはCrに置き換えると，サイクル寿命特性は大幅に改善される．

## (3) オリビン型化合物

オリビン(Olivine)とは,地殻中に多く存在する鉱物で,(Mg, Fe)$_2$SiO$_4$のことである.これと同じ結晶構造を持つ化合物LiMPO$_4$(M:遷移金属)では,O$^{2-}$イオンが形成する六方最密充填構造の隙間にLi, Mが位置する.Mが鉄であるリン酸鉄リチウム(LiFePO$_4$)の結晶構造を図3.17に示す.Li$_{1-x}$FePO$_4$ ($0 \leq x \leq 1$)へのLi$^+$イオンの挿入/脱離に伴うFe$^{2+}$/Fe$^{3+}$酸化還元が正極の電位を決定(大きく支配)する.LiFePO$_4$は,電極電位(3.5 V, Li/Li$^+$基準)が高い,理論容量(612 kC/kg)が大きい,エネルギー密度(1.98 MJ/kg)がLiCoO$_2$を上回る,サイクル特性が良い,安価なFeの化合物である,などの長所があり,高い関心を集めている[25)26)].しかし,LiFePO$_4$は導電率(10$^{-6}$ S/m)がLiCoO$_2$(10$^{-1}$ S/m)に比べて著しく低いことが短所であり,導電率を高める工夫が必要である.導電性向上のための対策としては,LiFePO$_4$粒子の表面に炭素を被覆することが行われている.粒子間にカーボンネットワークが形成され,優れた充放電特性を示すようになる.

なお,充放電反応が進行しているLiFePO$_4$の中ではFePO$_4$相とLiFePO$_4$相が共存しており,これらの相境界の構造の乱れた領域(幅数nm)を通ってLi$^+$イオンが速い速度で拡散すると考えられている.

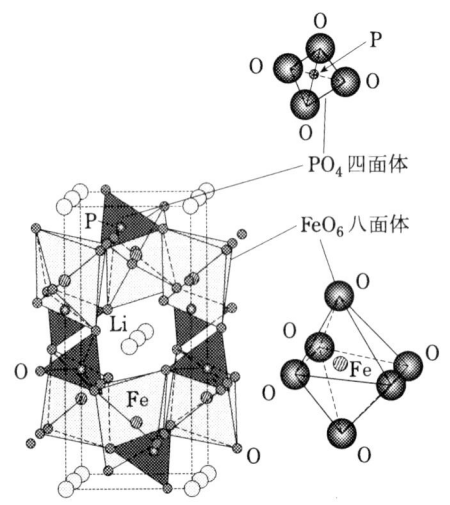

図3.17 LiFePO$_4$の結晶構造

## (4) NASICON型化合物

NASICONとは，Na$^+$イオン伝導性固体電解質（Na$^+$ super ionic conductor）のことである．この化合物はM$_2$(XO$_4$)$_3$（M：遷移金属，X：S, P, W, Mo）で表され，MO$_6$八面体とXO$_4$四面体が頂点共有三次元構造をし，構造中に大きな空隙を有する．そのため，この化合物に属するTi$_2$(PO$_4$)$_3$, Fe$_2$(SO$_4$)$_3$などはLi$^+$イオン挿入ホストになる．Fe$_2$(SO$_4$)$_3$には，電極電位が高い（3.6 V, Li/Li$^+$基準），満充電・満放電時の化合物組成が安定，合成が容易，などの特徴がある．

## (5) 導電性高分子

導電性高分子（conducting polymer）は，高分子鎖に沿って，π共役系（π電子系）が発達している．このπ共役系の部分的な酸化および還元を電気化学的に行うと，式(3.16)および式(3.17)に示すように，電解質中のアニオン(A$^-$)やカチオン(C$^+$)が高分子鎖内へ取り込まれたり（ドーピング(doping)），あるいは高分子鎖内から放出（脱ドーピング(undoping)）されたりする．

$$(\text{polymer})_n + nx\text{A}^- \rightleftarrows [(\text{polymer})^{x+}\text{A}_x^-] + nxe^- \quad （\text{p-ドーピング}）\quad (3.16)$$

$$(\text{polymer})_n + nx\text{C}^+ + nxe^- \rightleftarrows [(\text{polymer})^{x+}\text{C}_x^+] \quad （\text{n-ドーピング}）\quad (3.17)$$

このような反応は可逆的に進行するので，電池反応に利用することができる．リチウム電池正極用の導電性高分子を図3.18に示す．導電性高分子には炭化水素からなるポリアセチレン，ヘテロ原子を含むπ共役系導電性高分子であるポ

ポリアニリン

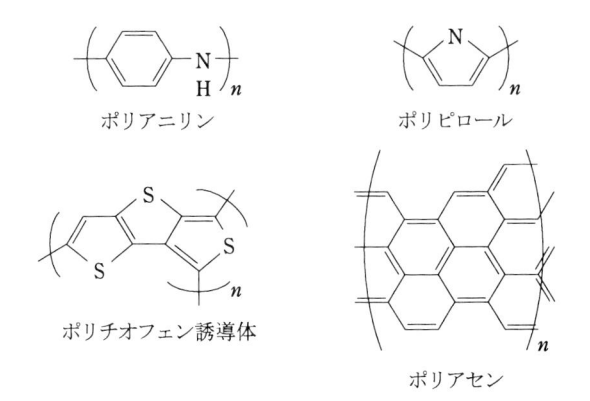

ポリピロール

ポリチオフェン誘導体

ポリアセン

図3.18 リチウム電池正極用の導電性高分子

リピロール，イオン性導電性高分子であるポリアニリンなどがある．このうち，ポリアニリンは，充放電効率が良いこと，電極電位が高い (3.6 V, Li/Li$^+$ 基準) こと，理論容量が大きい (360 kC/kg) こと，自己放電率が小さいこと，などから正極への適用が試みられ一部は実用化された．ポリアニリン/リチウム二次電池では，平均放電電圧3 V，質量エネルギー密度1.93 MJ/kg，サイクル寿命2000回以上の性能が得られている[27]．体積エネルギー密度が低いことが難点である．

(6) 有機ジスルフィド化合物および単体硫黄

リチウム電池正極用の有機硫黄系材料を図3.19に示す．有機ジスルフィド化合物を電気化学的に還元すると，電気化学反応によりジスルフィド結合 (R-S-S-R′) が開裂してチオラートアニオン (R-S$^-$) が生成する．次にこれを電気化学的に酸化すると，電気化学反応によりチオラートアニオンがチイルラジカル (R-S・) になり，その後，化学的なカップリング反応によりジスルフィド結合に戻る[28]．ジスルフィド結合の開裂/生成反応により2電子を交換する．

有機硫黄系材料の特徴は，理論容量が極めて大きいことである．有機ジスルフィド化合物 (2,5-dimercapto-1,3,4-thiadiazole (DMcT) など) の理論容量は

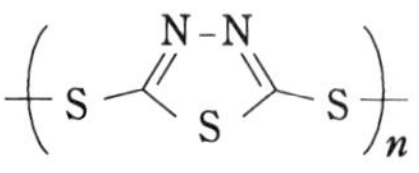

2,5-ジメルカプト-1,3,4-チアジアゾール(DMcT)

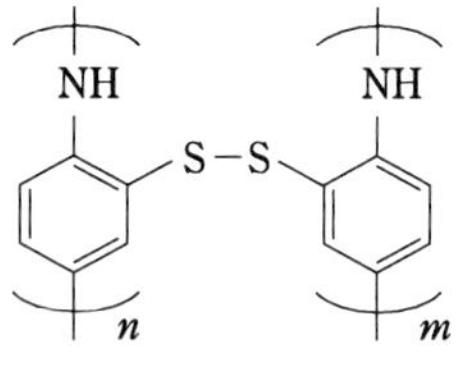

2,2′-ジチオジアニリン (poly(DTDA))

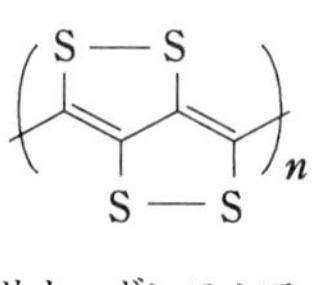

ポリカーボンスルフィド

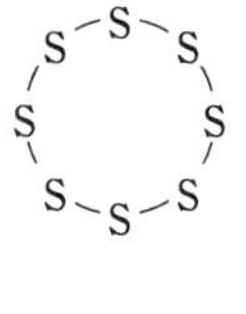

単体硫黄

図3.19　リチウム電池正極用の有機硫黄系材料

〜2.09 MC/kg, 単体硫黄のそれは6.03 MC/kgで, LiCoO$_2$, LiNiO$_2$, LiMn$_2$O$_4$などのリチウム遷移金属酸化物の理論容量0.47〜1.01 MC/kgと比べると3倍から13倍である. 単体硫黄を正極, ガラス電解質やポリマー電解質を電解質, 金属Liを負極にした電池が開発されており, 質量エネルギー密度0.54〜1.51 MJ/kg, 体積エネルギー密度0.61〜1.87 GJ/m$^3$が得られている[29]. 有機硫黄系材料の難点は, 材料の導電率が小さいことと電極反応の速度が小さいことである.

### 3.6.7 研究開発中の負極材料

従来負極には炭素単独の材料が使われてきた. しかし, 炭素負極による電池容量が理論値に近づいているため, これよりも大きな容量を持つ幾つかの材料が負極として検討されている. その主なものの容量と電位を表3.4に示した[30].

表 3.4 主な負極材料の容量と電位 (武田[30] の表を元に作成)

| 負極活物質 | 理論容量 (kC/kg) | (GC/m$^3$) | 容量 (kC/kg) | (GC/m$^3$) | 電位 (V (Li/Li$^+$基準)) |
|---|---|---|---|---|---|
| LiC$_6$ (黒鉛) | 1339 | 3.078 | 1080〜1332 | | 0.07〜0.23 |
| Li (金属) | 13896 | 7.423 | | | 0.0 |
| LiAl (合金) | 2844 | 4.608 | | | 0.36 |
| Li$_{14}$Si (合金) | 7236 | 6.300 | | | 0.2 |
| Li$_{14}$Sn (合金) | 2844 | 3.600 | | | 0.5 |
| Li$_{13}$Cu$_6$Sn$_5$ (合金) | 1289 | | 720 | 5.760 | 0.12 |
| SnB$_x$P$_y$O$_z$ (非晶質酸化物) | | | >2160 | 〜7.200 | 0〜1.4 |
| SiO$_x$ (非晶質酸化物?) | | | 4320 | 9.720 | 0〜1.0 |
| Nb$_2$O$_3$ (酸化物) | 720 | | 540〜720 | | 1.5 |
| CoO (酸化物) | | | 2520 | | 0.0〜1.8 |
| Li$_4$Ti$_5$O$_{12}$ (酸化物) | 630 | | 〜630 | | 1.65 |
| Li$_{2.6}$Co$_{0.4}$N$_3$ (窒化物) | | | 3240 | 6.804 | 0.0〜1.4 |
| Li$_7$MnN$_4$ (窒化物) | | | 756 | 1.656 | 1.2 |

この表には, 比較のために, 黒鉛の値も示してある. 検討中の主要なものの動向は, 以下の通りである.

(1) 金属リチウム

金属リチウム (Li) は, 負極活物質として最も大きな理論容量を持ち, また最も低い平衡電位を示す. それ故, これを二次電池の負極に用いようとする試

みは古くからなされてきた．しかし，Li負極は，充電/放電を繰り返すと，Liが均一に析出/溶解しなくなる．すなわち，充電時にLiがデンドライト(dendrite，樹枝状晶) 状に析出するようになる．デンドライト析出は，デンドライト枝によるセパレータの破損やデンドライト枝の崩落による充放電効率の低下などを起こす．崩落して反応に与らなくなったLiは「死んだリチウム(dead lithium) 」と呼ばれている．このような問題のため，金属Li負極はまだ実現できていない．

　金属Li負極の上にも3.6.5で述べたSEI皮膜が形成される．デンドライト析出は，SEI皮膜の中の局部的にLi$^+$イオンの放電が容易である所で充電時のLi電析が進行することが原因である．図3.20にデンドライト析出の様子を模式的に示した．均一なイオン伝導性のSEI皮膜が形成されれば，デンドライト析出は防ぐことができる．このような考えに基づくデンドライト析出防止の努力もなされている．

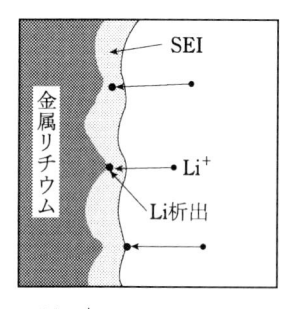

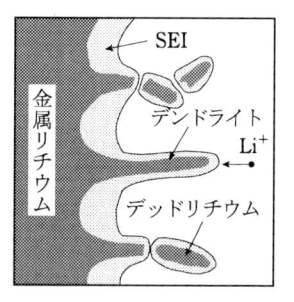

(a) Li$^+$イオンの局所放電　　(b) デンドライトの成長と破損

図3.20　金属Li負極の上でのLiのデンドライト析出の様子

## (2) リチウム合金

　Al, Sn, SiなどはLiと合金(あるいは金属間化合物)を容易に作る．このような合金を負極にし，充電時に析出するLiを合金中に取り込めば，デンドライト析出の問題は解決できる．例えば，Li-Al合金負極は，Li-50 at%Al合金負極/Li含有二酸化マンガン正極のコイン型二次電池として，実用されている．ただし，Li-Al合金負極は，金属Li負極に比べると，容量は小さくなり，電池電圧

は低くなる．また，充電/放電に伴い体積の大きな膨張/収縮（100～300％）があり，合金が粉体化する恐れがあるため，深い充放電をする用途には使えない．合金の粉体化はサイクル寿命を低下させる．

### (3) 金属/炭素分散複合合金

リチウム合金の充電/放電に伴う体積変化によるサイクル寿命の低下を改善する手段として，合金の微粒子を応力緩和機能のある物質のマトリックス中に分散させた負極材料が考案されている．例えば，炭素質マトリックスの中にCoSn超微粒子を分散させたSn系アモルファス負極が開発されている[31]．この材料は充電すると$Li_{22}Sn_5$のようなLi-Sn結合を形成するが，放電すると可逆的に元のCoSn超微粒子の状態に戻る．この新負極を用いた電池の容量は，炭素負極を用いたものより，約30％向上している．

### (4) 酸化物

$Nb_2O_5$, $TiO_2$, $Li_4Ti_5O_{12}$, $WO_2$, $MoO_2$, $Fe_2O_3$などの酸化物は，結晶構造中に空隙があり，$Li^+$イオンを挿入/脱離できるホスト物質になる．これらの中で$Nb_2O_5$は，理論容量（720 kC/kg），実容量（540～720 kC/kg）共に大きく，サイクル特性も良い．ただし，充放電電位は約1.5 V（$Li/Li^+$基準）で，$LiC_6$などと比べると高い．そのため，$V_2O_5$正極（3 V, $Li/Li^+$基準）と組み合わせた公称電圧1.5 Vのコイン型電池が作られている．また，$Li_4Ti_5O_{12}$は，理論容量（630 kC/kg）が大きく実容量も理論容量に近い，結晶構造が$Li^+$イオンの挿入/脱離によって変化（膨張/収縮）を起こさないのでサイクル特性が極めて良い，などの利点がある．充放電電位は約1.65 V（$Li/Li^+$基準）であるので，リチウムマンガン複酸化物正極（3 V, $Li/Li^+$基準）と組み合わせた公称電圧1.35 Vのコイン型電池が作られている．酸化物負極は，電池の起電力は低くなるが，サイクル特性が良いことと炭素系負極のような可燃物でないので安全性が高くなることから，ハイブリッド自動車用電池への適用が検討されている．

### (5) 窒化物

Liと遷移金属M（M：Co, Ni, Cu）の複窒化物$Li_{3-x}M_xN$が負極材料として使用可能である．この中の$Li_{2.6}Co_{0.4}N_3$は，大きな充放電容量（3.24 MC/kg, 6.80 GC/$m^3$）を示す．この化合物は，初回の放電でLiが抜けると結晶質から非晶質に変

わり，その後の充放電はこの非晶質相で行われる．充放電サイクルのヒステリシスは大きい．

## 3.6.8 有機電解液

リチウムイオン二次電池の正極と負極の電位差は約 4 V であるので，この電位範囲で正極と負極によって電気化学的に分解を受けないリチウムイオン伝導性の電解質が必要である．このような電解質として，有機溶媒にリチウム塩を溶解した有機電解液が用いられている．リチウムイオン二次電池の電解液に使われている，および研究されたことのある，代表的な有機溶媒の物性値を表3.5に示した[32]．

表 3.5 有機溶媒の物性値

| 有機溶媒<br>< >：分類，( )：略号 | 融点<br>(K(0.1<br>MPa)) | 沸点<br>(K(0.1<br>MPa)) | 比誘電率<br>(298 K) | 粘度<br>(cP*<br>(298 K)) | ドナー数 | アクセプター数 |
|---|---|---|---|---|---|---|
| <環状炭酸エステル> | | | | | | |
| エチレンカーボネート(EC) | 309.4 | 521 | 89.6 | 1.92 | 16.4 | — |
| プロピレンカーボネート(PC) | 223.8 | 515 | 64.4 | 2.53 | 15.1 | 18.3 |
| <鎖状炭酸エステル> | | | | | | |
| ジメチルカーボネート(DMC) | 273.5 | 363.2 | 3.1 | 0.59 | — | — |
| ジエチルカーボネート(DEC) | 230.0 | 399 | 2.8 | 0.75 | — | — |
| エチルメチルカーボネート(EMC) | 220 | 383 | 2.96 | 0.65 | — | — |
| <鎖状エーテル> | | | | | | |
| 1,2-ジメトキシエタン(DME) | 215 | 355 | 7.2 | 0.46 | 24 | — |
| <環状エステル> | | | | | | |
| γ-ブチロラクトン(BL) | 229.5 | 477 | 39.1 | 1.75 | 18 | — |

\* 1 cP=$10^{-3}$ Pa・s, P はポアズ

支持塩を良く溶かすには比誘電率やドナー数が大きいこと，イオン導電率が大きくなるためには粘度が低いこと，広い温度範囲で使用できるには融点が低く沸点が高いこと，などが望ましい．さらに，黒鉛系炭素負極の上に SEI 皮膜を良好に形成すること，安全性が高いこと，なども必要である．これらの要求を単一種で満たす有機溶媒は無いので，比誘電率の大きい環状炭酸エステル(エチレンカーボネート(EC)など)と粘度の小さい鎖状炭酸エステル(ジエチル

カーボネート(DEC), エチルメチルカーボネート(EMC)など)あるいは鎖状エーテル(1,2-ジメトキシエタン(DME))からなる混合溶媒が用いられている.

リチウム塩としては，上記溶媒への溶解度が大きいこと,電解液としての導電率が大きいこと,電気化学的に分解されないこと,電池構成材料を侵さないこと，が大切である．$LiPF_6$, $LiBF_4$, $LiCF_3SO_3$, $LiN(CF_3SO_2)$などが適するが，電解液の導電率(特に低温での)が大きいことから，$LiPF_6$が選ばれている．0.5 kmol/m$^3$ $LiPF_6$を含むEC+DME混合溶媒(DMEのモル分率0.6,温度298 K)の比導電率は1.3 S/mである．

### 3.6.9 研究開発中の電解質

従来のEC系溶媒では，黒鉛電極/溶媒界面のSEI皮膜が厚くなり過ぎ，リチウムイオンの挿入/脱離反応が妨げられることがある．そのため，SEI皮膜の厚さを制御する添加剤の開発が行われている．また，有機電解液は発火の恐れがあるので,電解質を難燃性あるいは不燃性物質に代えるための試みがなされている．

(1) SEI形成促進添加剤

現在，ECを主体とする有機溶媒が用いられているが，表3.5に見るごとく，ECの融点は309 K (36℃)であり，常温では固体である．これに対してPCは融点224 K (-49℃)であり，融点が低い点からはECよりも好ましい．しかし，PCは黒鉛により触媒的に分解され,SEI皮膜を形成できないので用いることができない．そのため，PCに添加してSEI皮膜の形成を助ける添加剤が開発されている[33]．ビニルアセテート(VA)を添加したPC電解液では，VAが優先的に分解して黒鉛負極上にSEI皮膜を形成し，PCの分解を防ぎ，充放電が可能である．EC電解液の場合も，ビニレンカーボネート(VC)を添加すると，初回充電時に小電気量で安定なSEI皮膜を形成できる．

(2) イオン性液体

イオン性液体(ionic liquid)は，塩の融点が低く(<373 K (<100℃))，常温付近で液体になっている溶融塩のことである．環状四級アンモニウムカチオンとイミドアニオンからなるN-methyl-N-propylpiperidinium bis (trifluoro methanesulfonyl) imide (PP13-TFSI) の化学構造式を図3.21に示す[34]. イオン性液体はイオン導電率が高く, 液体温度範囲が広く, 蒸気圧が低く, 不燃性であることから, 電池用電解質としての開発が進められている. しかし, イオン性液体とリチウム塩からなる電解液は粘度が高いため高率放電性能が劣り, また, グラファイト負極を用いると充放電サイクル性能が著しく悪いという問題点がある. これに対する解決策として, イオン性液体と有機溶媒を適当量混ぜ合わせることが提案されている[34]. 例えば, PP13-TFSIに有機溶媒(EC:DMC:EMC=1:1:1)を50 mass%混合し, これに1 kmol・m$^{-3}$ LiPF$_6$を加えた電解液は不燃性で, かつLiCoO$_2$正極/グラファイト負極を用いた電池において, 高率放電性能は有機溶媒だけのときよりもわずかに劣るが, 充放電サイクル性能は有機溶媒だけのときとほぼ同等であることが報告されている[34].

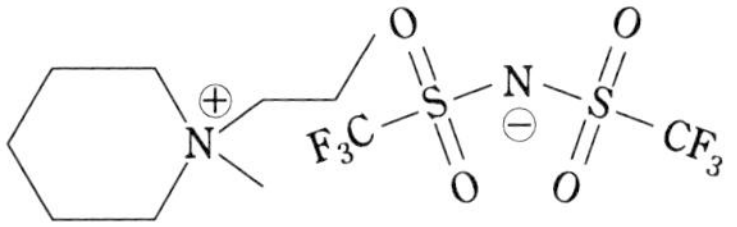

図3.21 N-methyl-N-propylpiperidinium bis (trifluoromethanesulfonyl) imide (PP13-TFSI) の化学構造式. 化学構造の環部分は環式炭化水素結合を, また, 側鎖部分は鎖式炭化水素結合を表す (炭化水素結合: –CH$_n$–($n$=1, 2, 3…)).

### (3) 無機固体電解質

無機固体電解質には, 不燃性であるので安全性が高い, リチウムイオンのみが伝導し副反応を生じないのでサイクル寿命が長くなる, 正負電極材料を侵食しないので自己放電が少ない, など優れた特性がある. LiIやLi$_{3.6}$Si$_{0.6}$P$_{0.4}$O$_4$などの薄膜は, 小容量の全固体薄膜電池の電解質として用いられた. 大容量の汎用電池にもバルク無機固体電解質を用いることが考えられており, 硫化物系固体電解質が開発されている. このうち, チオシリコンと呼ばれるLi$_{4-x}$Ge$_{1-x}$P$_x$S$_4$ ($x$=0.6〜0.8)は室温で2.2×10$^{-1}$ S/mのイオン導電率を示すことが知られている[35]. この物質は粉体を加圧成型しただけでも高いイオン導電率を示す成形体を得ることができるので, 大容量汎用電池の電解質として用いることが可能である.

### (4) ポリマー電解質

電解質を固体ポリマーにすると,有機電解液で懸念される漏液による発火の問題を解消できる.ポリマー電解質 (polymer electrolyte) には,リチウムイオン伝導性固体高分子電解質と有機電解液含有ゲル状高分子電解質がある.前者にはエチレンオキシドと2-(-2-メトキシエトキシ)エチルグリシジルエーテルの共重合体に$LiN(CF_2SO_2)_2$などのリチウム塩を複合させたものなどがある.これらのイオン導電率は室温で$3×10^{-2}$ S/m位である.電極/電解質接合が粉体成形電極と剛性固体電解質の間であるため難しく,接合界面のインピーダンスが高い難点がある.後者には$EC+PC/LiPF_6$有機電解液を含有したポリフッ化ビニリデン−ヘキサフルオロプロピレン共重合体などがある.これらのイオン導電率は室温で約$9×10^{-1}$ S/mであり,また,電極/電解質接合は粉体成形電極と柔軟ゲル状電解質の間であるため容易であり,接合界面のインピーダンスも低い.そのため,一部はすでに実用されており,アルミラミネートフィルムを電池容器に使用した平板状薄型電池が作製されている[36]).

## 3.7 発展途上の二次電池

研究開発段階にあるかあるいは既に先行的市販が行われているがそれほど普及が進んでいない二次電池のうち,将来の発展が期待されるものについて概説する.

### 3.7.1 全固体薄膜二次電池

正極活物質,負極活物質,および電解質の全てに固体材料を採用して,これらを薄膜形成技術により絶縁体基盤上に薄膜として積層すれば,全固体薄膜二次電池を作ることができる.例えば,正極活物質$TiS_2$をCVD法により,固体電解質$Li_{3.6}Si_{0.6}P_{0.4}O_4$を交流スパッタリング法により,そして負極活物質Liを真空蒸着法により,それぞれ薄膜としてガラス(またはSi)基盤上に積層した$Li/Li_{3.6}Si_{0.6}P_{0.4}O_4/TiS_2$構造の固体薄膜リチウム電池が作られている.この電池の概要と起電反応を図3.22に示した[37]).Li層の厚さは8 μm,$Li_{3.6}Si_{0.6}P_{0.4}O_4$層

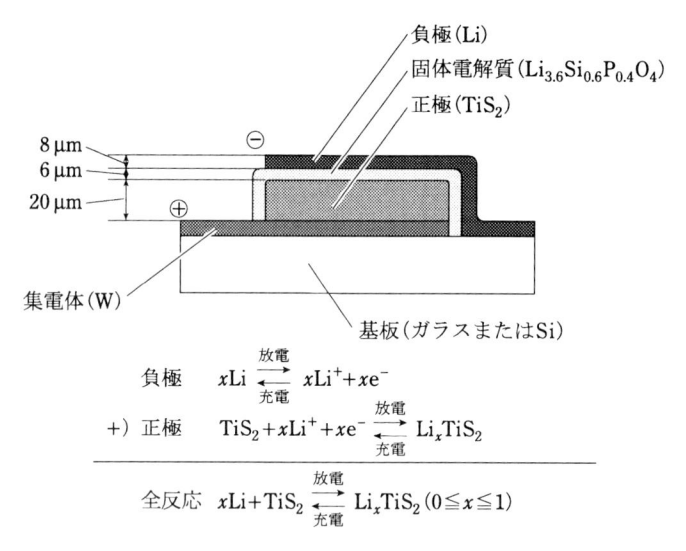

図中ラベル:
- 負極(Li)
- 固体電解質($Li_{3.6}Si_{0.6}P_{0.4}O_4$)
- 正極($TiS_2$)
- 8 μm, 6 μm, 20 μm
- 集電体(W)
- 基板(ガラスまたはSi)

負極　　$xLi \underset{充電}{\overset{放電}{\rightleftarrows}} xLi^+ + xe^-$

+）正極　$TiS_2 + xLi^+ + xe^- \underset{充電}{\overset{放電}{\rightleftarrows}} Li_xTiS_2$

全反応　$xLi + TiS_2 \underset{充電}{\overset{放電}{\rightleftarrows}} Li_xTiS_2 \ (0 \leq x \leq 1)$

図 3.22　$Li/Li_{3.6}Si_{0.6}P_{0.4}O_4/TiS_2$ 全固体薄膜電池の構造[37]と起電反応

の厚さは6 μm, そして$TiS_2$層の厚さは20 μmである．この電池は充電完了時の電圧2.5 V, 放電末期の電圧1.9 V, そして電池を短縮したときの電流30 A/m$^2$であった[37]．$Li_{3.6}Si_{0.6}P_{0.4}O_4$の導電率は小さい（$5 \times 10^{-4}$ S/m）が，厚さを小さくすることにより比較的大きな電流を流すことができる．

その他，固体薄膜リチウム電池には$Li_xV_2O_5/Li_3PO_{4-y}N/V_2O_5$電池がある．この電池は，正負両電極に五酸化バナジウム（$V_2O_5$）を使用している．

また，銀イオン伝導性固体電解質$RbAg_4I_5$を使った$Ag/RbAg_4I_5/I_2$固体薄膜銀電池がある．$RbAg_4I_5$は，室温で27 S/mという液体電解質並の高い導電率を持つことで知られている．

全固体薄膜電池の利点は，導電率が小さい固体電解質でも用いることができることと他の薄膜電子デバイスと一体化して形成できることにある．そのため，メモリバックアップやマイクロマシン用の電源として，期待されている．一方難点は，充放電によって電極活物質層に膨張・収縮が起こるので，電極活物質層と固体電解質層の密着性が悪くなることである．そのため，固体電解質に弾性体物質を複合化し，電極活物質層の膨張・収縮に固体電解質層が追随で

きるようにする試みもなされている．

### 3.7.2 ポリマー二次電池
#### (1) 種類
　ポリマー二次電池は，正極または負極活物質，あるいは電解質に有機高分子材料を使用している二次電池であり，次の三種類がある．
　　①全ポリマー電池：正極，負極に導電性高分子，電解質に高分子電解質を使用した電池
　　②ポリマー正極電池：正極のみ導電性高分子を使用した電池
　　③ポリマー電解質電池：電解質のみ高分子電解質を使用した電池
　通常ポリマー電池といわれているのは③のポリマー電解質電池であって，これは普通のリチウムイオン電池の炭素負極/Li塩含有有機溶液/金属酸化物正極構造を炭素負極/Li塩付加固体高分子/金属酸化物正極構造に変えたものである．固体高分子としては，ポリエチレンオキシドなどが使われている．ポリマー電解質電池については，3.6.9(4)で触れてある．このタイプの電池は，薄型軽量電池として，携帯電話やノートパソコンの電源に広く普及している．
　次に普及度が高いのは②のポリマー正極電池であり，普通のリチウムイオン電池の正極のみ導電性高分子に変え，炭素負極/Li塩含有有機溶液/導電性高分子正極構造をしている．導電性高分子としては，ポリアニリンなどが使われている．ポリアニリン・リチウム電池については，3.6.6(5)に述べてある．この電池は小型薄型軽量電池として，スマートカードなどの電源に使われている．
　三種類の中でまだ研究段階であるのは，①の全ポリマー電池である．正極にアニオンドープ(p型ドープ)ポリアセチレン，負極にカチオンドープ(n型ドープ)ポリアセチレンが使われる．しかし，ポリアセチレンの電極材料としての性能が良くないこととn型にもp型にもなる材料がほとんど無いことから，開発が遅れている．実用化されれば，電池全体が固体高分子で構成された薄型軽量電池となると期待されている．以下に，全ポリマー電池についての原理的な事柄を述べる．

## (2) p-n型ポリアセチレン電池

電気化学的酸化によりカチオンをドーピングしたn型ドープポリアセチレンを負極,電気化学的還元によりアニオンをドーピングしたp型ドープポリアセチレンを正極,LiClO$_4$含有ゲル状有機高分子を電解質にすると,二次電池を構成することができる.このような電池の構造と起電反応を図3.23に示した.起電力2.5Vの全固体ポリマーリチウム電池を得ることができる.しかし,ポリアセチレン電極には,許容ドーピングレベルが低い,充放電を重ねると分解する,自己放電が大きい,などの難点があり,このタイプの電池の開発は進展していない.

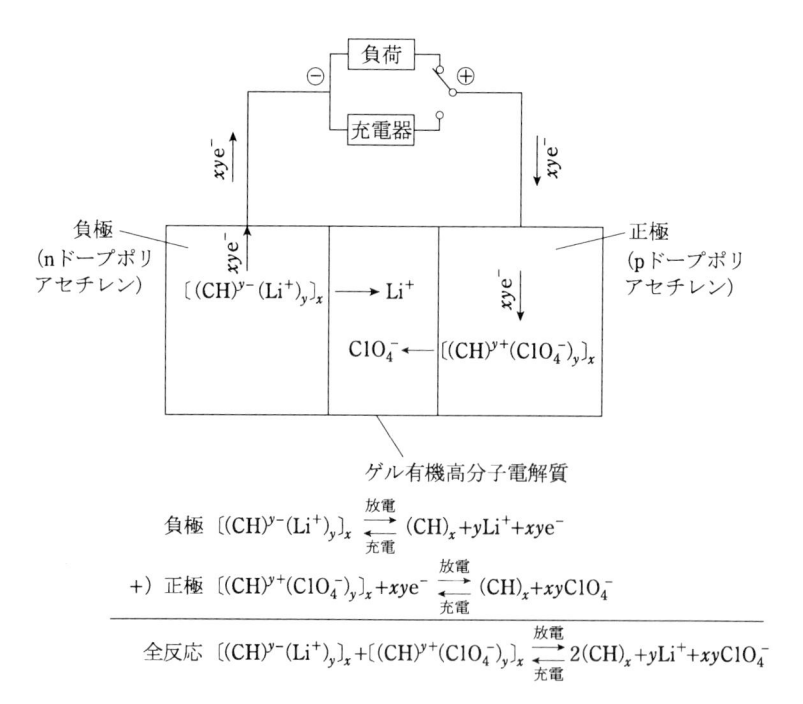

$$負極\ [(CH)^{y-}(Li^+)_y]_x \underset{充電}{\overset{放電}{\rightleftarrows}} (CH)_x + yLi^+ + xye^-$$

$$+)\ 正極\ [(CH)^{y+}(ClO_4^-)_y]_x + xye^- \underset{充電}{\overset{放電}{\rightleftarrows}} (CH)_x + xyClO_4^-$$

$$全反応\ [(CH)^{y-}(Li^+)_y]_x + [(CH)^{y+}(ClO_4^-)_y]_x \underset{充電}{\overset{放電}{\rightleftarrows}} 2(CH)_x + yLi^+ + xyClO_4^-$$

図3.23 p-n型ポリアセチレン電池の構造と起電反応

## (3) p型およびn型ポリアセチレンの電子エネルギー状態

　p型およびn型ポリアセチレン電極を対にすることによって，なぜ2.5 Vの起電力が得られるのか，その理由は各電極の電子エネルギー状態から知ることができる．図3.24にリチウム電極を基準にしたp型およびn型ポリアセチレンの状態密度－電子エネルギー曲線を示す[38)39)]．n型ポリアセチレンでは伝導帯（conduction band, CB）の下端付近のリチウム電極基準で1.2 Vの準位まで電子で満たされている．p型ポリアセチレンでは価電子帯（varence band, VB）の上端付近のリチウム電極基準で3.7 Vの準位まで電子で満たされている．p型，n型両電極を接続すると，n型電極からp型電極に電子が移行し，フェルミレベルに相当するリチウム電極基準で2.5 Vのエネルギー準位のところに両者の準位が一致して平衡が達成される．すなわち，p-n型ポリアセチレン電池の起電力は2.5 Vとなる．

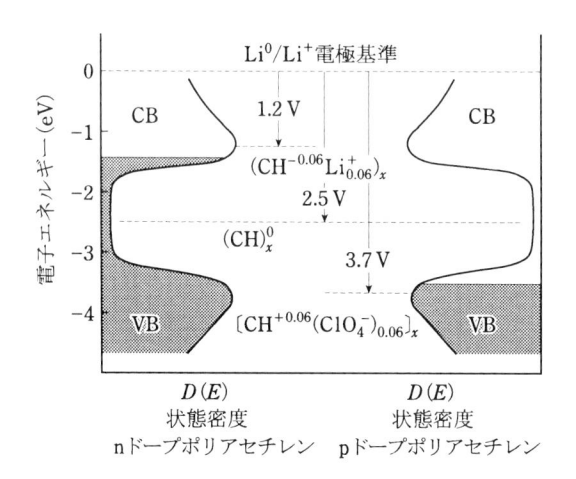

図3.24　p型およびn型ポリアセチレンの状態密度－電子エネルギー曲線（リチウム電極基準）[38)39)]

## 3.8 二次電池の充電方法

二次電池の充電方法の基本は,電極活物質表面の電流密度を一定に保って充電することである.したがって,未充電活物質の多い(表面積が大きい)充電初期は大電流で,そして,未充電活物質が少なくなる(表面積が小さくなる)充電中期から終期にかけては電流を減少して行う.

どのような充電方法を採るかは,電池の使用の仕方による.電池を全部放電させてから満充電する使い方は,サイクル充電といわれる.携帯電話や電気自動車の電池に見られる使い方である.一方,電池を常に満充電にしておき,時々必要に応じて負荷の駆動のために放電を行い,放電分だけちょっと充電し,満充電に戻しておくという使い方は,スタンバイ充電といわれる.ガソリン自動車のエンジン始動用や電気設備の非常電源用の電池に見られる使い方である.

サイクル充電の場合にも,普通充電と急速充電がある.普通充電は,電池の充電状態に合った適切な電流と電圧で時間を掛けて充電する方法で,普通はこの方法が採られる.急速充電は,緊急的に行うもので,大電流を用いて短時間で充電する.

普通充電には,定電流・定電圧充電法(constant current/voltage charging)が使われることが多い.定電流・定電圧充電法で充電中の電流,電圧,充電量の時間変化を図3.25に示した.この方法では,初期は適当な大きさの一定電流で充電し,電池の電圧が上昇して設定電圧に達したらその設定電圧に保持して中期・終期の充電を行う.電流が減少し,一定値に達したら充電を打ち切る.この方法の他,定電圧充電法,準定電圧充電法,定電流充電法なども行われる.

急速充電においては,許される範囲内の大電流を用いた定電流法が行われる.過充電にならないように充電を打ち切ることが重要である.充電の打ち切りは,終期の電圧,充電時間,電池の温度,最高電池電圧からの電圧降下量 ($-\Delta V$),などに基づいて判断されている.

スタンバイ充電の場合には,フロート充電(floating charge,浮動充電)ある

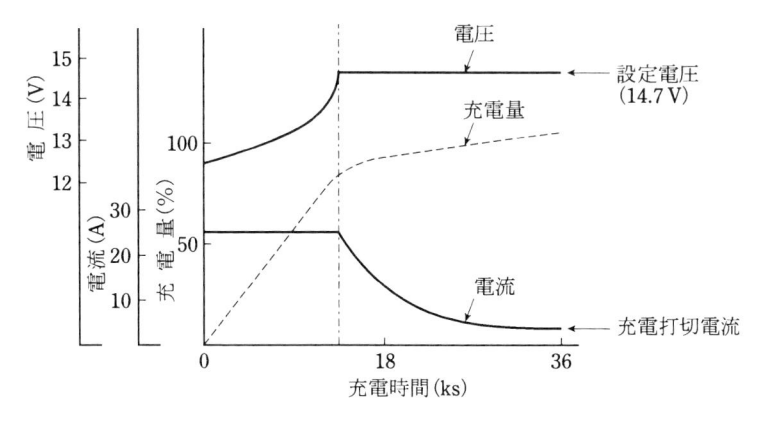

第3章 二次電池の電極反応と材料

図3.25 定電流・定電圧充電法で充電中の電流，電圧，充電量の時間変化

いはトリクル充電 (trickle charge) によって使用電気量を補うだけの充電がなされる．フロート充電では，整流器（充電器）と電池と負荷を並列に繋ぎ，電池に常時一定の電圧を印加し，印加電圧と電池電圧の差を無くすように微少電流充電をする．一方，トリクル充電では，整流器（充電器）と負荷，整流器（充電器）と電池を別々に繋ぎ，非常時に整流器（充電器）が働かなくなったとき，電池と負荷を結合して負荷を駆動する．非常時が終わると電池と負荷を切り離し，電池を整流器（充電器）によって微少電流で充電する．

リチウムイオン二次電池は，通常，定電流・定電圧充電法で充電される（簡易充電器による充電では定電圧法）．充電の電流－電圧の制御パターンは電池の種類と性質によって異なるので，必ず専用の充電器を用いる必要がある．

> **メモリー効果**
>
> メモリー効果 (memory effect) とは，二次電池を使うとき，浅い充放電を繰り返すような使い方をすると，電池の容量が見かけ上低下してしまう現象である．例えば，二次電池を満充電後50％放電したところで放電を打ち切り再び満充電にする，というような継ぎ足し充電を繰り返したとする．すると，ある繰り返し後，50％放電以上の所まで使おうとするとき，50％放電したところで放電電圧の急な低下が起こるようになる．このような場合の放電曲線を図3.26に示す．電池があたかも充電開始時の残容量を記憶しているように

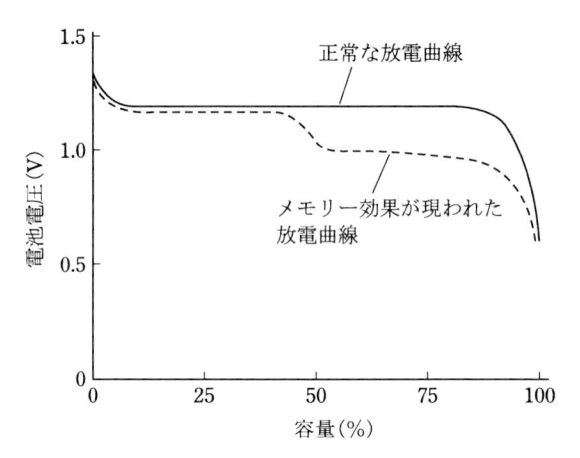

図3.26 ニッケル・カドミウム電池の放電曲線に現れたメモリー効果

見えることから，メモリー効果と呼ばれる．メモリー効果はニッケル・カドミウム電池に顕著に現れることが知られている．ニッケル・水素電池にも程度は軽いが見られる．しかし，リチウムイオン二次電池や鉛蓄電池には見られない．

原因としては，正極活物質（$\beta$-NiOOH）の中に$\gamma$-NiOOHなどの抵抗が大きく電位の低い物質が生成すること，繰り返し充放電時に未放電（放電不能）活物質が蓄積すること，電極のCdと活物質からのNiが合金化して$Ni_5Cd_{21}$が生成すること，などがいわれている．

メモリー効果による放電電圧の低下は一時的なものであり，そのまま放電を続ければ充電しただけの電気量を放電することができる．しかし，電源の電圧低下を嫌い，電圧低下を敏感に検出する機器では，メモリー効果が現れると使用停止状態になる．電圧低下に敏感でない機器，あるいは電圧低下対策を取ってある機器では，メモリー効果は問題にならない．最近のニッケル・水素電池では，メモリー効果が出ないように対策が取られており，メモリー効果はほとんど問題にならない．

なお，メモリー効果が現れたときは，その電池を完全放電し，再び満充電すれば回復する．充電器に「リフレッシュ（またはオートディスチャージ）」という機能があるときには，この機能を作動させるとこのような放電－充電がなされる．

## 参考文献

1) 杉本克久：金属, **78** (2008), 1196
2) 杉本克久：金属, **78** (2008), 817
3) 杉本克久：材料電子化学, 日本金属学会, (2003), p.1
4) 竹原善一郎：電池—その化学と材料, 大日本図書, (1988), p.30
5) 吉澤四郎監修：新訂版 新しい電池, 東京電機大学出版局, (1978), p.1
6) 杉本克久：まてりあ, **46** (2007), 744
7) 外島 忍, 佐々木英夫：電気化学 改訂版, 電気学会, (1987), p.326
8) 内田 勇：金属表面物性工学, 日本金属学会編, 日本金属学会, (1990), p.274
9) 松下電池工業株式会社監修：図解入門 よくわかる 最新電池の基本と仕組み, 秀和システム, (2005), p.10
10) 日本電池株式会社編：最新実用二次電池—その選び方と使い方, 日刊工業新聞社, (1995), p.1
11) 米津邦雄：最新実用二次電池, 日本電池株式会社編, 日刊工業新聞社, (1995), p.199
12) 坪田正温：Electrochemistory, **59** (1991), 746
13) 中野憲二, 竹島修平, 古川 淳：古河電工時報 第120号, (2007), 56
14) 神田 基：二次電池の開発と材料, シーエムシー出版, (2002), p.11
15) 西 美緒：キーテクノロジー電池, 日本化学会監修, (1996), p.43
16) 西 美緒：リチウムイオン二次電池の話, 裳華房, (1997), p.33
17) 芳尾真幸, 小沢昭弥編：リチウムイオン二次電池, 日刊工業新聞社, (1997), p.1
18) 西 美緒：新型電池の材料化学, 季刊化学総説 No.49, 日本化学会編, 学会出版センター, (2001), p.63
19) 栗林 功：文献14), p.44
20) R. E. Franklin: Acta Cryst., **4** (1951), 235
21) 小久見善八 編著：リチウム二次電池, オーム社, (2008), p.103
22) 山木準一, 岡田重人：二次電池材料の開発, 吉野 彰監修, シーエムシー出版, (2008), p.68
23) 平塚秀和, 坂元隆宏, 有元真司, 古田裕昭, 山本典博：Matsusita Technical Journal, **52** (2006), 240
24) T. Ohzuku and Y. Makimura: Chem. Lett., **30** (2001), 744
25) A. K. Padhi, K. S. Nanjundaswamy, C. Masquelier, S. Osaka and J. B. Googenough: J. Electrochem. Soc., **144** (1997), 1188
26) A. K. Padhi, K. S. Nanjundaswamy and J. B. Googenough: J. Electrochem. Soc., **144** (1997), 2279
27) A. Kita, M. Kaya and K. Sasaki: J. Electrochem. Soc., **133** (1986), 1069
28) S. Picart and E. Genies: J. Electroanal. Chem., **408** (1996), 53

29) 直井勝彦，荻原信宏：文献 21), p.79
30) 武田保雄：文献 21), p.131
31) 井上 弘，高田智雄，工藤喜弘：Electrochemistry, **76** (2008), 358
32) 森田昌行：文献 18), p.108
33) 吉武秀哉：文献 21), p.142
34) 中川裕江，藤野有希子，小園 卓，片山禎弘，温田敏之，松本 一，栄部比夏里，辰巳国昭：GS Yuasa Technical Report, 第 3 巻第 1 号, (2006), 26
35) R. Kanno and M. Murayama: J. Electrochem. Soc., **148** (2001), A742.
36) 世界孝二：文献 21), p.173
37) 工藤徹一，笛木和雄：固体アイオニクス，講談社サイエンティフィク, (1986), p.139
38) 金藤敬一：固体物理，**17** (1982), 753
39) 山本隆一，松永 孜：ポリマーバッテリー，共立出版, (1990), p.15

# 第4章 燃料電池の電極反応と材料

## 4.1 燃料電池に求められている事柄

燃料電池 (fuel cell) は,宇宙船用電源としては長らく用いられて来たが,地上では身近な存在ではなかった.しかし最近では,家庭や事業所用の中小規模分散発電設備として,また,将来の自動車用電源として,積極的な開発が進められている.分散発電設備としての燃料電池には高い発電効率と長期信頼性が,また,自動車用の燃料電池には高い出力密度と軽量・コンパクトであることが求められている.これらの要求を満たすためには,それぞれの目的にあった高い性能を持つ電池構成材料の開発が不可欠である.

本章では,燃料電池の電極反応と材料について解説する[1].高発電効率,高出力密度の電池を実現するために,どのような考えの下でどのような材料が使われているか,理解を深めたい.そこで,まず始めに,燃料電池の基本構造について述べた後,幾つかの燃料電池についてそれらの特徴を紹介する.そして,その次に,燃料電池のうち開発レベルが高いものや性能が高く注目度が高いものについて詳しく内容を解説する.最後に,多くの燃料電池の燃料として使われる水素について,製造法と貯蔵法の概略を述べる.

## 4.2 燃料電池の構造

燃料電池の基本構造は,一次電池および二次電池の構造と多くの共通点がある.しかし,一次電池および二次電池では正極活物質および負極活物質を電池内部に貯蔵しているのに対して,燃料電池ではこれらを電池外部から常時供給

している.また,多くの一次電池および二次電池では正極と負極を隔てるセパレータが電池内部にあるのに対して,燃料電池ではこれが電池内部にはなく,単電池 (unit cell) 同士を接続する導電性隔壁［バイポーラ板 (bipolar plate) あるいはインターコネクト (interconnect)］として電池外部に設けられている.

燃料電池の基本構造を図4.1に示した[2]〜[13].電解質には,液体電解質あるいは固体電解質が用いられる.負極活物質となる燃料は多くの場合水素ガス ($H_2$) であり,また,正極活物質となる酸化剤は多くの場合酸素ガス ($O_2$) である.燃料ガスの酸化反応が起電反応となる.負極および正極には,多孔質のガス拡散電極が用いられる.反応を促進するため,正負両電極の表面には触媒が付けられている.セパレータはガスの流路を形成すると同時に単電池同士を連結するための接続子 (インターコネクト) になっている.なお,負極は燃料極 (fuel electrode),正極は空気極 (air electrode; $O_2$ を空気から取るとき) と呼ばれることもある.

燃料電池は放電しかできないことでは一次電池と同じであるが,負極活物質および正極活物質を外部から供給し続ける限り放電を継続できるので,一種の発電機と考えることができる.

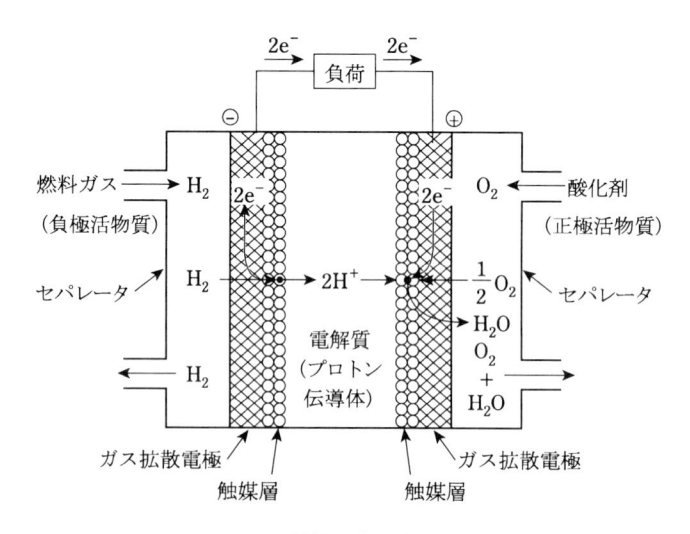

図4.1 燃料電池の基本構造

## 4.3 各種燃料電池の特徴と用途

代表的な燃料電池の電極反応,正負両極の活物質,電解質,電極触媒,および単セル当たりの出力密度を表4.1に,また,各燃料電池の作動温度,発電規模,発電効率,特徴,および用途を表4.2に示した[1) 3)～5) 7) 9)～15)]. 以下,これらの表に基づいて各燃料電池の概要を説明する.

なお,ここに挙げた5種類の電池のうちリン酸型は最も実用化が進んでいる燃料電池であり,また,固体酸化物型は中小規模発電モジュールとして,固体高分子型は自動車用電源として,それぞれ積極的に開発が進められている燃料電池である.さらに,固体高分子型の一種である直接メタノール燃料電池は,携帯電子機器用電源として注目されている.したがって,これらについてはもっと理解を深めた方が良いと思われるので,後の4.4, 4.5, 4.6, 4.7において,それぞれの電池の構造と電極反応を詳しく解説する.

### 4.3.1 アルカリ型燃料電池

アルカリ型燃料電池 (alkaline fuel cell; AFC) は,燃料には高純度水素 ($H_2$),酸化剤には高純度酸素 ($O_2$) を使う.正極は白金 (Pt)/パラジウム (Pd) 触媒を付けた金網,負極はPt/Pd触媒を付けた銀網,電解質は水酸化カリウム(20～50％KOH)である.この電池は373 K(100℃)以下でも作動でき,変換効率も高い.しかし,電解質のKOHが二酸化炭素 ($CO_2$) により変質するため,酸化剤として空気をそのまま利用できない難点がある.そのため,従来型のアルカリ型燃料電池の用途は,高純度酸素と高純度水素が利用できる所,例えば宇宙船,に限られてきた.アポロ宇宙船からスペースシャトルまで採用されている.地上での一般用としての開発は進んでいない.

しかし,アルカリ溶液中では$O_2$還元反応の速度が大きいこと,および,$O_2$還元触媒としてAgなどの低コスト触媒を使用できるという利点がある.そのため,運転環境がアルカリ性環境となるアニオン伝導性固体高分子膜を用いた新しいアルカリ型燃料電池の検討が始められている.

表 4.1 代表的燃料電池の放電反応とセル構成材料

| 種類 | 放電反応 | 燃料 [負極材] | 電解質 [電荷担体] | 酸化剤 [正極材] | 電極触媒 | 単セル出力密度 (W/$10^{-4}$m$^2$) |
|---|---|---|---|---|---|---|
| アルカリ型 (AFC) | 正極 $1/2\,O_2+H_2O+2e^-\to 2OH^-$<br>負極 $H_2+2OH^-\to 2H_2O+2e^-$<br>全体 $H_2+1/2\,O_2\to H_2O$ | $H_2$ [多孔質炭素板] | KOH [$OH^-$] | $O_2$ [多孔質炭素板] | Pt/Pd (正極)<br>Pt/Pd (負極) | 0.36 |
| リン酸型 (PAFC) | 正極 $1/2\,O_2+2H^++2e^-\to H_2O$<br>負極 $H_2\to 2H^++2e^-$<br>全体 $H_2+1/2\,O_2\to H_2O$ | $H_2$ [多孔質炭素板] | $H_3PO_4$ [$H^+$] | 空気 [多孔質炭素板] | Pt-Cr (正極)<br>Pt (負極) | 0.21 |
| 溶融炭酸塩型 (MCFC) | 正極 $1/2\,O_2+CO_2+2e^-\to CO_3^{2-}$<br>負極 $H_2+CO_3^{2-}\to H_2O+CO_2+2e^-$<br>全体 $H_2+1/2\,O_2\to H_2O$ | $H_2$, CO [多孔質NiCr焼結体] | $Li_2CO_3$-$Na_2CO_3$ [$CO_3^{2-}$] | 空気+$CO_2$ [多孔質NiO (Li)] | 不要 | 0.13 |
| 固体酸化物型 (SOFC) | 正極 $1/2\,O_2+2e^-\to O^{2-}$<br>負極 $H_2+O^{2-}\to H_2O+2e^-$<br>全体 $H_2+1/2\,O_2\to H_2O$ | $H_2$, CO [Ni-($ZrO_2\cdot Y_2O_3$) サーメット] | $ZrO_2\cdot Y_2O_3$ [$O^{2-}$] | 空気 La(Sr, Ca) $MnO_3$ | 不要 | 0.30 |
| 固体高分子型 (PEFC) | 正極 $1/2\,O_2+2H^++2e^-\to H_2O$<br>負極 $H_2\to 2H^++2e^-$<br>全体 $H_2+1/2\,O_2\to H_2O$ | $H_2$, $CH_3OH$* [多孔質炭素板] | 陽イオン交換膜 [$H^+$] | 空気 [多孔質炭素板] | Pt (正極)<br>Pt$_{35}$Ru$_{65}$ (負極) | 0.72 |

\* $CH_3OH$ は直接メタノール燃料電池の場合

表 4.2 代表的燃料電池の特徴と用途

| 種 類 | 作動温度 | 発電規模 | 発電効率 | 特 徴 | 用 途 |
|---|---|---|---|---|---|
| アルカリ型 (AFC) | 室温〜513 K | 1〜7 kW | 45〜50% | 発電効率が比較的高い.出力密度が比較的高い.電解質が$CO_2$で劣化しやすい. | 宇宙船用自動車用(開発中止中) |
| リン酸型 (PAFC) | 373 K〜483 K | 0.02〜11 MW | 40〜45% | 比較的低温で作動.実用化最も進む.材料の腐食抑制が課題. | 工業用小規模分散発電用 |
| 溶融炭酸塩型 (MCFC) | 873 K〜973 K | 0.01〜100 MW | 50〜65% | 発電効率が高い.燃料の内部改質が可能.材料の腐食抑制が課題. | 工業用中規模発電プラント用 |
| 固体酸化物型 (SOFC) | 1173 K〜1273 K | 0.001〜100 MW | 55〜70% | 発電効率が高い.燃料の内部改質が可能.セラミックスの破損抑制が課題. | 工業用小規模発電モジュール用中規模発電プラント用 |
| 固体高分子型 (PEFC) | 室温〜373 K | 0.01〜100 kW | 30〜40% | 高出力密度.低温作動.軽量コンパクト.Pt触媒の被毒抑制が課題. | 家庭用携帯機器用小型業務用自動車用 |

### 4.3.2 リン酸型燃料電池

リン酸型燃料電池（phosphoric acid fuel cell; PAFC）では，燃料に$H_2$，酸化剤に空気中の$O_2$を使う．正極および負極にはPt触媒を付けた多孔質カーボン板，電解質にはリン酸（100％ $H_3PO_4$）を用いる．電解質が酸性のため，$CO_2$による電解質の変質はない．このため，$CO_2$を含む都市ガスの改質ガスを燃料に，また，空気を酸化剤にすることができる．作動温度が473 K(200℃)付近であるため，燃料中の一酸化炭素（CO）によるPt触媒の被毒（COが優先吸着して$H_2$の吸着を妨げること）もそれほど著しくはない（CO許容度約1％）．この電池は，すでに技術的完成度が高く，小規模分散発電用に実用化されている．

リン酸型燃料電池設備の外観を図4.2に示す[a]．原燃料は都市ガスで，出力は100 kWである．

この電池の利点は，電熱併給（コジェネレーション，cogeneration）によって電池システムの総合エネルギー効率（元の燃料の燃焼エネルギーに対する変換電力と利用熱エネルギーの総和の割合）を高くすることができることである．電熱併給によって総合エネルギー効率を70％程度にまですることが可能である．難点は，リン酸の腐食性が高いため，電池システムの構成に高耐食材料が必要なことである．

図4.2 リン酸型燃料電池設備[a]（富士電機ホールディングス㈱提供）

### 4.3.3 溶融炭酸塩型燃料電池

溶融炭酸塩型燃料電池（molten carbonate fuel cell; MCFC）は，燃料には都市ガスの改質ガス中の$H_2$，酸化剤には空気中の$O_2$と負極で発生する$CO_2$を合わせて使う．$CO_2$も燃料になることに特色がある．正極は多孔質酸化ニッケル（Li含有）焼結体板，負極は多孔質ニッケル合金板，電解質は炭酸リチウムと炭酸ナトリウムの混合溶融塩である．作動温度が923 K(650℃)と高いため，発電効率が高く，Pt触媒も不要である．COも負極で$CO_3^{2-}$と反応して酸化し，燃料になる．また，反応ガス中の$CO_2$が生成物の水の中に濃縮されることから，発電と同時に$CO_2$捕集が行えるプロセスとして，環境技術面から見直されてもいる．用途には，中規模発電プラントが考えられている．難点は溶融炭酸塩による構成材料の腐食である．

### 4.3.4 固体酸化物型燃料電池

固体酸化物型燃料電池（solid oxide fuel cell; SOFC）は，燃料に都市ガスの改質ガス中の$H_2$とCO，酸化剤に空気中の$O_2$を使う．正極は電子伝導性のランタンストロンチウムマンガナイト，負極はニッケル－ジルコニアサーメット，電解質は酸化物イオン伝導性のイットリア安定化ジルコニアである．作動温度は1273 K(1000℃)で，非常に高い．そのため，Pt触媒は不要，発電効率が高い，熱利用効率が高い，という利点がある．用途は，小規模発電モジュール，中規模発電プラントなどである．難点は，電池セルが各種セラミックスで構成されるため,各セラミックスの熱膨張係数の違いにより破壊が起こり易いことである．

家庭用電熱併給システムとして開発された固体酸化物型燃料電池設備の外観を図4.3（左が発電ユニット，右が排熱利用貯湯暖房ユニット）に示す[b]．原燃料は都市ガスで，出力は700 Wである．

最近では,移動体用電源を目指して,作動温度を下げようとする動きもある．そのため，中温（473～1073 K(200～800℃)）用固体電解質が開発されている．

図4.3　固体酸化物型燃料電池設備[b]（大阪ガス㈱提供）

## 4.3.5　固体高分子型燃料電池

固体高分子型燃料電池（polymer electrolyte fuel cell; PEFC）は，燃料に純$H_2$（または都市ガス改質ガス中の$H_2$），酸化剤には空気中の$O_2$を使う．正極はPt触媒を担持したカーボン繊維，負極はPt合金触媒を担持したカーボン繊維，電解質はプロトン（$H^+$）伝導性固体高分子膜である．正極および負極は薄い固体高分子膜の両側に直接接合されるので，電池の単セルは極めてコンパクトになる．この電池には，作動温度が353 K（80℃）付近で比較的低い，出力密度が高い，起動・停止時間が短い，電池全体が軽量コンパクト，という利点があり，移動体用電源として大変適している．そのため，最近では燃料電池自動車用の電源としての開発が活発である．作動温度が低く起動・停止が楽なことは一般家庭用の自家発電装置にも向いており，この方面の開発も行われている．しかし，作動温度が低いため，Pt触媒がCO被毒を受ける難点がある．

燃料電池自動車用の固体高分子型燃料電池スタックの一例（トヨタFCHV-adv搭載のもの）を図4.4に示す[c]．この型の電池は，自動車用電源としての性

第4章 燃料電池の電極反応と材料

能は高度な段階に達しているが,固体高分子膜や白金触媒にコストがかかり価格が高くなるので,コスト低減に努力がなされている.

固体高分子型は,燃料にメタノール($CH_3OH$)を用いることもできる.このようなものは,直接メタノール燃料電池と呼ばれる.このタイプは,燃料のエネルギー密度が大きいことと燃料の携帯が楽であることから,携帯電子機器の二次電池に代わる電源として開発が進められている.解決すべき課題は,メタノールの一部が固体高分子膜を透過して発電効率を低下させることである.直接メタノール燃料電池の一例を図4.5に示す[d].この電池の出力は20 Wである.

図4.4 固体高分子型燃料電池スタック[c](トヨタ自動車㈱提供)

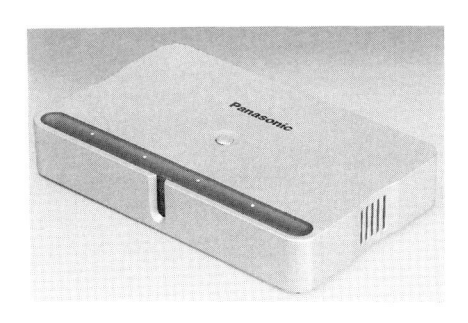

図4.5 直接メタノール燃料電池システム[d](パナソニック㈱提供)

## 4.4 リン酸型燃料電池の構造と材料

### 4.4.1 構造

　リン酸型燃料電池の単セルの構造を図4.6に示した[16)17)]．この単セルを複数個直列に積層し，スタック（stack; 集積電池）を構成する．負極にはPt触媒を付けた多孔質カーボン紙が，そして，正極にはPt合金（Pt-Cr, Pt-Vなど）触媒を付けた多孔質カーボン紙が用いられる．セパレータには，炭素を樹脂で固めたガス流路付きカーボン樹脂板が用いられている．電解質としては，多孔質の炭化珪素（SiC）板に含浸させた濃度約100％の$H_3PO_4$が用いられる．燃料には，都市ガス（天然ガス）などを改質した$H_2$を主成分とする改質ガスが用いられる．酸化剤には，空気の$O_2$が用いられる．

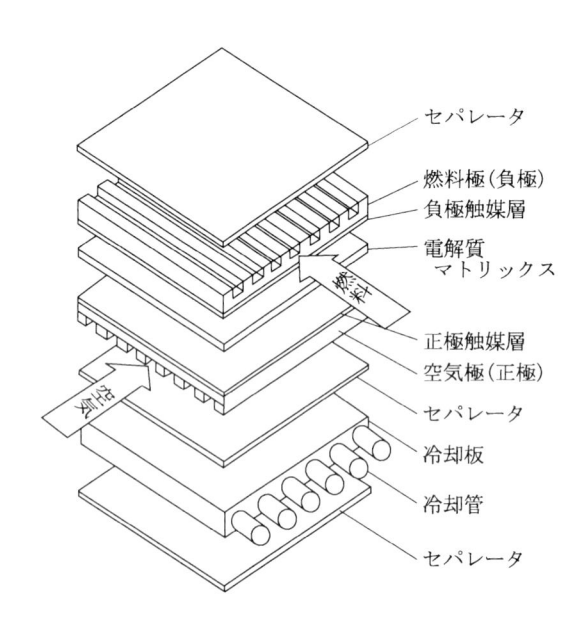

図4.6　リン酸型燃料電池の単セルの構造

### 4.4.2 電解質としてリン酸を用いる得失

電解質に高濃度のリン酸が用いられるのは，分解温度（脱水温度）486 K（213℃）まで安定であるからである．この型の電池は，正負両電極上での反応の過電圧を下げるためとPt触媒のCOによる被毒を避けるために，473 K（200℃）で運転されている．作動温度が473 Kの場合，改質ガス中にCOが1％程度あってもPt触媒は被毒しない．これは，複雑な改質装置を必要としないことから，この電池の大きな利点になる．しかし，リン酸の腐食性が高いため正負両電極とセパレータには一般の金属材料は使用できず耐食性の高い炭素材料を用いなければならないこと，触媒も耐食性の観点から他の金属触媒は使用できずPtおよびPt合金触媒に限られること，などは難点である．

### 4.4.3 起電反応

この電池の起電反応は以下のように表される[16)17)]．

$$負極：H_2 \rightarrow 2H^+ + 2e^- \quad (4.1)$$
$$+) \ 正極：1/2 O_2 + 2H^+ + 2e^- \rightarrow H_2O \quad (4.2)$$
$$全反応：H_2 + 1/2 O_2 \rightarrow H_2O \quad (4.3)$$

正極および負極での反応には，三つの異なる相に存在する物質が同時に関与している．例えば，負極では$H_2$（燃料ガス；気体），$H^+$イオン（電解質水溶液；液体），電子$e^-$（電極；固体）が，また，正極では$O_2$（酸化剤ガス；気体），$H^+$（電解質水溶液；液体），$e^-$（電極；固体）が関与する．すなわち，反応の場は気体，液体，固体が接触する界面である．

### 4.4.4 燃料ガス/電解質水溶液/電極三相界面

燃料電池の正負両極での反応は，三つの相が接触する界面，すなわち三相界面（three phase zone）で行われる[18)19)]．前述のように，リン酸型燃料電池の負極では次のようになる．

$$H_2（燃料ガス） \rightarrow 2H^+（電解質水溶液） + 2e^-（電極） \quad (4.4)$$

したがって，反応速度を増すためには，燃料ガス/電解質水溶液/電極三相界面をできるだけ増やす必要がある．

低温においては式(4.4)の反応は容易に進まないので，反応の促進のために触媒が用いられている．それゆえ，反応の行われる場所は，正確に言うと，触媒上の三相界面である．そのような様子を図4.7に模式的に示した．触媒はカーボンブラックに担持されPTFE（テフロン）粉末と混ぜられて多孔質層として電極の上に粘着されているので，実際の三相界面は触媒と燃料ガスと電解質水溶液によって形成されている．したがって，反応速度を増すには触媒の担持量も増やす必要がある．

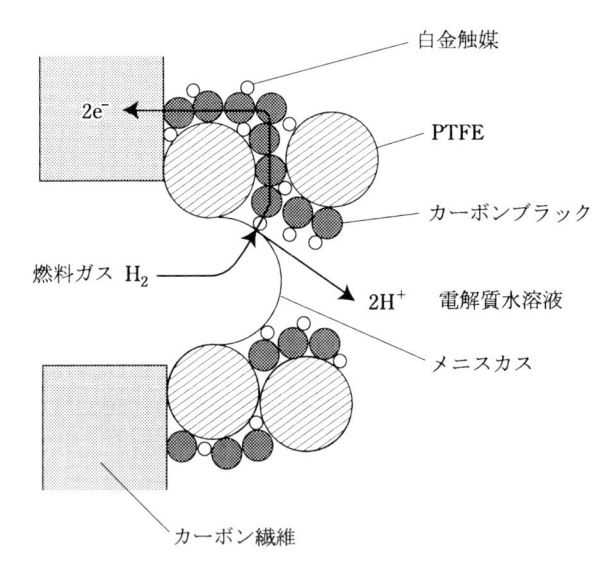

図 4.7　燃料ガス/電解質水溶液/電極系の三相界面

## 4.4.5　機能分離型電極

　通常の電極の触媒層は，Pt担持カーボンブラックとPTFE粉末を混合して形成される．このような触媒層の場合，Pt担持カーボンブラックの一部はPTFE中に埋没してしまい，Ptが触媒として有効に働かないことがある．Ptを有効に燃料ガスと電解質水溶液に曝すために，Ptを担持しないカーボンブラックとPTFE粉末の混合物（これをCB+PTFEと表示）を予め作り，これとPt担持カーボンブラック（これをPt/CBと表示）を混合して触媒層を形成することが

第4章 燃料電池の電極反応と材料

試みられている．このような触媒層では，図4.8に示すようにCB+PTFE部分が燃料ガス供給ネットワークを，また，Pt/CB部分が電解質水溶液ネットワークを構成し，少ないPt担持量で高い触媒利用率が得られることが報告されている[20]．

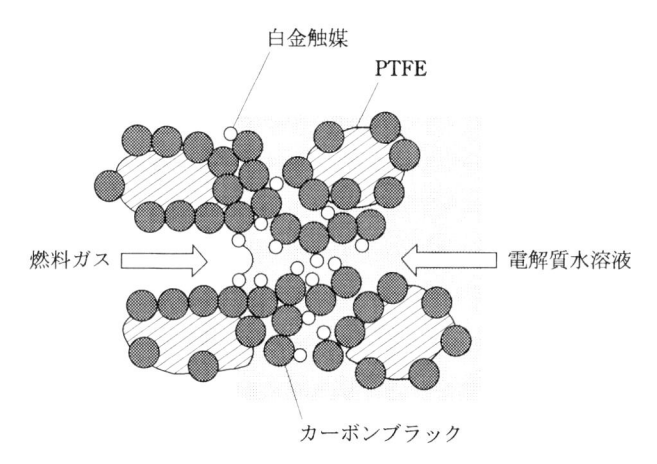

図4.8 機能分離型電極の触媒層

## 4.5 固体酸化物型燃料電池の構造と材料

### 4.5.1 構造

固体酸化物型燃料電池[21]〜[24]の単電池には，板状のものと管状のものとがある．管状単セルのスタックの例を図4.9に示した[3]．この電池はすべての部品がセラミックスであるので，支持板または管の上に各部品のセラミックスを薄層として積層することによって単電池を作製できる．各層はスラリーの焼付け，電気化学気相析出，溶射などによって形成される．図4.9の単セルは，横方向にも連結される．

電解質としては，酸化物イオン伝導性固体電解質であるイットリア安定化ジルコニア (yttria stabilized zirconia; YSZ) $[(ZrO_2)_{0.9}(Y_2O_3)_{0.1}]$ が一般に用いられている．運転温度は 1273 K (1000℃) である．燃料ガスは主として$H_2$であり，

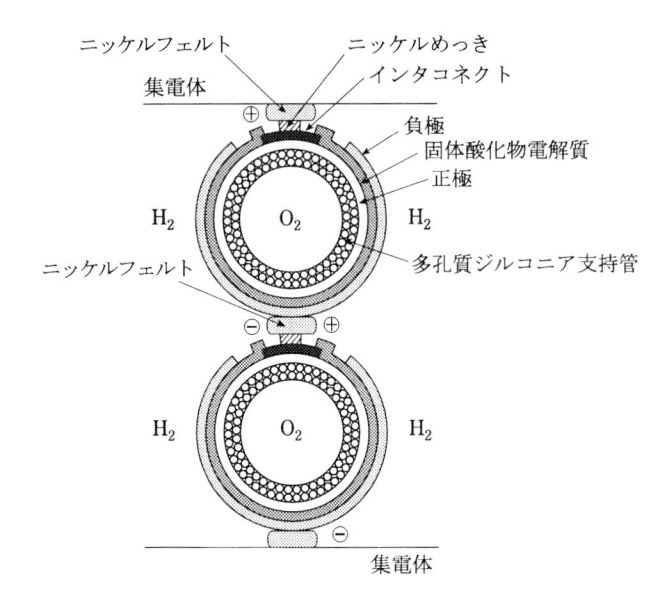

**図 4.9** 固体酸化物型燃料電池の管状単セルのスタック[3]

都市ガスなどを改質して得ている．改質ガス中のCOも燃料になる．酸化剤には空気中の$O_2$が使われている．

負極にはニッケル－ジルコニアサーメットが，また，正極には電子伝導性ペロブスカイト型酸化物であるランタンストロンチウムマンガナイト($La_{0.8}Sr_{0.2}MnO_3$)が用いられている．インタコネクト(電池間の接続子，セパレータ)には，電子伝導性のMgドープランタンクロマイト($LaCr_{0.9}Mg_{0.1}O_3$)が使用されている．

この型の電池はまだ開発段階であるが，火力発電代替を目指した大型発電装置が試作されている．また，車載電源用の小型発電装置も試作されている．

なお，この型の電池においては，作動温度を下げる試みもなされている．中温作動型の電池では，無機酸塩系などのプロトン($H^+$)伝導性固体電解質を用いることが検討されている．このような電池についても若干触れる．

### 4.5.2 起電反応

起電反応は以下のように表される[21)〜24)].

$$負極：H_2+O^{2-} \rightarrow H_2O+2e^- \quad (4.5)$$
$$+) 正極：1/2\,O_2 +2e^- \rightarrow O^{2-} \quad (4.6)$$
$$全反応：H_2+1/2\,O_2 \rightarrow H_2O \quad (4.7)$$

1273 K(1000℃)では以上の反応は速やかに進行するので,触媒は必要でない.COが燃料ガスとなるときには,次の反応が関与する.

$$負極：CO+O^{2-} \rightarrow CO_2+2e^- \quad (4.8)$$
$$+) 正極：1/2\,O_2 +2e^- \rightarrow O^{2-} \quad (4.9)$$
$$全反応：CO+1/2\,O_2 \rightarrow CO_2 \quad (4.10)$$

したがって,$H_2$とCOが同時に燃料となるときには,負極側では$H_2O$と$CO_2$が発生する.

固体電解質に$O^{2-}$イオン伝導体を用いたときの電池の構成を図4.10に示す.水($H_2O$)は,式(4.5)に示すように,負極側で発生する.$H^+$イオン伝導体を用いたときには,後述(4.5.4)するように,逆になる.

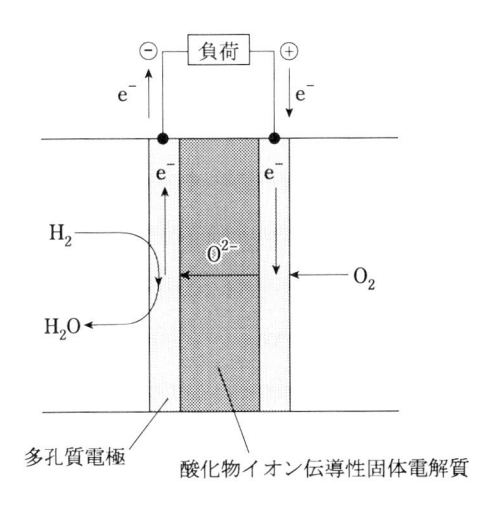

図4.10 酸化物イオン伝導性固体電解質を用いた水素-酸素燃料電池

### 4.5.3 燃料ガス/固体電解質/電極三相界面

固体酸化物型燃料電池の負極を例にとると次のようになる[24)25)].

$$H_2(燃料ガス)+O^{2-}(固体電解質) \rightarrow H_2O(排気)+2e^-(電極) \quad (4.11)$$

この場合も燃料ガス/固体電解質/電極の三相界面で反応が生じるが，電極にNi-YSZサーメットなどの電子伝導体を用いた場合と$CeO_2$-$LaO_2$固溶体などのイオン-電子混合伝導体を用いた場合とでは，少し様子が異なる．図4.11(a)および(b)にNi-YSZサーメット電極および$CeO_2$-$LaO_2$固溶体電極上での$H_2$の酸化反応(負極)をそれぞれ示した[3)]．Ni-YSZサーメット電極では$H_2$/Ni/YSZ三相界面が反応場となる．これに対して，電子伝導性と$O^{2-}$イオン伝導性を同時に示す混合伝導体電極では混合伝導体粒子の全表面が反応場となる．正孔伝導性と$O^{2-}$イオン伝導性を合わせ持つ混合伝導体電極を用いれば，$O_2$の還元反応(正極)についても同様のことが可能である．

(a)多孔質Ni-YSZサーメット電極    (b)多孔質混合伝導体電極

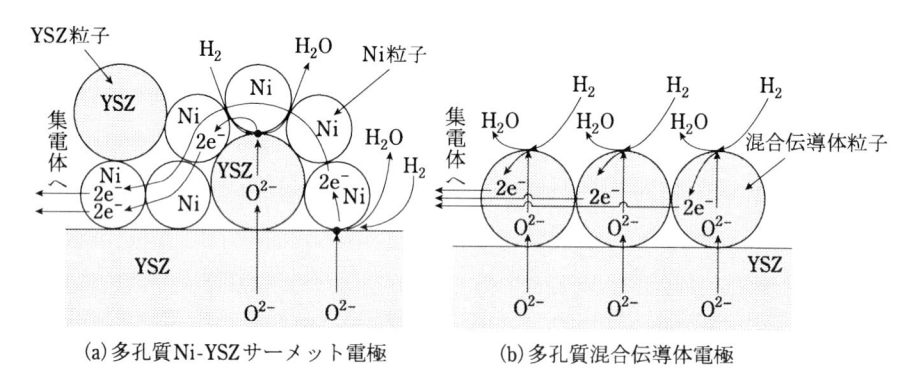

図4.11 (a) Ni-YSZサーメット電極および (b) $CeO_2$-$LaO_2$固溶体電極上での$H_2$の酸化反応[3)]

### 4.5.4 酸化物系および無機酸塩系固体電解質

固体酸化物型燃料電池用の酸化物系および無機酸塩系固体電解質とそれらの導電特性を表4.3に示した[26)〜29)]．固体の伝導にはイオン，電子，正孔が与るが，イオンの輸率が0.99以上のものを固体電解質という．燃料電池に使われる固体電解質は，イオン導電率が大きいこと，燃料ガスおよび空気中で安定であ

表4.3 酸化物系および無機酸塩系固体電解質とそれらの導電特性

| 物質の系統 | 組成 | 導電率 ($S \cdot m^{-1}$) | 温度 (K) | 伝導イオン種 |
|---|---|---|---|---|
| ジルコニア系 | $(ZrO_2)_{0.9}(Y_2O_3)_{0.1}$ | 10 | 1273 | $O^{2-}$ |
| ジルコニア系 | $(ZrO_2)_{0.87}(CaO)_{0.13}$ | 7 | 1273 | $O^{2-}$ |
| ジルコニア系 | $(ZrO_2)_{0.9}(Sc_2O_3)_{0.1}$ | 20 | 1273 | $O^{2-}$ |
| セリア系 | $(CeO_2)_{0.9}(Gd_2O_3)_{0.1}$ | 29 | 1273 | $O^{2-}$ |
| セリア系 | $(CeO_2)_{0.9}(Sm_2O_3)_{0.1}$ | 30 | 1273 | $O^{2-}$ |
| 酸化ビスマス系 | $(Bi_2O_3)_{0.75}(Y_2O_3)_{0.25}$ | 28 | 1073 | $O^{2-}$ |
| ペロブスカイト系 | $La_{0.8}Sr_{0.2}Ga_{0.8}Mg_{0.13}Ni_{0.07}O_{3-\delta}$ | 18 | 1073 | $O^{2-}$ |
| ペロブスカイト系 | $BaCe_{0.8}Y_{0.2}O_{3-\delta}$ | 7.5 | 1173 | $H^+$ |
| ペロブスカイト系 | $BaCe_{0.9}Nd_{0.1}O_{3-\delta}$ | 3.2 | 1173 | $H^+$ |
| ペロブスカイト系 | $SrCe_{0.95}Yb_{0.05}O_{3-\delta}$ | 1.0 | 1173 | $H^+$ |
| オキソ酸塩系 | $CsHSO_4/TiO(2.5:1)$複合体 | 0.05 | 453 | $H^+$ |
| ポリリン酸塩系 | $CsH_2PO_4/SiP_2O_7(1:1)$複合体 | 4.4 | 543 | $H^+$ |

ること，正負両電極およびインタコネクトと反応せずかつ熱膨張係数が合致すること，機械的強度が大きいこと，製造コストが低いこと，などを満たしていることが必要である．

上記のような固体電解質に求められる要件を総合的に良く満たしているのがイットリア安定化ジルコニア（YSZ）である．そのため，これが現在広く用いられている．しかし，YSZの使用温度は1273 K（1000℃）以上の高温域であるので，電池の起動・停止に時間がかかること，電池構成材料に耐熱材料が必要なこと，などの難点もある．そのため，中温域473～1073 K（200～800℃）で使用できる固体電解質の開発も行われている．以下に，代表的な酸化物系および無機酸塩系電解質の概要を説明する．

(1) イットリア安定化ジルコニア

ジルコニア（$ZrO_2$）の結晶構造（高温相）を図4.12に示す．陽イオンが面心立方格子を構成し，酸化物イオンが4配位サイトを全て占めている．この構造は蛍石（$CaF_2$）と類似であるので，蛍石型面心立方晶と呼ばれる．ジルコニアは2価金属（Mg, Ca）酸化物や3価金属（Y，希土類）酸化物と固溶体を作る．固溶体では$Zr^{4+}$イオンの格子位置を2価または3価の金属イオンが置換し，酸化物イオンの位置に空孔ができる．

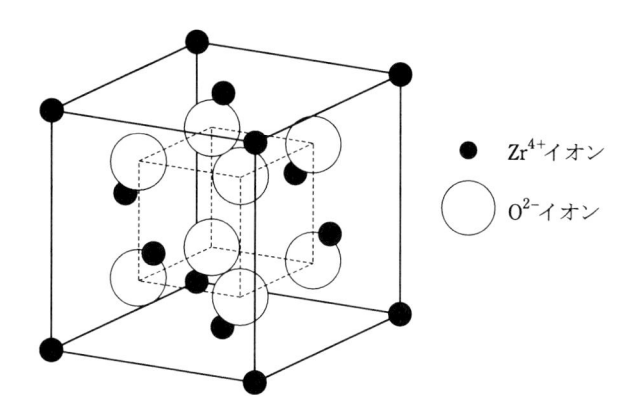

図 4.12 ジルコニア (ZrO$_2$) の蛍石型面心立方晶構造

ジルコニアは温度に応じて単斜晶 (1443 K (1170℃) 以下), 正方晶 (1443～2643 K (1170～2370℃)), 立方晶 (2643～2973 K (2370～2700℃)), 融体 (2973 K (2700℃) 以上) へと相転移を起こす. そのため, 高温で作製したジルコニアの焼結体は, 冷却過程で相転移に伴う体積変化により崩壊する可能性がある. しかし, ジルコニア固溶体はこのような相転移を起こさず, 高温相の立方晶が室温でも安定である. このような固溶体を安定化ジルコニアという. イオン導電率の高さと経済性の観点から, イットリア (Y$_2$O$_3$) で安定化するのが普通である. イオン導電率は Y$_2$O$_3$ 添加量に依存し, 約 10 mol% で最大値をとる. したがって, 通常この組成 [(ZrO$_2$)$_{0.9}$(Y$_2$O$_3$)$_{0.1}$] を利用している.

イットリア安定化ジルコニアのイオン伝導性は, Zr (4価) 酸化物中に Y (3価) 酸化物が添加されたためできた酸化物イオン (O$^{2-}$) 空格子点 (空孔) によって生じる. 結晶格子点にある O$^{2-}$ は空格子点を介して容易に移動 (酸化物イオン伝導) する. このような様子を図 4.13 に示す[3]. ジルコニアの酸化物イオン導電率は, Zr$^{4+}$ とイオン半径が近い Sc$^{3+}$ や Yb$^{3+}$ の酸化物 (Sc$_2$O$_3$, Yb$_2$O$_3$) で安定化するともっと大きくなる.

(2) セリア系固体電解質

セリア (CeO$_2$) も蛍石型結晶構造を有している. セリアは常温の結晶構造が正方晶であり, 昇温しても相変態しない. そのため, 昇降温に伴う相変態によ

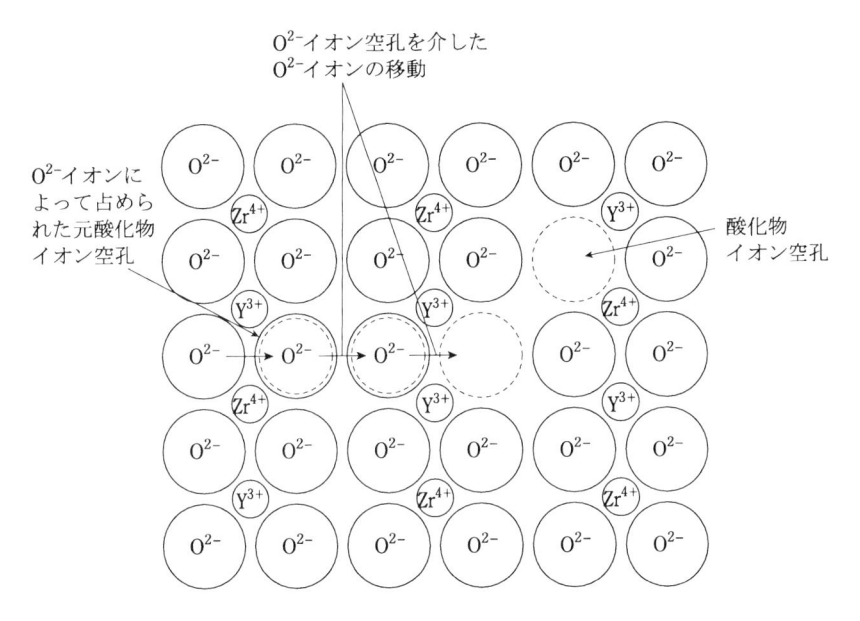

図4.13 酸化物イオン空孔を介したイオン伝導

る割れを生じない．セリアのCe$^{4+}$イオンの一部を2価または3価のカチオンで置換すると，O$^{2-}$イオン空孔を生じ，ジルコニア系固体電解質よりも高い導電率を示す．この場合，置換カチオンは結晶構造の安定化剤ではなく，導電性を高めるためのドーパントである．Sm$^{3+}$, Gd$^{3+}$などの3価カチオンを用いると高い導電率が得られる．例えば，(CeO$_2$)$_{0.9}$(Sm$_2$O$_3$)$_{0.1}$, (CeO$_2$)$_{0.9}$(Gd$_2$O$_3$)$_{0.1}$は，YSZよりも約3倍（1273 K（1000℃））高い導電率を示す．しかし，セリア系は燃料ガスによる還元性雰囲気中ではCeO$_2$が一部還元されて電子伝導性を示すようになること，および還元に伴い格子膨張を起こすこと，などの難点がある．

(3) 酸化ビスマス系固体電解質

酸化ビスマス（Bi$_2$O$_3$）も蛍石型結晶構造に属する．酸化ビスマス系固体電解質（例えば(Bi$_2$O$_3$)$_{0.75}$(Y$_2$O$_3$)$_{0.25}$)もセリア系固体電解質とほぼ同等の高いO$^{2-}$イオン導電率を示す．しかし，酸化ビスマス系は低酸素分圧下ではBi$_2$O$_3$が還元されること，融点が低く融解しやすいこと，などの短所がある．燃料ガスの還

元性雰囲気中では673 K(400℃)以下においても還元されるので，SOFCに使用することは難しい．

(4) ペロブスカイト系$O^{2-}$イオン伝導性酸化物

ペロブスカイト(perovskite)系の酸化物ランタンガレート($LaGaO_3$)のLaの一部をSrで置換し，そして，Gaの一部をMgで置換した$La_{0.8}Sr_{0.2}Ga_{0.8}Mg_{0.2}O_3$はセリア系固体電解質以上の$O^{2-}$イオン導電率を示す[30]．この酸化物は，純水素雰囲気においても耐還元性が高く，電子伝導性を示さない．873 K(600℃)においても$3 S \cdot m^{-1}$という高い$O^{2-}$イオン導電率を示すことから，中温用固体電解質としての応用が検討されている．

なお，系名のペロブスカイトは灰チタン石($CaTiO_3$)のことで，一般式$ABO_3$(Aは大カチオン，Bは小カチオン)の組成を持つ．A, Bの化学量論組成からのずれ，あるいはA, Bの原子価の違い，に応じて格子欠陥や電子欠陥を生じ，タイプの異なるイオン伝導性や電子伝導性を示す．高温超伝導体として有名なYBCO[$(Ba, Y)_3Cu_3O_{8-x}(x=0\sim 2)$]もこの系の酸化物である．

(5) ペロブスカイト系$H^+$イオン伝導性酸化物

ペロブスカイト系酸化物の中には，組成に水素を含んでいないが，格子欠陥

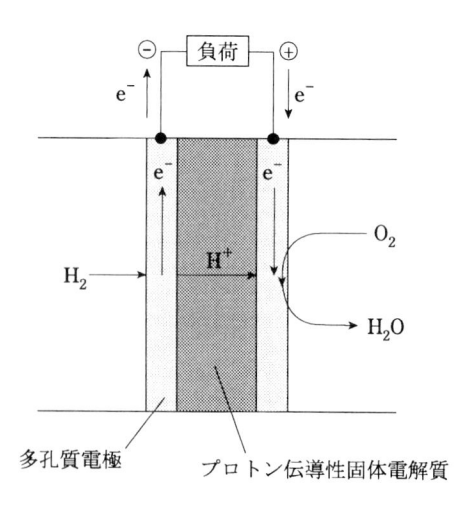

図4.14 プロトン伝導性固体電解質を用いた水素－酸素燃料電池

として水素が侵入してプロトン($H^+$)伝導性を示すものがある．このようなものとして，$BaCe_{0.8}Y_{0.2}O_3$, $BaCe_{0.9}Nd_{0.1}O_3$, $SrCe_{0.95}Yb_{0.05}O_3$ などが知られている．これらの酸化物は673～873 K(400～600℃)でも高い$H^+$イオン導電率を示す．燃料電池用電解質への応用も検討されているが，$BaCeO_3$系酸化物は温度が低いほど$CO_2$や$H_2O$(水蒸気)と反応して分解し易くなる欠点がある．このような欠点は，CeをZrやTiで置換することにより改善される．なお，$H^+$イオン伝導性酸化物を水素－酸素燃料電池の電解質膜に利用したときには，図4.14に示すように，正極側で水($H_2O$)が発生する．

### (6) オキソ酸塩系$H^+$イオン伝導体

オキソ酸塩は$MHXO_4$と表される化合物で，MがCs, $NH_4$, Rb, XがS, Se, P, Asのものが中温域の$H^+$イオン伝導体として注目されている．例えば，硫酸水素セシウム($CsHSO_4$)は，413 K(140℃)以上で単斜晶から正方晶へ相転移し，正方晶になると高いプロトン導電率を示す．プロトン伝導を示す相の中では，水素イオン$H^+$とオキソアニオン$XO_4^{2-}$が水素結合ネットワークを形成している．このネットワークの中で，$H^+$と結合した$XO_4^{2-}$, $H^+$–$XO_4^{2-}$, が回転して$XO_4^{2-}$–$H^+$になり，隣の$XO_4^{2-}$へ$H^+$を移して$H^+$–$XO_4^{2-}$になることによって$H^+$を伝導する(グロッタス機構(Grotthus mechanism))．しかし，オキソ酸塩は熱安定性が悪く，機械的強度が低い欠点がある．そのため，$TiO_2$, $SiO_2$, $Al_2O_3$などの多孔性酸化物粒子と複合して使用している．複合体になるとイオン導電率の低い低温相の導電率が二桁以上高くなることから，複合体のイオン伝導に構成相の界面相互作用が関与していることが推察されている．

### (7) ポリリン酸塩系$H^+$イオン伝導体

ポリリン酸アンモニウム$(NH_4PO_3)_n$は，503 K(230℃)以上になるとアンモニアが脱離して分解し，$H^+$イオン伝導性を示すようになる．それと同時に塩自体も軟化するので，機械的強度を高める必要がある．$NH_4PO_3$に$TiO_2$を混ぜて焼成すると$TiP_2O_7$が生成し，$TiP_2O_7$マトリックス中に$NH_4PO_3$が存在する$NH_4PO_3/TiP_2O_7$複合体ができる．この複合体は，$NH_4PO_3$と同様，503 K以上で$H^+$イオン伝導性を示す．

リン酸二水素セシウム($CsH_2PO_4$)と$SiO_2$を焼成して作った$CsH_2PO_4/SiP_2O_7$

複合体も優れたH$^+$イオン伝導を示す(ただし，CsH$_2$PO$_4$は焼成後CsH$_5$(PO$_4$)$_2$に変わるので,イオン伝導相はCsH$_5$(PO$_4$)$_2$)[31]．この複合体の導電率は，443〜553 K (170〜280℃)において1 S・m$^{-1}$以上で，543 K(270℃)で最高値4.4 S・m$^{-1}$を示す．

上記のいずれの複合体においても，マトリックスであるポリリン酸塩(MP$_2$O$_7$)の金属種(M)が変わるとイオン導電率が変わることから，伝導機構への界面相互作用の関与が示唆されている．

### 4.5.5 複合発電と排熱利用による熱効率向上

YSZを固体電解質として用いる電池は，作動温度が高い(1273 K(1000℃))ことから，複合発電と排熱利用の組み合わせによって，非常に高い総合エネルギー効率(80％以上)を得ることができる．複合発電方式の例を図4.15に示した．電池から排出される未利用燃料ガスを燃焼してガスタービン発電を行い，

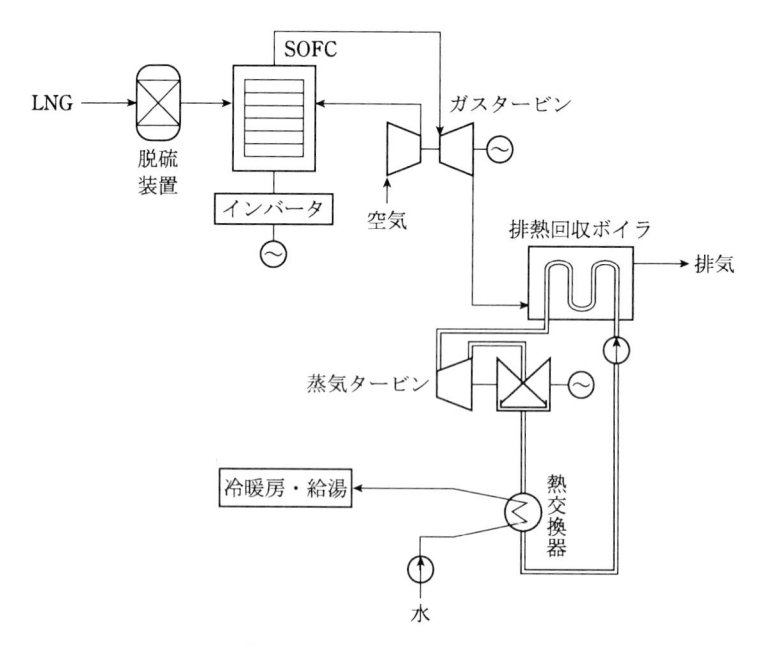

図4.15 複合発電と排熱利用を組み合わせた方式

次いでその排熱を利用して蒸気タービン発電を行い,さらにその排熱によって冷暖房と給湯を行っている.このような発電・排熱利用システムによる総合エネルギー効率の向上は,省資源の促進と地球環境問題の解決に寄与する.

### 4.5.6 中温作動固体酸化物型燃料電池

従来の固体酸化物型燃料電池の高い作動温度約1273 K(1000℃)は,電池構成部材の劣化を早め,また材料の選択を制限する.特に,金属材料の使用を著しく制限する.また,電池の始動・停止に時間がかかり,始動・停止を俊敏に行う必要のある小規模分散発電用や移動体用の電源には適さない.このため,作動温度473〜1073 K(200〜800℃)でこれらの用途にも適する中温作動固体酸化物型燃料電池の開発が行われている.

作動温度873 K(600℃)の電池では,固体電解質としてガドリニア固溶セリア($Ce_{0.8}Gd_{0.2}O_{1.9}$)が使われている.4.5.4(4)で述べたように,Sr-Mg添加ランタンガレート($La_{0.8}Sr_{0.2}$)($Ga_{0.8}Mg_{0.2}$)$O_{3-\delta}$も有望である.これにCoを添加してさらに導電率を高めたSr-Mg-Co添加ランタンガレート($La_{0.8}Sr_{0.2}$)($Ga_{0.8}Mg_{0.1}Co_{0.1}$)$O_{3-\delta}$が開発されている[32].中温度域で使用可能な酸化物イオン伝導性酸化物電解質の導電率と温度の関係を図4.16に示した[24].($La_{0.8}Sr_{0.2}$)($Ga_{0.8}Mg_{0.1}Co_{0.1}$)$O_{3-\delta}$の973 K(700℃)における導電率は,イットリア安定化ジルコニアよりも15倍位大きい.

($La_{0.8}Sr_{0.2}$)($Ga_{0.8}Mg_{0.1}Co_{0.1}$)$O_{3-\delta}$を電解質として用いた作動温度873〜1073 K(600〜800℃)の中容量分散電源用の発電モジュールが試作されている.このモジュールの発電単セルの概略を図4.17に示した[37].電解質は直径120 mm,厚さ0.2 mmの円盤状である.円盤の両側には,空気極としてSrドープサマリウムコバルタイト$Sm_{0.5}Sr_{0.5}CoO_{3-\delta}$,燃料極としてGdドープセリア$Ce_{1-x}Gd_xO_{2-\delta}$がそれぞれ接着されている.この単セルの両側に円盤状の多孔質金属集電体を取り付け,さらに集電体にフェライト系ステンレス鋼製のセパレータを取り付けて単セル発電ユニットとしている.すなわち,単セル発電ユニットは,セパレータ/集電体/単セル/集電体/セパレータという構造になっている.この単セル発電ユニットを幾つか積層してセルスタックを構成し,さらにセルスタック

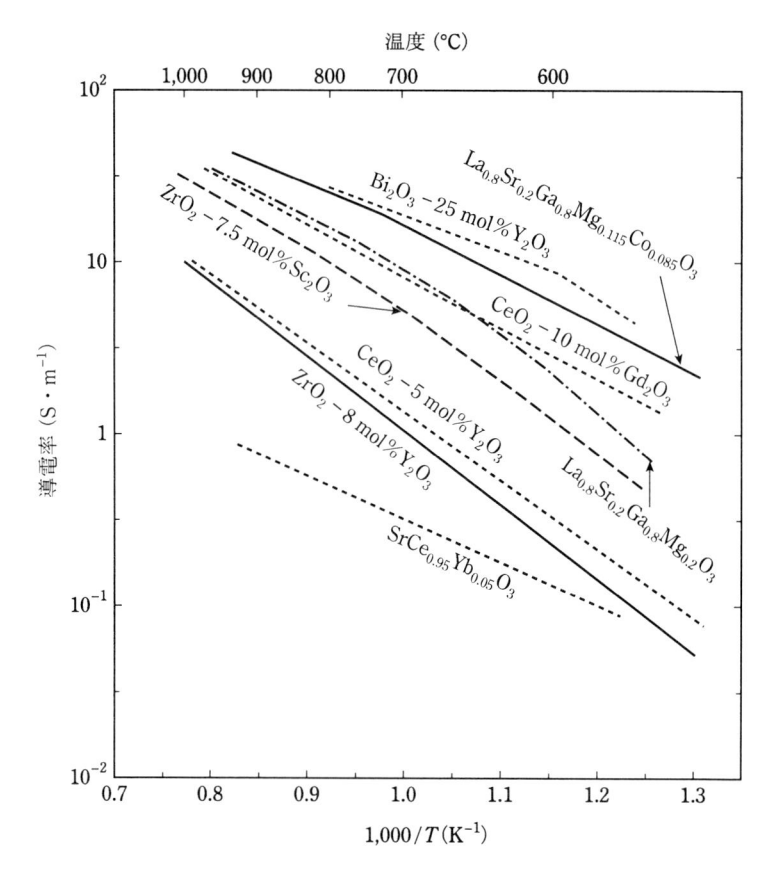

**図4.16** 酸化物イオン伝導性酸化物の導電率と温度の関係[24]

を幾つか連結して10 kWモジュールが作られている．

　中温作動固体酸化物型燃料電池は，Pt触媒が不要なこと，高価な耐熱材料が不要なこと，熱交換器が小型になること，燃料改質器が簡単なもので良いこと，などの多くの利点を持っているので今後の発展が期待される．

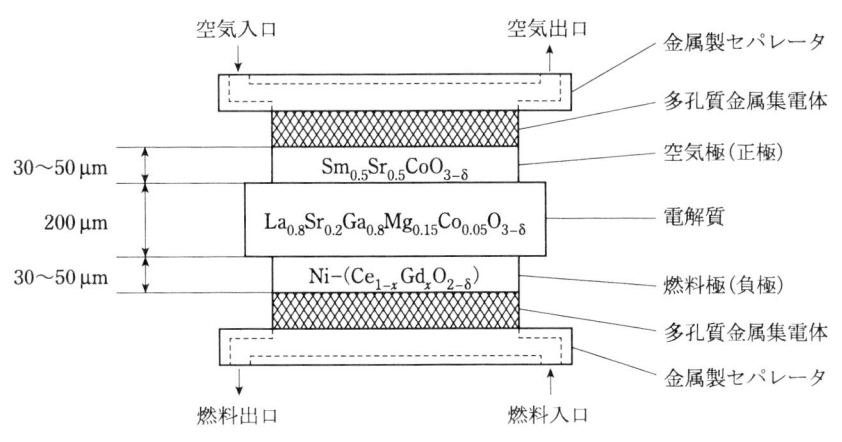

第4章 燃料電池の電極反応と材料

図4.17 $(La_{0.8}Sr_{0.2})(Ga_{0.8}Mg_{0.1}Co_{0.1})O_{3-\delta}$ を電解質として用いた発電モジュールの単セル

## 4.6 固体高分子型燃料電池の構造と材料

### 4.6.1 構造

固体高分子型燃料電池[33)~35)]の単セルの例を図4.18に示した．電池全体は単セルを複数個直列積層したスタックになっている．この型の電池では，負極・触媒層｜電解質｜触媒層・正極の部分を膜電極接合体（membrane electrode assembly; MEA）と呼んでいる．電解質にプロトン伝導性固体高分子膜（厚さ20～40 μm）が使用される．そのため，プロトン交換膜型燃料電池（proton exchange membrane fuel cell; PEMFC）とも呼ばれる．よく使用されるのはパーフルオロスルホン酸（perfluorosulfonic acid）膜で，デュポン社のナフィオン（Nafion，商品名）が有名である．燃料には都市ガス改質ガスの$H_2$が，酸化剤には空気の$O_2$が用いられる．負極は，固体高分子膜の片面にPt合金（$Pt_{35}Ru_{65}$）触媒を担持したカーボンブラックを粘着剤のフッ素樹脂（PTFE）粉末と共に塗り付け，この上にカーボン繊維を押し付けて形成する．正極は，固体高分子膜の反対側の面にPt触媒を同様にして塗り，カーボン繊維を押し付けて形成する．セパレータは，ガス流路を有するカーボン樹脂板または耐食金属板である．この電池の作動温度は273～353 K（0～80℃）である．

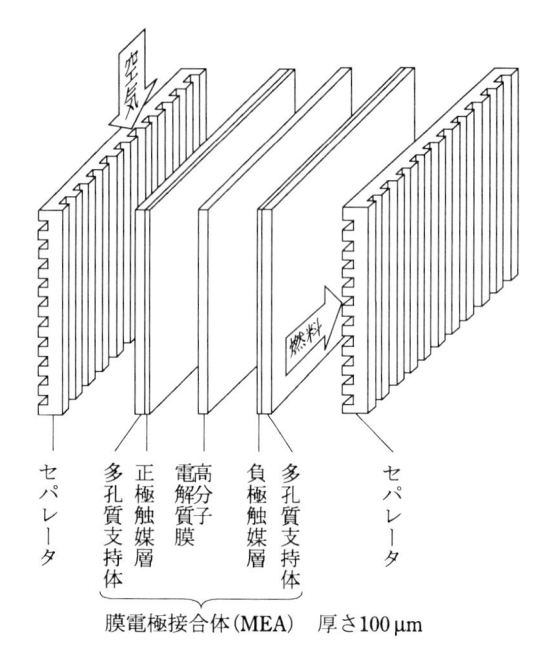

図4.18 固体高分子型燃料電池の単セルの構造

### 4.6.2 起電反応

起電反応は以下のように表すことができる[33)〜35)].

$$負極：H_2 \rightarrow 2H^+ + 2e^- \tag{4.12}$$
$$+)\ 正極：1/2O_2 + 2H^+ + 2e^- \rightarrow H_2O \tag{4.13}$$
$$全反応：H_2 + 1/2O_2 \rightarrow H_2O \tag{4.14}$$

式(4.14)の理論起電力は1.2 Vであるが，実際の電池では種々の分極による抵抗のために，単セルの作動電圧は0.7 V程度となる．

### 4.6.3 電極触媒

#### (1) 触媒物質とその粒子

高温作動燃料電池では触媒は必要ないが，低温作動燃料電池では正負両極上で水素電極反応(式(4.12))および酸素電極反応(式(4.13))を促進するためには，

触媒が必要である[36),37)]．電極反応を促進する触媒を電極触媒（electrocatalyst）という．触媒は反応物質の分子を吸着し，原子間の化学結合を弱め，化学反応を起こし易くする．多くの低温作動燃料電池では，触媒活性が大きいこと，反応ガスや電解質と反応し難いこと，などから正負両極共白金系触媒が用いられている．

　正負両極上での反応を促進するにはできるだけ触媒の表面積を大きくする必要がある．そのため，現在では，粒径10 nm以下の白金超微粉を粒径3 nmの導電性カーボン粉末に担持させている．このようにしたとき，白金の比表面積は40 $m^2 \cdot g^{-1}$位といわれている．微細分散した白金触媒も長期間使用しているうちに凝集を起こすことがある．凝集が起こると白金の比表面積が減少し反応速度が低下する．このような凝集を防ぐために，カーボンナノホーン（炭素6員環の網でできた一端が閉じたナノチューブ）の中に白金微粒子を担持させることも行われている．白金粒子（直径約2 nm）は，ナノホーン（直径数nm）の中に閉じ込められると，互いに凝集し難くなる．

## (2) 触媒上での電極反応

　リン酸型および固体高分子型燃料電池の負極での水素酸化反応の過程は次式で表される．

$$H_2 + 2M \rightarrow MH_{ads} + MH_{ads} \qquad (4.15)$$

$$MH_{ads} + MH_{ads} \rightarrow 2M + 2H^+ + 2e^- \qquad (4.16)$$

Mは電極金属を表している．添字adsは吸着状態の化学種を示している．白金の上では式(4.15)が律速段階となる．水素ガス中に不純物としてCOが存在すると，COは容易に白金表面に吸着し，式(4.15)の反応を妨げる．これが白金触媒のCO被毒である．

　上記電池の正極での酸素還元反応の過程は複雑であり色々な説がある．過酸化水素が中間生成物として関与する反応過程を一例として示す．

$$O_2 + M \rightarrow M(O_2)_{ads} \qquad (4.17)$$

$$M(O_2)_{ads} + H^+ + e^- \rightarrow M(O_2H)_{ads} \qquad (4.18)$$

$$M(O_2H)_{ads} + H^+ + e^- \rightarrow M(OH)_{ads} + M(OH)_{ads} \qquad (4.19)$$

$$M(OH)_{ads} + H^+ + e^- \rightarrow M + H_2O \qquad (4.20)$$

Mが白金（Pt）の場合，式 (4.19) が律速段階と考えられている．通常，金属電極上での酸素還元反応には大きな過電圧を必要とするので，白金の粒子サイズを小さくし，触媒担持率を高くして反応速度を大きくするようにしている．

負極では，改質ガスに混じるCOによる白金の被毒を低減するために，$Pt_{35}Ru_{65}$ 触媒が用いられている．この触媒を用いても燃料ガス中のCO濃度は10 ppm以下にする必要がある．正極では通常純白金触媒を用いているが，$Pt_3Ni$ 触媒を用いると反応速度を3倍くらい大きくできる．

正極における問題は，電池の起動/停止の繰り返しにより白金触媒の溶解が起こることである．起動によって白金の電位は酸化物還元電位へ低下し，停止によって酸化物生成電位に上昇するが，白金表面の酸化物で十分覆われていない部分から白金イオンが溶出すると考えられる[38]．溶出した白金イオンは，触媒層内にあれば，再析出し電極反応に与る．しかし，電解質膜に移行しそこで再析出するとプロトン伝導を妨げ電解質膜を劣化させる．そのため，溶出した白金イオンを触媒層内に留めるように，触媒層に金属イオン捕捉剤を添加することも行われている[e]．

### (3) 白金代替触媒

白金は高価であり，また，資源的な制約がある．固体高分子型燃料電池の普及のためには，白金使用量の低減化が必要であり，更には，白金代替触媒が求められている．白金代替触媒が検討されているのは，主として正極用の酸素還元触媒である．正極は酸化性の高い酸性環境（pH 1程度）であるので，触媒には触媒能のみならず耐食性も求められる．

正極用白金代替触媒としては，次のようなものが知られている[39]．

① 部分酸化したタンタル（Ta）またはジルコニウム（Zr）の炭窒化物：例えば，TaCNO, ZrCNOと導電剤カーボンブラック（CB）との混合物

② ナノシェル構造のカーボン：例えば，ホウ素（B），窒素（N）をドープした直径20〜30 nmの球体構造の炭素微粉末

③ ルテニウム（Ru）・セレン（Se）合金：例えば，$Ru_xFe_ySe_z$, $Ru_xCr_ySe_z$ などの合金，Se担持Ru

④ 金属錯体：例えば，コバルトフタロシアニン担持カーボン，コバルトポルフィリン担持カーボン

上記の②のナノシェル構造のカーボンとは，ナノメーターサイズの微細な球状（ナノシェル）の炭素原子の構造体で，ポリビニルコバルトフタロシアニン，鉄フタロシアニン，ポルフィリンなどを高温で炭化して作られる．これにボロンや窒素をドーピングすると，触媒活性が高くなる．この炭素触媒は，「カーボンアロイ触媒（carbon alloy catalyst）」と称されている．一般的な材料である炭素が構造次第で触媒として利用できる可能性があることから，注目を浴びている．

なお，負極用白金代替触媒としては，炭化タングステン（WC），炭化モリブデン（MoC），$Co_{0.75}Mo_{0.25}$合金などが研究されている[39]．

### 4.6.4 固体高分子電解質の種類と特徴

**(1) 種類**

固体高分子型燃料電池用の固体高分子電解質の種類と導電特性を表4.4に示した[39)45]．燃料電池用の固体高分子電解質には，イオン導電率が高いこと，化学的安定性が高いこと，燃料透過性が低いこと，耐熱性が高いこと，機械的強度が大きいこと，薄膜として使用できること，安価なこと，などが求められる．このような要求を比較的良く満たしているのがフッ素系高分子電解質のパーフルオロスルホン酸膜である．この種の膜の中で，ナフィオン（Nafion）膜（デュポン社の商品名）が代表的存在である．表4.4に見るように，ナフィオン

表4.4 固体高分子電解質の導電特性

| 高分子膜の種類 | 導電率 ($S \cdot m^{-1}$) | 温度 (K) | 相対湿度(%) | 伝導イオン種 (輸率) |
|---|---|---|---|---|
| ナフィオン 117 | 7.46 | 298 | 100 | $H^+$ (1.00) |
|  | 14 | 353 | 100 |  |
| ダウ | 26 | 293 | ($H_2O/ SO_3 H^+$) | $H^+$ (1.00) |
| フレミオン | 7.94 | 298 | (1 kmol・$m^{-3}$ $H_2SO_4$ 平衡) | $H^+$ (1.00) |
| スルホン酸ポリイミド | 30 | 293 | 100 | $H^+$ (1.00) |
| スルホン酸ポリスルホン | 17 | 293 | 100 | $H^+$ (1.00) |
| フレミオン/PTFE 細繊維 | 14 | 353 | 100 | $H^+$ (1.00) |
| （参考）$H_2SO_4$水溶液 | 68 | 291 | (濃度 40 mass%) | $H^+$ (0.84) |
| （参考）KOH 水溶液 | 54 | 291 | (濃度 30 mass%) | $OH^-$ (0.73) |

膜の導電率は，常温付近では$H_2SO_4$の11％位，KOH溶液の14％位である．

### (2) パーフルオロスルホン酸膜

　ナフィオン膜を構成するパーフルオロスルホン酸は，図4.19に示す構造式を有している．パーフルオロアルキレン基が主鎖となり，スルホン酸基($-SO_3H$)が側鎖末端に付いている．式中の添字は，ナフィオン117では，$m \geqq 1, n=2, x=5 \sim 13.5, y=1000$である．表4.4に示されている他社の製品も良く似ており，フレミオン膜（旭硝子社）では$m=0.1, n=1 \sim 5$，ダウ膜（ダウケミカル社）では$m=0, n=2$である．

$$—(CF_2CF_2)_x—(CF_2CF)_y—$$
$$(OCF_2CF)_m O(CF_2)_n-SO_3H$$
$$CF_3$$

疎水性主鎖／親水性側鎖／スルホン酸基

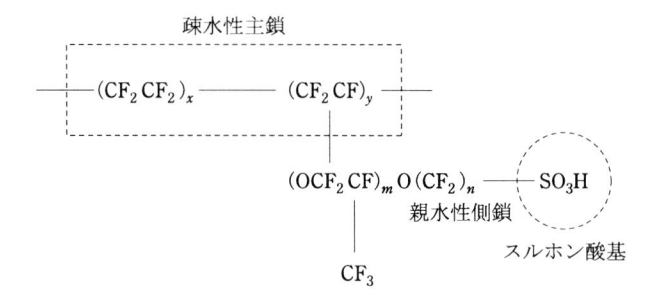

図4.19　パーフルオロスルホン酸膜の分子構造

　ナフィオン膜は柔軟であるため，薄膜化したときの寸法安定性を増すためには補強が必要である．膜の材料をPTFE多孔体シートに染み込ます方法，膜の中にPTFE細繊維を分散させる方法が行われている．これらの補強によって厚さ$20 \sim 40 \mu m$の薄膜としての使用が可能である．

### (3) 高温・無加湿膜の開発

　ナフィオン膜の使用限界温度（軟化温度）は363 K(90℃)である．もっと高い温度で使用できる膜があれば電池の出力密度を上げることが可能となり，それと同時に白金触媒のCO被毒を避けることもできる．また，ナフィオン膜はイオン伝導機構上使用中に膜内の水分が失われるので，使用中加湿する必要がある．加湿は，高温になると蒸気圧が高くなり難しくなるので，これを必要としない膜が求められている．このため，高温用無加湿膜の開発が行われている．例えば，シリカやリン酸ジルコニウムとパーフルオロスルホン酸との複合

膜は403〜413 K(130〜140℃)で，また，ポリベンズイミダゾール(PBI)にリン酸を含浸させた膜は393〜473 K(120〜200℃)で，低加湿あるいは無加湿で電池の特性が調べられている．これらの新しい膜に関しては，5.6.4でもう少し詳細に述べる．

### 4.6.5 パーフルオロスルホン酸膜の伝導機構

ナフィオン膜（パーフルオロスルホン酸膜）の分子構造は，疎水性の主鎖（パーフルオロアルキレン基）と親水性の側鎖（末端にスルホン酸基 $-SO_3H$ を付けたパーフルオロビニルエーテル基）からなっている[34)40)]．主鎖は分子の骨格を構成し，側鎖は分子内にクラスタを形成している．クラスタは図4.20に示すような球状をしており，これが1 nm位の間隔で狭いチャンネルで連結された構造をしている[41)]．クラスタは側鎖末端のスルホン酸基 $HSO_3^-$，これと対になるカチオン，およびそれらを水和する水分子からなっている．$HSO_3^-$ と対カチオンはクラスタ内に電気二重層を形成する．プロトン（正確にはhydronium ion ; $H_3O^+$）はこのような状態のクラスタ内を水溶液中とほとんど同じ機

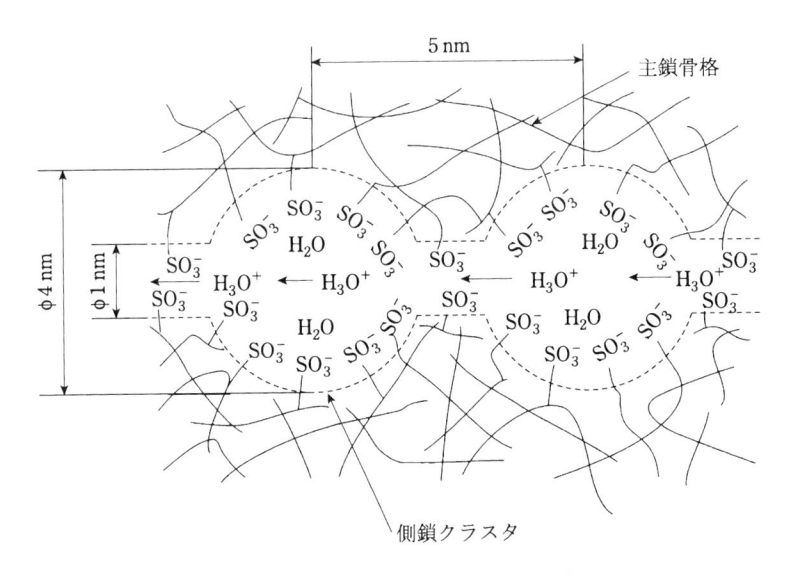

図4.20 ナフィオン膜の輸送構造モデル

構［プロトンジャンプ機構（proton-jump mechanism, グロッタス機構ともいう）：$H_3O^+$の一つの水素結合が隣接$H_2O$分子に移行して新たな$H_3O^+$となることを繰り返す$H_3O^+$の移動］で伝導する．マイナスイオンは高分子骨格に固定されて動かず，プロトンのみが移動する．このタイプの膜では，チャンネルの直径が大きく長さが短い構造ほど導電率が大きいといわれている．前述(4.6.4)のように，ナフィオンの導電率は水溶液電解質の1/10位である．

なお，ナフィオン膜中では$H^+$イオンが輸送されると同時に水も輸送される（電気浸透現象）．水の輸送量は膜を通過する電流の大きさに比例する．従って，電池の運転中にはアノード側（負極側）から膜の乾燥が起こるので，加湿する必要がある．

### 4.6.6 パーフルオロスルホン酸膜の劣化

パーフルオロスルホン酸膜の化学安定性は高く，固体高分子燃料電池の電解質膜として4万時間以上の耐久性があることが知られている．しかし，条件によっては，化学安定性が損なわれることがある．

パーフルオロスルホン酸膜は，膜を透過して$O_2$ガスがクロスリークすると膜内にラジカル（$HO_2\cdot$や$HO\cdot$）や過酸化水素（$H_2O_2$）が発生し，これらによって劣化すると考えられている（LaContiらのモデル[42]）．ラジカル$HO\cdot$によるナフィオン膜の劣化機構を図4.21に模式的に示した．この機構の概要は，以下の通りである．

負極のPt触媒粒子上に解離吸着した水素原子$H\cdot$とクロスリーク$O_2$の反応により$HO_2\cdot$ラジカルと$H_2O_2$が生成する．

$$H_2 \rightarrow 2H\cdot \tag{4.21}$$

$$H\cdot + O_2 \rightarrow HO_2\cdot \tag{4.22}$$

$$HO_2\cdot + H\cdot \rightarrow H_2O_2 \tag{4.23}$$

このとき，高分子膜中に金属イオン$M^{2+}$が存在すると，それによってラジカルの生成が促進される．

$$H_2O_2 + M^{2+} + H^+ \rightarrow M^{3+} + H_2O + HO\cdot \tag{4.24}$$

$$H_2O_2 + HO\cdot \rightarrow HO_2\cdot + H_2O \tag{4.25}$$

生成したラジカルHO·によって高分子構造の主鎖が切断される[43]．

$$Rf\text{-}CF_2COOH + HO\cdot \rightarrow Rf\text{-}CF_2 + CO_2 + H_2O \qquad (4.26)$$

$$Rf\text{-}CF_2 + HO\cdot \rightarrow Rf\text{-}COF + HF \qquad (4.27)$$

$$Rf\text{-}COF + H_2O \rightarrow Rf\text{-}COOH + HF \qquad (4.28)$$

ここで，Rfはフルオロアルキル基を表す．膜中に$Fe^{2+}$イオンが存在すると，式(4.24)の反応が著しく促進されるので危険である．

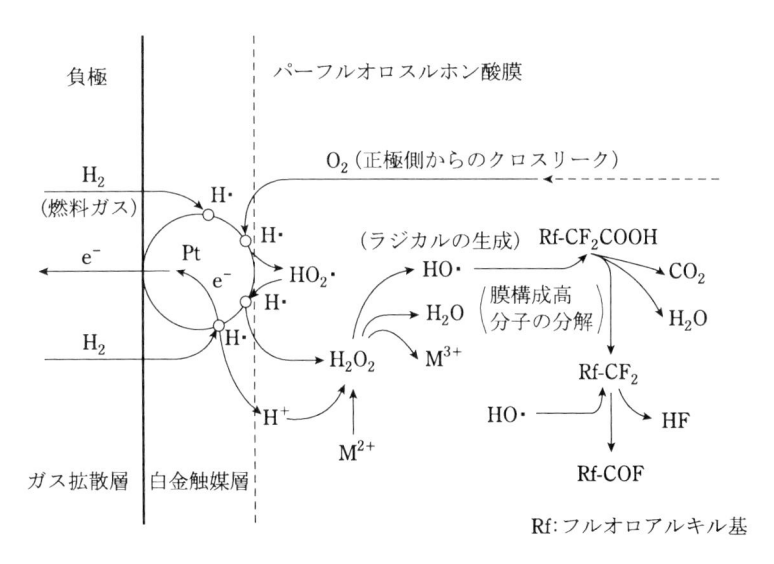

図4.21 ラジカルHO·によるナフィオン膜の劣化機構

## 4.6.7 セパレータ材料

セパレータは，セル間を電気的に接続すると同時に燃料ガス，酸化剤ガス，および冷媒の流路を形成している．また，セパレータの内部は，電池運転中熱水に接している．このため，セパレータ材料には高い加工性，高いガス遮断性，高い電気伝導性，高い耐食性が求められる．セパレータには，カーボン樹脂モールド製と耐食金属製のものがある．

### (1) カーボン樹脂モールドセパレータ

カーボン樹脂モールドセパレータは，カーボン粉末と熱硬化性樹脂(1,2-ポ

リブタジエンなど）または熱可塑性樹脂（ポリプロピレンなど）とを混ぜ，圧縮成形または射出成形して作られる．このセパレータは熱水への成分溶出が少なく，また，表裏でパターンの異なる複雑なガス流路を簡単に形成できる．しかし，機械的強度上あまり薄くすることはできない．また，樹脂は絶縁性なので，樹脂が多すぎるとカーボン粒子が覆われ，導電率が低下する．機械的強度と導電率の双方を満足するように樹脂とカーボンの割合を決めることが重要である．

### (2) 金属製セパレータ

金属製セパレータは，ステンレス鋼薄板を金型プレス加工して作られる．このセパレータは機械的強度が高く薄くできること，熱伝導性が良く低温起動時の加熱が容易なこと，作製コストが低いことなどから，移動体用電池への採用が進んでいる．ステンレス鋼は使用中に表面酸化皮膜（不働態皮膜）を形成するので，膜電極接合体との接触抵抗が大きくなる．そのため，耐食性導電粒子の析出，金膜被覆，カーボン被覆などによって接触抵抗を下げている．図4.22は，耐食性導電粒子を析出したステンレス鋼の不働態皮膜の断面のモデルを示す[44]．オーステナイト系ステンレス鋼の表面にCr, Mo, Wなどの炭化物あるいはホウ化物を析出させ，不働態皮膜を貫通してこれらの導電性化合物を皮膜上に突出させることにより，耐食性と電気的導通を確保している．金属製セパレータの場合，腐食によって金属イオンが溶出するとナフィオン膜を劣化させる恐れがあるので，耐食性向上対策は重要である．

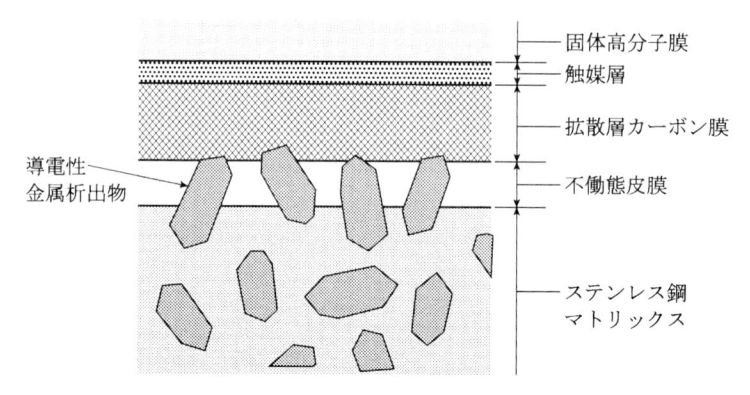

図4.22 耐食性導電粒子を析出したステンレス鋼の不働態皮膜の断面[44]

## 4.7 直接メタノール燃料電池

### 4.7.1 特徴

直接メタノール燃料電池（direct methanol fuel cell; DMFC）[45)~47)]の基本構造は，上述の固体高分子型燃料電池と同じである．メタノール（$CH_3OH$）を改質して$H_2$を含む改質ガスとはせず，$CH_3OH$を直接負極（燃料極）に供給し電気化学反応を起こさせるので「直接」の名がある．$CH_3OH$を改質して作った$H_2$を燃料ガスとする場合は，「間接」とは言わず，通常の固体高分子型燃料電池に分類されている．

本電池の大きな魅力は，非常に大きな理論エネルギー密度（22.0 MJ/kg, 17.4 GJ/$m^3$）である．これをリチウムイオン電池（負極：炭素，正極：$LiCoO_2$）の理論エネルギー密度（2.16 MJ/kg, 7.26 GJ/$m^3$）と比べると，質量エネルギー密度では10.2倍，体積エネルギー密度では2.4倍になる．これは小型軽量の電池を開発できる可能性を示唆している．ただし，現在のところ，前者の実績エネルギー密度（8.46 MJ/kg, 1.14 GJ/$m^3$）は後者の実績エネルギー密度（5.40 MJ/kg, 1.08 GJ/$m^3$）とほぼ互角である．

上述のような理論エネルギー密度が大きいことの他に，本電池の特徴として，改質器がいらず小型軽量化が可能であること，燃料容器を内蔵しておけば一次電池と同じ使い方ができること，カートリッジ等で燃料を補充すれば二次電池と同様繰り返し使用できること，などが挙げられる．そのため，消費電力の大きい携帯電子機器用の将来の電源を目指した開発が活発に行われている．

### 4.7.2 構造

直接メタノール燃料電池には，アクティブ型とパッシブ型がある．前者は燃料をポンプで，また，酸素をブロウアー（blower, 送風機）で強制的に供給するタイプであり，後者は燃料および酸素を自然供給するタイプである．可搬電気機器の電源にはアクティブ型が，そして，携帯電子機器の薄型小型電源にはパッシブ型が用いられる．パッシブ型の小型のものは，マイクロ燃料電池と呼

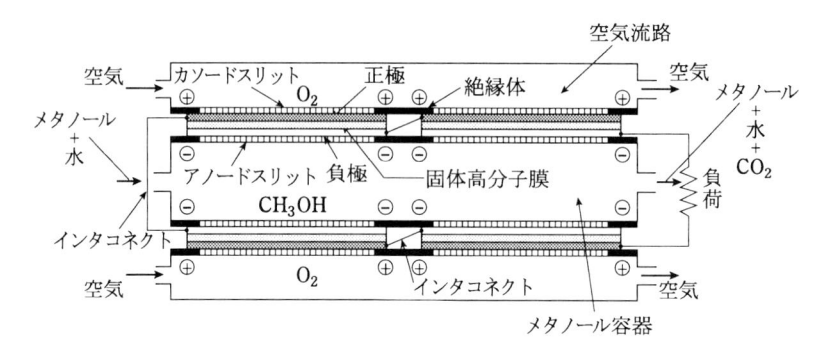

図 4.23　直接メタノール燃料電池の平面スタック[3]

ばれている．パッシブ型の電池の平面スタックの例を図4.23に示した．

電池の構造は次の通りである[45]～[47]．電解質にはナフィオン膜が用いられている．燃料には10%$CH_3OH$水溶液を用いる．酸化剤は空気中の$O_2$である．負極は，ナフィオン膜の片面に付けた$Pt_{35}Ru_{65}$合金触媒層とそれに貼り付けた炭素繊維不織布からなる．炭素繊維は，$CH_3OH$と反応生成物（$CO_2$）の拡散層である．アノードスリットは，$CH_3OH$を吸い上げるウイック（wick，灯心）を兼ねている．正極は，ナフィオン膜の反対面に付けた白金（またはPd合金）触媒層とそれに貼り付けた炭素繊維不織布である．こちらの炭素繊維は，$O_2$と反応生成物（$H_2O$）の拡散層である．セパレータは，$CH_3OH$流路またはガス流路を有する耐食被覆ステンレス鋼製である．電池の作動温度は常温である．

### 4.7.3　起電反応

起電反応は以下のように表すことができる[45]～[47]．

$$負極：CH_3OH+H_2O \rightarrow CO_2+6H^++6e^- \quad (4.29)$$
$$+）正極：3/2O_2+6H^++6e^- \rightarrow 3H_2O \quad (4.30)$$
$$全反応：CH_3OH+3/2O_2 \rightarrow CO_2+2H_2O \quad (4.31)$$

式(4.31)による起電力（298 Kの$E°$で計算）は1.214 Vである．

式(4.29)に示すように，負極での$CH_3OH$の酸化反応には水が関わっている．そのため，$CH_3OH$は水溶液の形で供給される．正極で式(4.30)により生じた

水は負極に戻される．負極でCH$_3$OHが式(4.29)によりCO$_2$にまで酸化される中間過程にはCOが関与している．そのため，負極の触媒にはCOによって被毒されにくいPt$_{35}$Ru$_{65}$合金が使用されている．

### 4.7.4 電極触媒
#### (1) 負極触媒

負極では式(4.29)によるCH$_3$OHの酸化が行われる．式(4.29)の反応速度は遅く，反応中間過程には多くの吸着中間体が関与する．CH$_3$OHがPt上で還元され，Pt上の吸着体Pt・(CO)$_{ads}$になるまでの過程を以下に示す．

$$CH_3OH + Pt \rightarrow Pt \cdot (CH_3OH)_{ads} \quad (4.32)$$
$$Pt \cdot (CH_3OH)_{ads} \rightarrow Pt \cdot (CH_2OH)_{ads} + H^+ + e^- \quad (4.33)$$
$$Pt \cdot (CH_2OH)_{ads} \rightarrow Pt \cdot (CHOH)_{ads} + H^+ + e^- \quad (4.34)$$
$$Pt \cdot (CHOH)_{ads} \rightarrow Pt \cdot (COH)_{ads} + H^+ + e^- \quad (4.35)$$
$$Pt \cdot (COH)_{ads} \rightarrow Pt \cdot (CO)_{ads} + H^+ + e^- \quad (4.36)$$

Pt・(COH)$_{ads}$，Pt・(CO)$_{ads}$で示されるCOH，COはPtの活性点に強く吸着しており，CO被毒の原因となる．したがって，負極触媒にはこのような被毒を起こしにくいものが望ましい．そのような触媒としては，Pt-Ru合金触媒が知られている．Pt-Ru合金触媒がCO被毒を起こしにくい理由は，次のように説明されている[53]．

Pt-Ru合金のRu原子上ではH$_2$Oの解離吸着が起こり，吸着OH基Ru・(OH)$_{ads}$ができる．Ru・(OH)$_{ads}$は，次式のように，合金のPt原子上に吸着しているPt・(COH)$_{ads}$やPt・(CO)$_{ads}$を酸化する．

$$Pt \cdot (CO)_{ads} + Ru \cdot (OH)_{ads} \rightarrow Pt + Ru + CO_2 + H^+ + e^- \quad (4.37)$$

このような電極反応は二元機能機構(bifunctional mechanism)[48]として知られている．このようにしてPt原子上のCOが除去されると，Pt原子の活性が回復すると考えられる．

#### (2) 正極触媒

正極では式(4.30)によるO$_2$の還元が行われる．しかし，ナフィオン膜をCH$_3$OHが透過(クロスオーバー(crossover)という)してくると，CH$_3$OHの酸

化反応が同時に起こる．このようなことが起これば，電池の起電力が低下する．そのため，従来の直接メタノール燃料電池では，次の4.7.5で述べるようにメタノールクロスオーバーが起こりにくい条件にして，正極ではPt触媒を使用している．

しかし，ナフィオン膜を使う限り$CH_3OH$のクロスオーバーは避けがたいので，正極触媒には$CH_3OH$の酸化反応を起こさないものが望まれる．$Pd_{60}Co_{40}$，$Pd_{64}Ni_{36}$，$Pd_{61}Cr_{39}$などのPd-遷移金属合金は，$O_2$還元反応には活性で$CH_3OH$酸化反応に不活性な触媒として期待されている．

### 4.7.5 電解質膜のメタノールクロスオーバー

多くの直接メタノール燃料電池には，ナフィオン膜が用いられている．しかし，ナフィオン膜には$CH_3OH$をクロスオーバーしやすいという欠点がある．ナフィオン膜のプロトン伝導には$H_2O$が伴い，$H_2O$と$CH_3OH$は相溶性であるため，$CH_3OH$のクロスオーバーは避けがたい．負極側から正極側に$CH_3OH$がクロスオーバーすると，電池の起電力が低下する．その理由は以下の通りである．

メタノールクロスオーバーによる電池の分極曲線の変化を図4.24に示した．すなわち，クロスオーバーした$CH_3OH$（濃度は低い）が正極に達すると，正極の電位は高いので，正極上で$CH_3OH$の酸化反応（式(4.29)）が生じる．すると，正極の電位は酸素還元反応（式(4.30)）との混成電位$E_c^{mix}$となり，正極の電位が低下する．そのため，電池の開回路電圧は$E_c^\circ - E_a^\circ$から$E_c^{mix} - E_a^\circ$に低下する．また，クロスオーバーが無いときの閉回路状態でのカソード電流を$i_c^{wk}$，アノード電流を$i_a^{wk}(=i_c^{wk})$とすると，閉回路状態のカソード電位は$E_c^{wk}$，アノード電位は$E_a^{wk}$であり，閉回路電圧は$E_c^{wk} - E_a^{wk}$となる．クロスオーバーが起こると，カソード電流は正極上での全還元電流の分極曲線の，$i_c^{mix,wk}(=i_c^{wk}=i_a^{wk})$となり，カソード電位は$E_c^{mix,wk}$となる．したがって，このときの閉回路電圧は$E_c^{mix,wk} - E_a^{wk}$となる．$E_c^{wk} - E_a^{wk} > E_c^{mix,wk} - E_a^{wk}$であるので，閉回路電圧も低下する．

ナフィオン膜においては$CH_3OH$水溶液の濃度が大きくなるとクロスオーバーが起こりやすくなるので，現在のところ燃料には10%$CH_3OH$程度の低濃

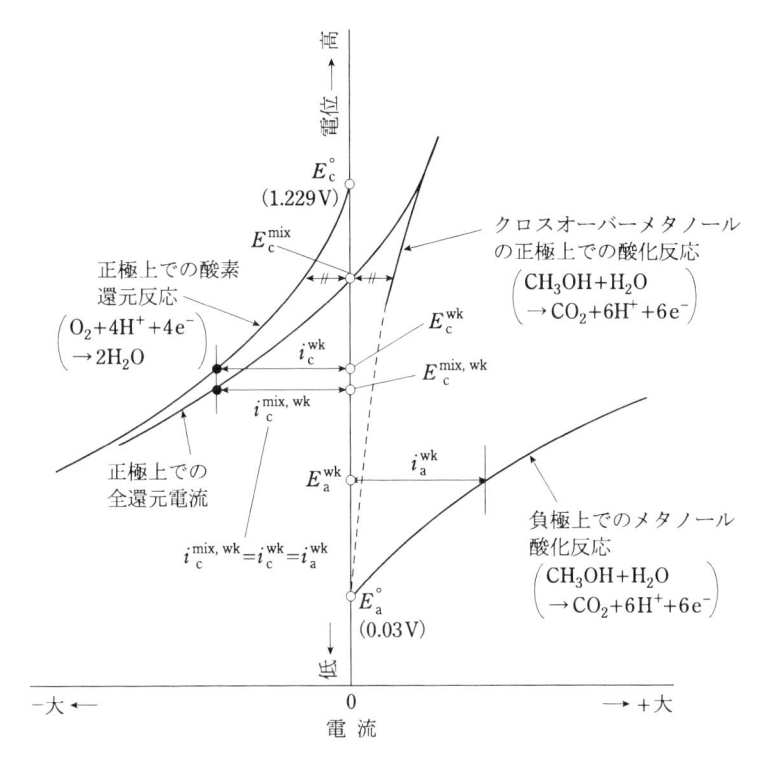

図4.24 メタノールのクロスオーバーによる電池の起電力の低下

度溶液が用いられている.

### 4.7.6 電池性能向上のための研究開発

直接メタノール燃料電池はまだ開発段階であり,電池の各部分について改良のための研究が行われている.そのうち,電解質,拡散層,触媒担体,およびセパレータに関するものを述べる[49) 50)].

**(1) 電解質の改良**

電池の出力を上げるためには,クロスオーバーが起こりにくい電解質膜が必要である.そのような膜として,

①スチレングラフト重合膜:フッ素系高分子にスチレンをグラフト重合し

た膜
②細孔フィリング膜：耐熱性ポリエチレン多孔膜にスルホン酸系高分子を充填した膜
③炭化水素系プロトン伝導性高分子膜
④フッ化物とプロトン伝導性無機材料との複合膜

などが検討されている．

### (2) 拡散層の改良

拡散層には，普通，炭素繊維不織布が使われている．炭素繊維不織布の繊維径（約5μm）と空隙は白金触媒のサイズ（数nm）に比べて大きいので，触媒が繊維から離れてしまっていることが多い．このため，炭素繊維径をnmオーダーにして触媒との電気的接触を増すようにした，カーボンナノファブリック（carbon nano-fabric, 繊維径がnmオーダーの炭素繊維不織布）が開発されている．

### (3) 触媒担体の改良

白金触媒粒子の分散性を向上させると，触媒活性度を増すことができる．このための触媒担体として，スポンジ状炭素であるカーボンエアロゲルが検討されている．カーボンエアロゲルは平均空孔径11.4 nm，空孔率50％以上，表面積約576 m$^2$/gで，これの空孔内壁に触媒粒子を担持させることが試みられている．

### (4) セパレータの改良

セパレータの燃料流路および酸素流路に金属多孔体を用い，拡散層の全面に燃料および酸素を供給する試みがなされている．金属多孔体はSUS316ステンレス鋼の球状の粉末（直径約0.4μm）を焼結して作られ，空孔率は約48％である．この多孔体を同じ材質のセパレータブロックに焼結し，全面供給型セパレータにしている．このセパレータの使用により電極への燃料および酸素の供給量が増し，最大出力密度の向上が見られている（7.9.3参照）．

## 4.8 水素の製造方法

多くの燃料電池には水素が燃料として使われる．実用的な水素製造技術に

は，都市ガス（天然ガス）改質，LPG（液化石油ガス）改質，メタノール改質，脱硫ガソリン改質，コークス炉ガス精製，アルカリ水電解などがある．このうち，工業的に大規模で行われているのは，都市ガスの水蒸気改質である．都市ガスはメタン（$CH_4$）を主成分とするガスであるので，ここではメタンの水蒸気改質法を中心に述べる．メタンのように水素を作る元になる燃料を原燃料という．

### 4.8.1　メタンの水蒸気改質

　据置式で使う小型の固体高分子型燃料電池では，市ガス配管から供給される都市ガスを水蒸気改質して水素を製造している．水蒸気改質の前に，都市ガスに含まれる硫黄化合物を除く脱硫が行われる．脱硫処理と水蒸気改質法による都市ガスからの水素製造プロセスを図4.25に示した．これらのプロセスについて述べる．

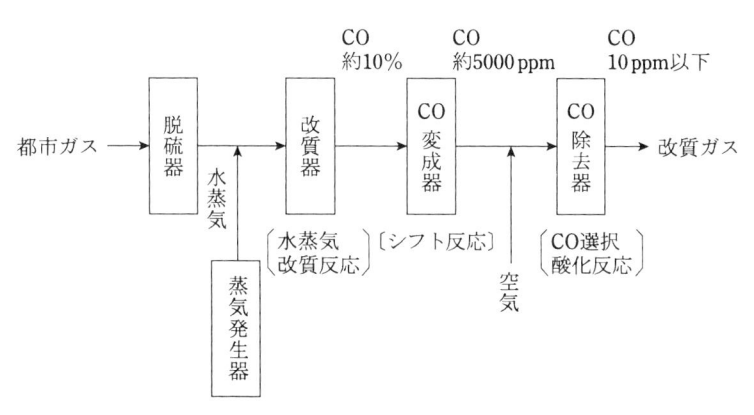

図4.25　都市ガス（$CH_4$）からの水素製造過程

### (a) 脱硫処理

　都市ガスには，ガス漏れを感知するために，有機硫黄化合物の付臭剤が添加されている．硫黄化合物は水蒸気改質に使われるNi触媒を被毒するので，改質前に脱硫処理を行う必要がある．脱硫処理では，まず，水添脱硫によって有機硫黄を硫化水素（$H_2S$）にし，続いて$H_2S$を酸化亜鉛（ZnO）に触れさせ，硫

黄を硫化亜鉛（ZnS）として吸着捕集する．

$$ZnO+H_2S \rightarrow ZnS+H_2O \tag{4.38}$$

### (b) 水蒸気改質法

脱硫処理された都市ガス（主成分$CH_4$）を水蒸気改質法（steam reforming pocess）によって水素（$H_2$）と一酸化炭素（CO）に分解する．続いて，COを水蒸気で変成して$H_2$と二酸化炭素（$CO_2$）にする．これら二つの反応によって$H_2$と$CO_2$の混合ガスを得る．始めの$CH_4$の水蒸気改質反応を式(4.39)に示した．改質には高温（973 K(700℃)以上）の水蒸気が用いられる．次の水蒸気によるCOの変成反応を式(4.40)に示した．式(4.40)は，シフト反応（shift conversion）とも称される．

$$改質反応：CH_4+H_2O \rightarrow 3H_2+CO \quad -205.95 \text{ kJ} \tag{4.39}$$

$$シフト反応：CO+H_2O \rightarrow H_2+CO_2 \quad +41.09 \text{ kJ} \tag{4.40}$$

改質器の概要を図4.26に示した．改質反応は吸熱反応であり，Ni触媒を用いて1073 K(800℃)で行われる．改質には加熱が必要であり，燃料電池のオフガスを燃焼させて加熱している．改質器の高温部分には，耐熱性の高いインコネル合金あるいはステンレス鋼が使用される．

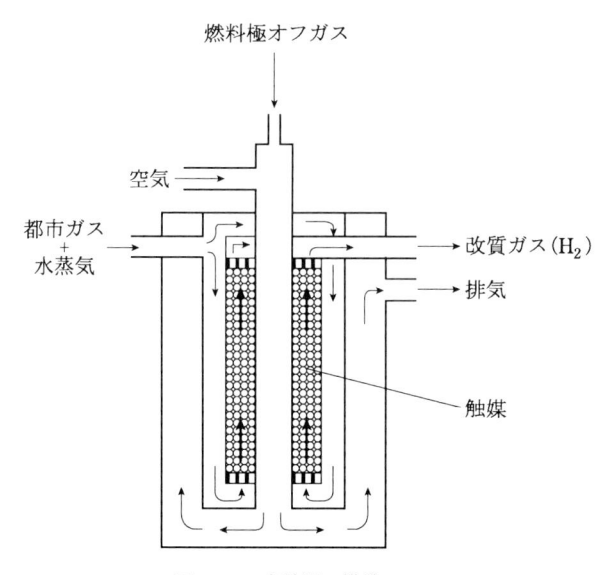

図4.26 改質器の構造

一方，シフト反応は発熱反応であり，Cu-Zn触媒を用いて473 K（200℃）で行われる．Cu-Zn触媒は装置停止時に空気が入ると酸化し易いので，起動停止の多い家庭用の固体高分子型燃料電池では酸化しにくいPt, Pdなどの貴金属触媒が用いられる．

原燃料の都市ガスは実際には$CH_4$：87.7％，$C_2H_6$：7.5％，$C_3H_8$：3.7％の混合ガスである．これを水蒸気改質すると$H_2$：75.9％，$CO_2$：17.7％，CO：6.4％の混合ガスになる．さらにシフト反応によって$H_2$：80.2％，$CO_2$：18.2％，CO：1.6％の混合ガスが得られる．

### 4.8.2 メタン以外の炭化水素化合物の水蒸気改質

都市ガスには，メタン（$CH_4$）以外に，エタン（$C_2H_6$），プロパン（$C_3H_8$）などの炭化水素化合物が含まれている．また，メタンの他にメタノール（$CH_3OH$），ジメチルエーテル（$CH_3OCH_3$，DME），ガソリン（$C_7H_{16}$）などの炭化水素化合物が水素の原燃料として考えられている．これらの炭化水素化合物（$C_nH_m$）からも，次式のように，水蒸気改質によって水素を得ることができる．

$$C_nH_m + nH_2O \rightarrow nCO + (m/2+n)H_2 \tag{4.41}$$

各化合物についての式は，その化合物の構成原子の数$m$, $n$を式(4.41)に入れればよい．

メタノールやジメチルエーテルは，硫黄化合物をほとんど含まないので，脱硫処理は必要ない．しかし，普通のガソリンは硫黄化合物を含むので，脱硫処理が必要である．ただし，水素製造の原燃料を目的にして開発された脱硫ガソリンでは，このような処理は不要である．

### 4.8.3 水素の精製技術

改質反応とシフト反応を経た都市ガスの改質ガスにも僅かながら（1.6％程度）COが残留している．COは，固体高分子型燃料電池の電極のPt触媒を被毒するので，徹底的に除去する必要がある．改質ガス中のその他の不純物ガスについても，精製技術による除去が行われている．

**(a) 選択酸化法によるCO除去**

Pt触媒やPt-Ru触媒はCOの選択吸着能が高い．これを利用してCOをPt触媒やPt-Ru触媒の上に吸着させ，$O_2$を送って酸化除去する．反応は373〜423 K（100〜150℃）で行われる．

$$CO + 1/2 O_2 \rightarrow CO_2 \qquad (4.42)$$

Pt-Ru触媒では，Ruが雰囲気中の$H_2O$分子からOH基を取り込み，このOH基によってPt上のCOを酸化する．選択酸化法によってCO濃度は10 ppm以下になる．

### (b) 圧力変動吸着法による不純物ガスの除去

　吸着剤に吸着する各種ガスの吸着量は，ガスの圧力によって変化する．例えば，同じ圧力下での吸着量は，$CO_2 > CH_2 > CO > N_2 > H_2$の順に小さくなる．すなわち，$H_2$の吸着量の圧力依存性は小さいが，他のガスの圧力依存性は大きい．また，$H_2$の吸着量自体も極めて小さい．この性質を利用して，吸着剤を充填した吸着塔内で不純物ガスを含む水素ガスの圧力をサイクル的に上昇－下降させ，高圧時に不純物成分を吸着させ，低圧時に吸着物を脱着して除去する．この方法は，圧力変動吸着法（pressure swing adsorption）と呼ばれる．5N（99.999％）から6N（99.9999％）の純度の水素ガスを作ることができる．

### (c) 膜分離法

　ポリアミド，ポリイミド，ポリスルホンなどの高分子膜，パラジウム（Pd），Pd-Ag合金などの金属膜の中での水素の拡散係数は，他の元素の拡散係数に比べて著しく大きい．そのため，水素はこれらの膜を選択的に透過する．

　高分子膜では，水素分子が高分子鎖の隙間を通過する．そのため，水素の選択透過率はそれほど高くなく，得られる水素の純度は2N（99％）程度である．金属膜では，水素ガスは金属表面で水素原子に解離し，水素原子が金属の結晶格子間を通過する．そのため，金属膜の水素選択透過率は高く，9N（99.9999999％）の高純度水素が得られる．

　金属膜による膜分離法の概要を図4.27に示した．すなわち，膜で仕切った二つのガス室の一方の室に加圧した不純水素ガスを入れ，もう一方の室を低圧にして不純水素ガスの水素のみを膜中を透過させ，低圧室に高純度水素を得る．処理温度は約673 K（400℃）である．

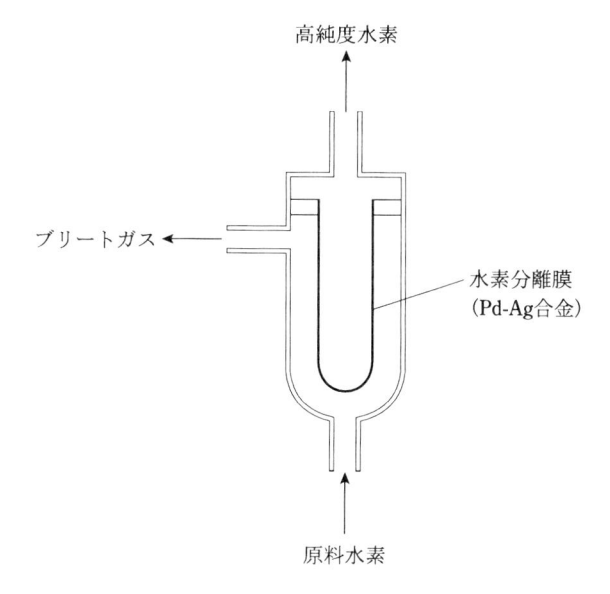

第4章 燃料電池の電極反応と材料

図4.27 金属膜による膜分離法

## 4.9 水素の貯蔵方法

水素の貯蔵および輸送については，水素の物性を考慮する必要がある．ここでは，まず，水素の性質について述べ，続いて現在実用されている貯蔵方法および研究開発中の貯蔵方法について説明する．

### 4.9.1 水素の性質

水素は，融点14 K(-259℃)，沸点20 K(-253℃)，臨界温度33 K(-240℃)，臨界圧力1.28 MPa (12.6 atm)，気体密度0.0899 kg/m$^3$ (273 K, 0.101 MPa)，液体密度70.8 kg/m$^3$ (20 K)，という性質を持っている．融点以下では固体，融点から沸点までは液体，沸点以上では気体になる．常温・常圧(298 K, 0.101 MPa)下では，気体である．臨界温度および臨界圧力より温度・圧力が共に高いときには，超臨界流体になる．

水素ガス，天然ガス，液化水素，ガソリンの体積エネルギー密度と質量エネ

ルギー密度を表4.5に示した（表中のHHV基準については7.7.2 (1) 参照）．水素ガスは，体積エネルギー密度が小さく，質量エネルギー密度が大きいことが分かる．水素ガスの体積エネルギー密度はガソリンの約1/3000，液化水素でもガソリンの約1/3.5である．このことは，車載燃料容器のように容器の体積が制限されるときには，水素ガスはできるだけ圧縮して貯蔵しなければ他の燃料に比べて不利になる．一方，水素の質量エネルギー密度は大きいので，貯蔵が質量で制限されるときには，水素は他の燃料よりも有利になる．

表4.5 各種燃料の燃焼熱（体積エネルギー密度と質量エネルギー密度）

| 燃 料 | 燃焼熱（HHV 基準） | |
|---|---|---|
| | MJ/m$^3$ | MJ/kg |
| 水素ガス | 11.9 | 142 |
| 天然ガス | 39 | 54.5 |
| 液化水素 | 10070 | 142 |
| ガソリン | 34600 | 49 |

水素は常温では反応性が低いが，温度が高くなると他の物質と激しく反応する．特に酸素とは823 K (550℃) 以上で酸水素爆鳴気反応を起こす．爆発限界濃度は4.0〜74.2％であり，他の可燃性ガスに比べると濃度範囲が広いので（例えばメタンは5.0〜15.0％），ガス漏れには注意しなければならない．水素は無色無臭であり，視覚，嗅覚では分からない．検知には水素センサーを用いる．

### 4.9.2 圧縮ガスによる貯蔵

水素ガスを圧縮して高圧タンクに貯蔵する方法である．この方法は最も経済的であることと燃料電池の負荷変動に対する応答性が良いことから，最近開発中の燃料電池自動車にはこの方法が採用されている（5.6.5 (1) 参照）．燃料電池自動車の高圧タンクには，最高充填圧力が35 MPaのものと70 MPaのものがある．35 MPaタンクは実用に近い段階にあるが，70 MPaタンクは開発段階である．車載用の高圧タンクは，軽量化のため，アルミニウム製ライナー容器をガラス繊維や炭素繊維で巻いて強化し，その上に樹脂加工した構造になってい

る(図5.13参照).なお,圧力35 MPa, 70 MPaでは,水素は超臨界流体になっている.

### 4.9.3 液化水素による貯蔵

液化水素にして極低温タンクに貯蔵する方法である.常圧(0.101 MPa)下では,水素は20 K以下に冷却すれば液化する.液化水素は,通常,20 Kの極低温に保って貯蔵されている.貯蔵には断熱性の高いタンクが必要であり,宇宙センターなどに設置されているタンクでは,パーライト充填真空断熱方式の二重殻球状構造が採られている.しかし,断熱性の高いタンクであっても,ごく僅かな熱の侵入があり,温度が上昇する.これを防ぐため,貯蔵タンクでは,液化水素の一部を蒸発させ,蒸発潜熱により極低温を保っている.したがって,貯蔵している水素は絶えず失われる(貯蔵量の4%/日程度).失われる水素の量は貯蔵容器の表面積に比例するので,容器を大きくして体積に比べて表面積を小さくすれば,失われる水素の量は少なくなる.それゆえ,液化水素貯蔵は大量貯蔵に向いている.

### 4.9.4 水素吸蔵合金による貯蔵

水素吸蔵合金に吸収させてこれを入れた容器に貯蔵する方法である.水素貯蔵に使われる水素吸蔵合金には,水素吸蔵量が大きいこと,水素平衡圧力が適当であること,表面が不活性化しないこと,耐微粉化性が大きいこと,などが必要である(3.5.4, 3.5.5参照).

水素吸蔵合金には,La-Ni系,Ti-Fe系,Mg-Ni系,Ti-Cr-V系の合金がある.また,水素化物形成金属にV, Ti, Mg, Liなどがある.これらの金属・合金の水素吸蔵量と水素放出圧力・温度を表4.6に示す[51)52)]. $LaNi_5$ を始めとするLa-Ni系合金はニッケル・水素電池の負極に使用されているが,水素貯蔵を目的とするときには水素吸蔵量が小さい.Ti-Cr-V系は常温常圧付近で水素吸蔵・放出を行わせることができ,しかも吸蔵・放出量が大きい.しかし,常温常圧付近では,全量放出させることができない.Mgおよびその合金は,水素吸蔵量は大きいが,573 K(300℃)以上でないと放出しない難点がある.

表 4.6 代表的水素吸蔵合金と水素化物形成金属の水素吸蔵量と水素放出温度

| 水素吸蔵合金 ||| 水素化物形成金属 |||
|---|---|---|---|---|---|
| 合 金 | 水素吸蔵量 (mass%) | 水素放出温度 (K (℃)) | 金 属 (水素化物) | 水素吸蔵量* (mass%) | 水素放出温度 (K (℃)) |
| LaNi$_5$ | 1.3 | 313 (40) | V (VH$_2$) | 3.9 | 293 (20)** |
| TiFe | 2.0 | 313 (40) | Ti (TiH$_2$) | 4.1 | 973 (700) |
| Mg$_2$Ni | 3.6 | 573 (300) | Mg (MgH$_2$) | 8.2 | 563 (290) |
| Ti-Cr-V | 3.8 | 313 (40)** | Li (LiH) | 14.4 | 1173 (900) |

\* 水素/金属 比
\*\* 部分放出（完全放出にはもっと高温が必要）

表4.6に見るように，Mgの水素吸蔵量は大きいので，Mgは将来有望な水素吸蔵材料になり得る．そのために，水素放出温度を低下させる試みがなされている．水素放出温度が高いのは，金属中の原子状水素が金属表面で再結合して分子状水素になる反応（H+H→H$_2$）の触媒能が低いためであり，触媒能の高い金属の合金化あるいは被覆が有望と考えられている．MgH$_2$の表面にNiナノ粒子を被覆すると，373 K (100℃)で6.5 mass%の水素を吸収し，423〜523 K (150〜250℃)でその水素を放出する[b]．

水素吸蔵合金は，常温付近で水素圧を平衡圧よりも高くすると水素を吸収し，加熱して温度を高くするか平衡圧よりも低くすれば水素を放出する．水素は合金中では原子状態（プロチウム (protium), H）になっており，合金の金属格子の隙間に捉えられている．合金は加熱さえしなければ水素を出さないので安全性が高い．しかし，水素の吸蔵量は普通合金質量の2〜3 mass%であるので，大量の水素を貯蔵しようとすると貯蔵容器の質量が大きくなる．少量の水素を安全に貯蔵/運搬するには水素吸蔵合金は便利であり，水素吸蔵合金を充填した小型のカートリッジが開発されている．

### 4.9.5 有機ハイドライドによる貯蔵

有機ハイドライドにしてこれを入れた容器に貯蔵する方法である．ベンゼン，ナフタレン，トルエンなどは，Pt触媒存在下398 K (125℃)付近で水素と反応させると，水素を共有結合として取り込んだ有機ハイドライドが生成する（ベンゼン+H$_2$→シクロヘキサン，ナフタレン+H$_2$→デカリン，トルエン+H$_2$

→メチルシクロヘキサン)．逆に，有機ハイドライドをPt触媒存在下で573 K (300℃) 付近に加熱すると原料物質と水素に戻る．原料物質と水素を分離すれば，水素が得られる．有機ハイドライドは液体であるので，運搬や貯蔵に向いている．水素吸蔵合金より軽いので，水素貯蔵の有望な技術と思われるが，まだ研究開発段階である．

### 4.9.6 ナノ構造炭素材料による貯蔵

カーボンナノチューブ，グラファイトナノファイバー，ナノ構造化グラファイトなどのナノ構造炭素材料に水素を吸着させて貯蔵する方法である．ナノ構造炭素材料は構造・組織の表面あるいは内部にナノ間隙欠陥を多数持っており，このナノ間隙欠陥サイトに分子状または原子状水素が弱くトラップされると推定されている．ナノ構造炭素材料の水素吸蔵量は大きく，例えば，ナノ構造化グラファイトは7.4 mass％に及ぶ水素を吸蔵する[f]．水素放出温度は523 K (250℃) 以上であり，少し高い．ナノ構造炭素材料は軽量であるので，将来有望な水素貯蔵材料になる可能性がある．

### 4.9.7 リチウム窒素複合材料による貯蔵

リチウムアミド ($LiNH_2$) と水素化リチウム (LiH) を原料にしてボールミリング法で作製したナノ組織のリチウム窒素複合材料は，453 K (180℃) で6 mass％の水素を吸蔵し，493 K (220℃) に加熱すると水素を放出する ($LiNH_2+LiH \rightleftarrows Li_2NH+H_2$)[f]．この材料の水素吸蔵・放出反応は可逆的でかつ速やかであるので，水素貯蔵材料として注目されている．水素吸蔵・放出反応の温度がやや高い点は改善の要がある．

### 地球環境問題対策における電池の役割

　地球温暖化をはじめとする深刻な地球環境問題は，人類が化石燃料を大量に使用することから起こっている．この問題を解決するには，化石燃料の消費量を減らす必要がある[53]．化石燃料の消費を減らす対策としては，図4.28に示すように，以下の事項が考えられている．多くの事項において，電池の利用が重要なポイントになっている．

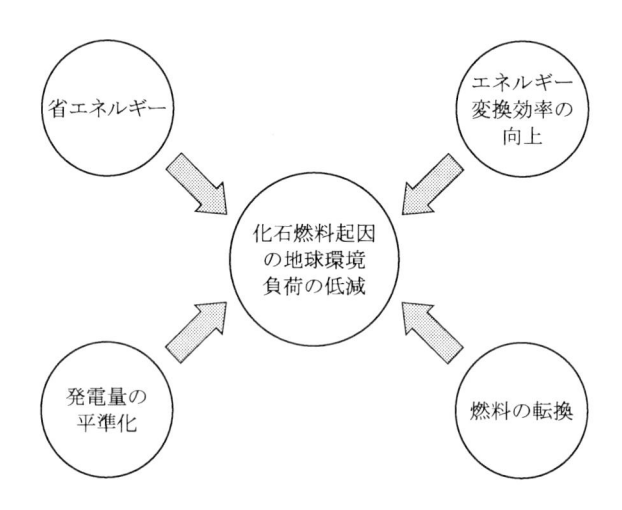

図4.28　化石燃料の消費を減らす対策

(1) 省エネルギー

　従来のエネルギー消費の何割かを削減することである．このためには，従来使っていた輸送機器，電気機器，生産設備の一部を使用停止にしなければならない．明らかに無駄なエネルギー消費を省くことは，環境および資源の保全にとって基本的に大切なことである．まずこのための努力をした後で，エネルギー使用効率の向上に努めることが望ましい．

(2) エネルギー変換効率の向上

　化石燃料の化学エネルギーを電気エネルギーに変換する際の変換効率を高め，化石燃料の消費を減らすことである．化石燃料を燃やす火力発電では，燃料の化学エネルギー→水蒸気の運動エネルギー→タービンの回転エネルギー→電気エネルギーというように，複雑な変換過程を経るためエネルギーの損

失が多い．これに対して，燃料電池による発電では，化学エネルギー→電気エネルギーへと直接変換でき，エネルギーの損失が少ない．
(3) 発電量の平準化

一旦何らかの方法で起こした電気を有効に使い，化石燃料の消費を減らすことである．現在の発電所の発電量は，昼間の最大消費電力量に合わせているが，夜間の電力使用量は低いため，かなり無駄な量の発電のために燃料が消費されることになる．これを平均発電量と平均消費電力量が等しくなるように電力を平準化できれば，燃料消費を大きく減らすことができる．夜間の発電量のうち無駄の部分を二次電池に蓄えておくことが考えられている．
(4) 燃料の転換

燃料を化石燃料から他の燃料に切り換えることである．現在，化石燃料の消費の大きな部分を自動車が占めているが，自動車の電源を二次電池あるいは燃料電池に換え，電気モーター駆動の電気自動車にすれば，$CO_2$ や大気汚染物質排出の問題は大きく改善される．

## 参考文献

1) 杉本克久：金属, **79** (2009), 74
2) 杉本克久：金属, **78** (2008), 817
3) 杉本克久：材料電子化学（改訂），日本金属学会, (2006), p.1
4) 杉本克久：まてりあ, **46** (2007), 744
5) 吉澤四郎監修：新訂版 新しい電池，東京電機大学出版局, (1978), p.153
6) 小澤丈夫，野崎 健：燃料電池とその応用，オーム社, (1981), p.55
7) 竹原善一郎：電池－その化学と材料，大日本図書, (1988), p.69
8) 池田宏之助：電池の進化とエレクトロニクス，工業調査会, (1993), p.215
9) 曽根理嗣，上野三司，桑島三郎：Electrochemistry, **70** (2002), 705
10) 電気学会・燃料電池発電次世代システム技術調査専門委員会編：燃料電池の技術，オーム社, (2002), p.1
11) 燃料電池 NPO 法人 PEM-DREAM：図解入門 よくわかる 最新燃料電池の基本と動向，秀和システム, (2004), p.69
12) 本間琢也：燃料電池入門講座，電波新聞社, (2005), p.16
13) 工藤徹一，山本 治，岩原弘育：燃料電池－熱力学から学ぶ基礎と開発の実際技術，内田老鶴圃, (2005), p.1
14) 小澤丈夫，野崎 健：文献 6), p.55
15) 池田宏之助：電池の進化とエレクトロニクス，工業調査会, (1993), p.215

16) 電気化学協会編：先端電気化学，丸善, (1994), p.35
17) 岡野一清：Electrochemistory, **58** (1990), 886
18) 吉澤四郎監修：文献 5), p.157
19) 小澤丈夫，野崎 健：文献 6), p.67
20) M. Watanabe, M. Tozawa and S. Motoo: J. Electroanal. Chem., **183** (1985), 391
21) 田川博章：固体酸化物燃料電池と地球環境，アグネ承風社, (1998), p.111.
22) 電気学会・燃料電池発電次世代システム技術調査専門委員会編：文献 10), p.183
23) 工藤徹一，山本治，岩原弘育：文献 13), p.155
24) 土器屋正之：新型電池の材料化学，日本化学会編，季刊 化学総説 No. 49，学会出版センター, (2001), p.196
25) 工藤徹一，山本 治，岩原弘育：文献 13), p.166
26) 工藤徹一，山本 治，岩原弘育：文献 13), p.156
27) 田川博章：文献 21), p.132
28) 工藤徹一，笛木和雄：固体アイオニクス，講談社サイエンティフィク, (1986), p.51
29) 岩原弘育：Electrochemistry, **69** (2001), 788.
30) T. Ishihara, H. Matsuda and Y. Takita: Solid State Ionics, **79** (1995), 147
31) T. Matsui, T. Kukino, R. Kikuchi and K. Eguchi: J. Electrochem. Soc., **153** (2006), A339
32) 江藤浩之：工業材料，**57**, [9] (2009), 55
33) 電気学会・燃料電池発電次世代システム技術調査専門委員会編：文献 10), p.55
34) 工藤徹一，山本 治，岩原弘育：文献 13), p.192
35) 日本化学会編：実力養成化学スクール 4- 燃料電池，丸善, (2005), p.25, p.57, p.167
36) 工藤徹一，山本 治，岩原弘育：文献 13), p.120, p.198, p.212
37) 日本化学会編：文献 35), p.40, p.119.
38) 西方 篤，菅原 優，馬場 智，水流 徹：材料と環境2006，腐食防食協会, (2006), p.131
39) 宮田清蔵：燃料電池用白金代替触媒の研究開発動向，NEDO海外レポート, No.1015, 2008.1.23
40) 吉武 優：文献 24), p.183.
41) T. D. Gierke, G. E. Mumm and F. C. Wilson: J. Polym. Sci., **19** (1981), 1687
42) A. B. LaConti, M. Hamadan and R. C. McDonald: Handbook of Fuel Cells, H. A. Gasteiger, A. Lamm, Editors, Vol. 3, Joh Wiley & Sons, New York, (2003), p.648
43) 吉武 優：燃料電池材料，環境調和型新材料シリーズ，日本セラミック協会編，日刊工業新聞社, (2007), p.73
44) 樽谷芳男，花尾方史，小川和博，浜田龍次，花園太策：まてりあ，**48** (2009), 23
45) 工藤徹一，山本 治，岩原弘育：文献 13), p.207
46) 日本化学会編：文献 35), p.113.
47) 渡辺政廣：文献 24), p.167.

48) M. Watanabe and S. Motoo: J. Electroanal. Chem., **60** (1975), 267
49) 小山俊樹：工業材料, **57**, [9] (2009), 50
50) 首藤登志夫：工業材料, **57**, [9] (2009), 36
51) 東馬秀夫：まてりあ, **38** (1999), 493
52) 栗山信宏：まてりあ, **39** (2000), 365
53) 田川博章：文献 21), p.18

**参照情報**
a) http://www.fujielectric.co.jp/about/news/08082501/index.html
b) http://www.osakagas.co.jp/rd/sheet/206.html
c) http://www2.toyota.co.jp/jp/tech/environment/fchv/pdf/p03.pdf
d) http://panasonic.co.jp/corp/official.data/data.dir/jn091225-2/jn091225-2.html
e) http://www.maxell.co.jp/jpn/news/2007/news071108.html
f) http://www.hiroshima-u.ac.jp/gakujutsu/kenkyu/hydrogen/index.html

# 第5章 電気モーター駆動自動車の電池システム

## 5.1 自動車用電池と携帯機器用電池の違い

　$CO_2$ガスによる地球温暖化の深刻化,原油の価格高騰や供給量の将来不安,などの環境問題や経済問題への一つの対応策として,電気モーター駆動自動車の開発が急がれている.電気モーター駆動自動車には電源として二次電池や燃料電池が搭載される.電気モーター駆動自動車用の二次電池や燃料電池には,携帯式の小型民生機器用二次電池や据え置き式で家庭や事業所で使われる燃料電池とは違った性能が要求され,それに伴って電池に使われる材料も違っている.一番大きな違いは,自動車は大量生産されるので資源的に豊かな原料からの材料であること,電池の人と社会にたいする安全性が確保される材料であること,電池の価格が市場に受け入れられる範囲になる材料であること,自動車の過酷な使用条件下で電池の耐久性が確保される材料であること,などである.自動車用電池は大きな分野を形成すると考えられるので,上述の観点からこの種の電池とその材料の現状を通覧する.

## 5.2 電気モーター駆動自動車

　電気モーター駆動自動車にはどのような種類があるか,また,それらの自動車が今なぜ社会から求められているか,その概要を述べる.

### 5.2.1 電気モーター駆動自動車の種類

　電気モーターを動力源とする自動車は,総称的にいえば電気自動車(electric

vehicle：EV) であるが，電気モーターのみを動力源にしているか，電気モーターと内燃機関（エンジン）を併用しているか，さらに主電源の電池が二次電池であるか燃料電池であるかによって分類されている．すなわち，以下の三種類がある．

(1) 電気自動車 (pure electric vehicle：PEV)
　電気モーターを動力源とし，電源には二次電池を用いているもの．
(2) ハイブリッド自動車 (hybrid electric vehicle：HEV)
　電気モーターと内燃機関（エンジン）を併用し，電源には二次電池を用いているもの．
(3) 燃料電池自動車 (fuel cell vehicle：FCV)
　電気モーターを動力源とし，電源に燃料電池を用いているもの．
本文で「電気自動車」というときは，上記のPEVを指すことにする．上記の三種類を総称するときには，「電気モーター駆動自動車」と言うことにする．

　なお，プラグインハイブリッド自動車 (pulug-in hybrid vehicle：PHV) と称されているものは，ハイブリッド自動車の二次電池の容量を大きくして，家庭等の商用電源で充電し，短距離範囲の走行を電気モーターで行うものを指している．これは走行形態から見ると電気自動車に近い．また，電気自動車にも発電機と発電用エンジンを積み，電池の充電量が不足したとき発電機を作動させて電池を充電し，航続距離の延伸を図っているものもある．こちらは，モーター－エンジン併用と言う点からは，ハイブリッド自動車に近い．また，燃料電池自動車も補助電源として二次電池を搭載している．

## 5.2.2　電気モーター駆動自動車への社会の期待

　電気モーター駆動自動車の開発を促進させたのは，1990年，アメリカのカリフォルニア州のカリフォルニア大気資源局 (California Air Resources Board) が制定したLEV法 (Low Emission Vehicle Regulation，低排気ガス車規制) である．大気汚染防止策として，同州で一定量以上の自動車を販売する自動車メーカーにその販売量の一定割合をZEV (zero emission vehicle，無排気ガス車) にすることを義務付けている．この法律は現状に合わせて何度か緩和さ

れ，完全なZEVばかりではなくZEVに近い車（例えばハイブリッド自動車）もZEVと見なして，2004年から発効している．この法律への対応を含めて，石油資源消費に伴う地球環境問題の対処には，上記の三種類の電気モーター駆動自動車の開発と普及が重要であると広く認識されている．

電気自動車は電気を発電所で発電する段階で，また，燃料電池自動車は燃料の水素を製造する段階で，方式によっては$CO_2$等を発生する場合もあるが，走行中は環境有害物質を発生しない．したがって，環境対策的には好ましい車種であるが，電気自動車PEVは電池性能や充電設備の問題，燃料電池自動車は電池コストや水素供給設備の問題があって，普及には時間が掛かることが予想される．これに対して，ハイブリッド自動車は走行中に環境有害物質を発生するけれどもその量は少なく，また，新規の社会基盤的設備はいらないので，普及が進んでいる．

## 5.3　電気モーター駆動自動車用電池

電気モーター駆動自動車に搭載される電池が備えなければいけない一般的条件と電気自動車用二次電池に求められている性能上の目標について述べる．

### 5.3.1　電気モーター駆動自動車用電池の要件

電気モーター駆動自動車に搭載される電池には，次の事項が要求される．
(1) 容量が大きいこと
(2) エネルギー密度が大きいこと
(3) 出力密度が大きいこと
(4) 急速充電が可能なこと
(5) 作動温度範囲が広いこと
(6) メンテナンスが容易であること
(7) 寿命が長いこと
(8) 小型・軽量であること
(9) 安全であること

(10) 使用材料が安価かつ豊富であること
(11) リサイクルが可能であること

このような観点から幾つかの電池が検討されている.そして,十分ではないが (1)～(11) の要件を多くの点で満たしている二次電池として,鉛蓄電池,ニッケル・水素電池,リチウムイオン二次電池が市販あるいは開発中の電気モーター駆動自動車に搭載されている.また,(4)が必要ない燃料電池の中では,小型軽量で出力密度の大きい固体高分子型燃料電池が電気モーター駆動自動車用電源として注目を集めている.

### 5.3.2 電気自動車用二次電池に求められる性能

電気自動車用二次電池にどのような性能が求められているかは,アメリカのUSABC (US Advanced Battery Consortium, US先進電池研究共同組合,1991年設立) の開発目標を見るとよく分かる.USABCは,同国のエネルギー省と主要自動車メーカーが共同で組織し,電気自動車用電池の開発を行った.USABCの開発目標を表5.1に示す.この目標は,特に電池の種類を限定していない.この目標が立てられた時期は少し古いので,「商用化のために必要最低限とされる目標」は現在の高性能二次電池では既に満たされている.しかし,「長期将来目標」の方はいぜんとして一部の項目しか満たされてはいない.

また,電気自動車用二次電池には,表5.1に示した性能以外に,高い耐久性

表5.1　USABCの電気自動車用電池の開発目標

| 項　目 | 将来の商用化のために必要最低限とされる目標 | 長期将来目標 |
| --- | --- | --- |
| 電力量（MJ） | 144 | 144 |
| 質量エネルギー密度(kJ/kg;3時間率) | 540 | 720 |
| 容積エネルギー密度(MJ/m$^3$;3時間率) | 828 | 1080 |
| 質量出力密度(W/kg;80%DOD, 30s放電) | 300 | 400 |
| 容積出力密度(kJ/m$^3$) | 460 | 600 |
| サイクル寿命（サイクル） | 1000 | 1000 |
| 耐用年数（年） | 10 | 10 |
| 価格（$/MJ） | 41.7 | 27.8 |

と信頼性が求められる．動力用の大型電池は，電池自体の価格が高いことから，定期交換部品とすることはできない．したがって，電池には車両寿命と同等の耐用年数が求められる．また，路上で不意に車両が停止するようなトラブルは起こさない高い信頼性が不可欠である．

## 5.4 電気自動車用二次電池システム

電気自動車の二次電池システムとこれを使った電気自動車の電力ー動力システムについてまず解説し，次に電気自動車用リチウムイオン二次電池について現在行われているさまざまな改良について述べる．

### 5.4.1 二次電池システムの構成

一対の正極と負極からなる素構造の電池を単セル(cell)という．単セルの公称電圧と容量は小さいので，電気自動車用二次電池のように電池システム全体として大きな電圧と容量を必要とする場合には，複数個の単セルを組み合わせねばならない．単セルを複数個組み合わせた電池，すなわち組電池をバッテリー(battery)と呼んでいる．しかし，cellとbatteryの区別は厳密ではなく，組電池をcellと呼んでいることもある．つぎに，バッテリーを幾つか合わせて，モジュール(module, 群電池)を形成する．モジュールは電池システム全体の中で保守管理上取り替え可能な単位となる．そして，モジュールを幾つか組み合わせて，電池システムとしてのスタック(stack, 集積体電池)を構成する．スタックには，各単セルの充放電状態および温度を計測管理するための機器や冷却装置が取り付けられている．このような電気自動車用二次電池システムの概要を図5.1に示す[1]．

二次電池システムの管理の上で大切なことは，個々の単セルの充電量・放電量が不均等にならないようにすること，個々の単セルの温度が不均等にならないようにすること，個々の単セルが過充電・過放電されないようにすること，異常事態を検知し安全性を確保すること，などである．このため，個々の単セルの電圧および温度がセンサーで検出され，適正な範囲に保つようにセルコン

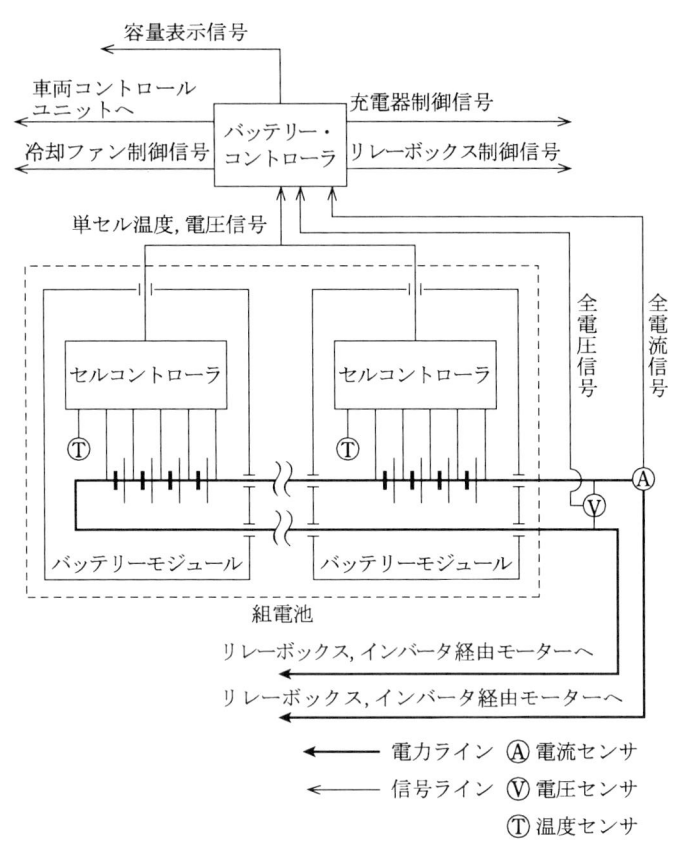

図5.1 電気自動車用二次電池システム

トローラで管理される．各セルコントローラの情報はバッテリーコントローラに集められ，車両制御ユニットからの指令に対して適切な電力が二次電池システムから出力され，また，二次電池システムに受け入れられるようにする．冷却ファンの作動・停止命令もバッテリーコントローラから出される．

### 5.4.2 電気自動車の電力−動力システム

電気自動車の動力用主電源としての二次電池には，5.3.1で挙げた11項目が要求される．現在のところ，これらの要求に全部応えることは無理であるが，

総合的に高いレベルで応えられるのはリチウムイオン二次電池であり，この電池の性能改善が図られている．

電気自動車の電力-動力システムの例を図5.2に示した[1]．二次電池は充電器によって充電される．二次電池からの電気はインバータを通してモーターに供給され，モーターが駆動される．モーターには交流同期電動機が用いられる．減速時にはモーターは発電機になり，発電した電気は二次電池に充電される．車両に搭載する電池全体は，複数の単セルを直列結合したモジュールとこのモジュールを幾つか結合した電池システムになっている．各単セルの充放電状態は，セルコントローラによって検出・制御され，適正な状態を保つようになっている．電池システム全体の状態は，バッテリーコントローラによって管理・制御されている．

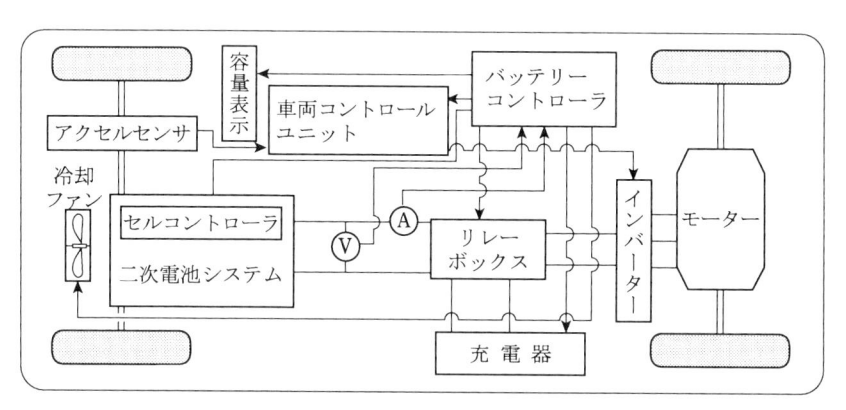

図5.2 電気自動車の電力-動力システム

将来の電気自動車では，モーターは各車輪に取り付けられ，駆動，停止，および操舵は全て電気導線を介して電子制御されると予想されている．このような方式をドライブ・バイ・ワイヤー (drive-by-wire) といっている．

### 5.4.3 電気自動車用リチウムイオン二次電池

自動車の動力用電源として用いられるリチウムイオン二次電池にまず必要とされるのは，大きな容量と高いエネルギー密度である．現在の電気自動車用の

リチウムイオン二次電池の質量エネルギー密度および体積エネルギー密度は，単セルでそれぞれ468 kJ/kgおよび972 MJ/m$^3$位，また，単セル4個で構成されたモジュールでそれぞれ396 kJ/kgおよび702 MJ/m$^3$位のレベルにある．モジュールの値が少し低いのは，質量および体積が増しているからである．

電気自動車用リチウムイオン二次電池の形状には円筒形と平板形があるが，平板形の一例として，日産自動車株式会社が開発したラミネート型電池の単セルとこれを4個収容したモジュールの外観を図5.3に示した[a]．このモジュールを複数個組み合わせてバッテリーパック(バッテリーモジュール，バッテリーコントローラ，接続ボックス，電力供給切断スイッチ等を一体化したもの)を構成している．バッテリーパックの性能は平均電圧345 V，エネルギー容量86.4 MJ，出力90 kW以上となっている．

図5.3 電気自動車用平板形ラミネート型リチウムイオン二次電池の単セル（左）とモジュール（右）の外観[a]（日産自動車㈱提供）

電気自動車用リチウムイオン二次電池には，大量生産可能なこと，過酷な環境で使われても耐久性・信頼性が高いこと，安全性が高いこと，市場が受け入れ可能な価格になること，など非常に厳しい条件が課される．そのため，電池材料にも，資源的に量が十分あり安定に供給されること，材料コストが低いこと，材料自体の安全性が高いこと，などが求められる．自動車用も民生用も電池の基本的構成は変わらないが，上述の理由から，自動車用電池の正極および負極材料には目的に添った改良がなされている．

(1) 正極活物質の改良

民生用の小型のリチウムイオン二次電池(<7.2 kC)には，全てコバルト酸リチウム$LiCoO_2$が用いられている．これは，$LiCoO_2$は，放電電圧が高く，放電

曲線が平坦で，容量が大きく，合成もし易いことによる．しかし，コバルトは資源的に埋蔵量および生産量が少なく，価格も高い．そのため，$LiCoO_2$は，試作車的な電気自動車の電池には使われているが，量産を目的とした電気自動車の大型電池（>7.2 kC）には使われていない．

量産を目的とした電気自動車の大型電池の正極活物質には，マンガン酸リチウム$LiMn_2O_4$およびニッケル酸リチウム$LiNiO_2$とそれらの改良物質が使われている．マンガンは資源的に豊富な物質であり，価格も安い．ニッケルは資源的に豊かとは言えず，また価格も比較的高いが，工業製品の原料として十分供給され得る．

a. マンガン酸リチウムの改良

$LiMn_2O_4$は，4 V域の放電電位は$LiCoO_2$よりも高いが，容量が小さい．また，高温になると物質構成成分のMnが電解液に溶け易くなり，サイクル劣化が顕著になる．このような欠点を改善するため，Mnの一部を他の元素で置換した置換型スピネル$LiM_yMn_{2-y}O_4$(M = Cr, Fe, Co, Ni, Cu) の研究が行われている．これらの物質は約4.9 Vの放電電位を示すことから，5 V級正極材料と呼ばれている．これらの中で，$LiNi_{0.5}Mn_{1.5}O_4$は，サイクル特性が良好であるので，有望視されている[2]．

b. ニッケル酸リチウムの改良

$LiNiO_2$は，$LiCoO_2$よりも放電電位は少し低いが，容量は大きい．しかし，充放電過程で結晶構造の変化が起こること，熱分解温度が低いこと，合成が難しいことなどは難点である．このような難点を改善するために，Niの一部を他の元素で置換することが行われている．これらの中で，$LiNi_{0.8}Co_{0.2}O_2$は充放電過程で結晶構造の変化が見られず，サイクル特性が安定している．また，$LiNi_{0.5}Mn_{0.5}O_2$は，4 V領域で540 kC/kgという高い容量を示し，熱安定性も$LiNiO_2$より高いことから，$LiNiO_2$に替わるものとして注目されている[3]．

その他，リン酸鉄リチウム$LiFePO_4$正極の開発も積極的に行われている．新正極材料に関する動向は3.6.6に述べてある．

(2) 負極活物質の改良

民生用および自動車用のいずれのリチウムイオン二次電池においても，負極

活物質用に炭素系材料である黒鉛が使用されている．その理由は，リチウム・炭素層間化合物の電位が$Li=Li^++e^-$の平衡電位に近いこと，充電・放電を繰り返しても結晶構造が変化せずサイクル寿命が良いこと，による．結晶性の高い黒鉛の負極は，エネルギー密度が大きく充電(放電)量による電位変化が少ない．このような特性は，100%充電状態から使用される電気自動車用電池に適している．一方，結晶性の低いハードカーボン(難黒鉛化性炭素)の負極は，充電(放電)量にほぼ比例して電位が変化する領域があり，電池電圧による充電量のモニタリングが可能である．このような特性は，50%充電状態を中心に充放電が繰り返されるハイブリッド自動車用電池に適しているといわれている[4]．

その他，不燃性の負極材料，大容量の負極材料を目指した研究開発も進められている．これらについては3.6.7で触れてある．

(3) 電池構造の改良

通常の電気自動車用リチウムイオン二次電池では，渦巻き構造の電極体を持つ円筒形の単セルが使われている(図3.9)．これに対して，電極体を平面的に構成した平板形のラミネート型電池が開発されている(図5.3)[4)5)]．ラミネート型電池には，電極面積が大きくなり容量が増す，大電流放電特性が良くなる，冷却効果が大きくなる，部品点数が少なくなる，電池スタックがコンパクトになる，などの利点がある．容積340 mm×150 mm×7 mm，質量580 g，容量64.8 kC，質量エネルギー密度424.8 kJ/kg，体積エネルギー密度1008 MJ/m$^3$の単セル(マンガンスピネル正極/グラファイト負極)が作られている[5]．体積エネルギー密度が大きいのは，電池ケースに樹脂フィルムで絶縁したアルミラミネートフィルムが使われており，単セルが薄型化されているからである．

### 5.4.4 電気自動車の二次電池への充電

電気自動車の二次電池への充電は，一般の家庭の電源あるいは専門の充電スタンドの電源を使用して行われる．

家庭の電源から充電する場合は，電気自動車に車載充電器があることが前提である．家庭の電源の電力は小さいので，充電(満充電)に4〜8時間要するの

## 第5章 電気モーター駆動自動車の電池システム

が普通である．プラグインハイブリッド車の充電も家庭用電源を利用することが考えられている．

充電スタンドでの充電においては，電気自動車と充電スタンドの充電器の間で電池に関する情報（電池の種類，充電特性，充電状態など）の授受ができることが前提である．その情報に基づいて，充電器が制御される．充電スタンドの充電器の出力電力は大きい（50 kW）ので，充電は短時間で終了する．普通は，定電流制御方式で充電される．大電流による急速充電の場合は，電池容量の80％まで充電し，充電時間は15～30分である．

充電スタンドで使われる充電器の仕様と外観（高砂製作所製TQVC500M2（50 kW））を図5.4に示した[b]．電気自動車の普及には，充電スタンドの充実が必須である．

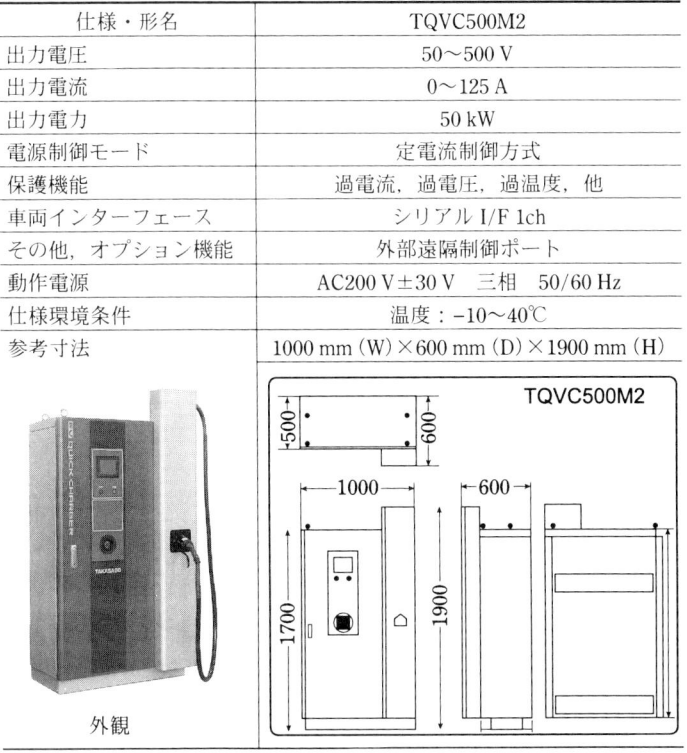

| 仕様・形名 | TQVC500M2 |
|---|---|
| 出力電圧 | 50～500 V |
| 出力電流 | 0～125 A |
| 出力電力 | 50 kW |
| 電源制御モード | 定電流制御方式 |
| 保護機能 | 過電流，過電圧，過温度，他 |
| 車両インターフェース | シリアルI/F 1ch |
| その他，オプション機能 | 外部遠隔制御ポート |
| 動作電源 | AC200 V±30 V　三相　50/60 Hz |
| 仕様環境条件 | 温度：-10～40℃ |
| 参考寸法 | 1000 mm（W）×600 mm（D）×1900 mm（H） |

図5.4　充電スタンドで使われる充電器（高砂製作所製TQVC500M2（50kW））の仕様と外観[b]

## 5.5 ハイブリッド自動車用二次電池システム

ハイブリッド自動車の電力−動力システムについて解説した後,ハイブリッド自動車用二次電池の技術的動向と実際に使われているニッケル・水素電池についてなされているさまざまな改良について述べる.

### 5.5.1 ハイブリッド自動車の電力−動力システム

ハイブリッド自動車には,内燃機関を発電機の作動のみに使い動力源は電気モーターとするもの［シリーズハイブリッド（series hybrid）方式］,内燃機関と電気モーターを独立して持ち両者を適宜切り換えながら動力源として使うもの［パラレルハイブリッド（parallel hybrid）方式］,および内燃機関が発電機を回し電気モーターを動力源とするシリーズ的作動と内燃機関を直接動力源として用いるパラレル的作動を状況に応じて切り換えて走行するもの［シリーズパラレルハイブリッド（series-parallel hybrid）方式］の三種類がある.現在市販の小型ハイブリッド乗用車には,パラレルハイブリッド方式のものとシリーズパラレルハイブリッド方式のものがある.

ハイブリッド自動車の電力−動力システムの一例として,シリーズパラレルハイブリッド方式の電力−動力システムを図5.5に示す[6].シリーズパラレルハイブリッド方式はシステムが複雑になるが,内燃機関による機械的動力を利

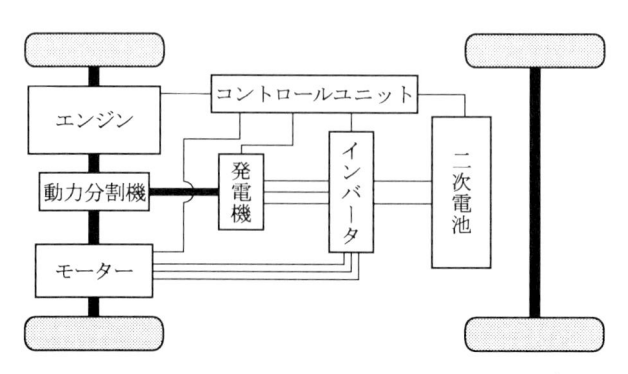

図5.5 ハイブリッド自動車の電力−動力システム[6]

用するか，モーターによる電気的動力を利用するか，あるいは両者を併用するか，走行条件に応じて最も効率的な方法を選ぶことができる．なお，ハイブリッド自動車のうち，中小型乗用車は内燃機関にガソリンエンジンを使用しているが，大型バス・トラックはディーゼルエンジンを使用している．

ハイブリッド自動車は電気自動車や燃料電池自動車のようなZEVではないが，同じ出力のガソリンエンジン自動車に比べて燃費は2.6倍以上良く，$CO_2$や$NO_x$などの有害物質の排出量は1/10以下であり，そして充電のための社会基盤的設備は不要である．したがって，ハイブリッド自動車は，低公害車として導入されやすい要素を持っており，既に市場においても普及がかなり進んでいる．

### 5.5.2 ハイブリッド自動車用二次電池

ハイブリッド自動車の利点は，電気自動車に比べて電池の容量を小さくできることである．このため，電池を小型にすることができ，電池のコストが大幅に低くなる．

ハイブリッド自動車では，電気モーターは主として発進（加速）時とブレーキ（減速）時に使用される．すなわち，発進時は動力源としてエネルギーを発揮し，また，ブレーキ時は発電機としてエネルギーを回生する．このため，ハイブリッド自動車に搭載される二次電池には，部分充電状態で大きな出力電流があることと大電流急速充電ができることが要求される．

このような要求に高いレベルで応えられるのはリチウムイオン二次電池とニッケル・水素電池であり，この二つの電池が中小型ハイブリッド自動車用では電源の対象になっている．しかし，これらの電池よりも性能は低いが，鉛蓄電池もディーゼルエンジンと電気モーターを併用している大型バスなどのハイブリッド自動車では電源として採用されている．

ニッケル・水素電池は，質量エネルギー密度はリチウムイオン二次電池よりも劣るが体積エネルギー密度はそれほど遜色がないこと，過充電・過放電に強いこと，安全性が高いこと，製造技術の信頼性が高いこと，価格が比較的低いこと，などの理由で多くの中小型ハイブリッド自動車に搭載されている．それ

故,以下にハイブリッド自動車用のニッケル・水素電池の技術的動向について解説する.

なお,現在はハイブリッド自動車用にニッケル・水素電池が多く用いられているが,電池としての基本的性能はリチウムイオン二次電池の方が高いので,将来はハイブリッド自動車にもリチウムイオン二次電池が採用される可能性が高い.例えば,ハイブリッド自動車用のリチウムイオン二次電池の開発も行われており,正極にマンガン酸リチウム系材料,負極に$Li^+$挿入/脱離可能な二酸化チタン$TiO_2$などの酸化物材料を使用する試みがある[7].酸化物負極を使用すると,電池の起電力は少し低くなるがサイクル特性が良くまた炭素負極のように可燃物でないため安全性が高い,と言われている.

### 5.5.3 ニッケル・水素電池システム
(1) モジュールの出力特性

ハイブリッド自動車用のニッケル・水素電池は,中間的な充電状態(state of charge, SOC)で短時間に大電流の放電・充電を繰り返す使われ方をされる.すなわち,充電量50%±数10%の領域で10秒間以内の出力(入力)密度が高いことが必要である.ハイブリッド自動車用ニッケル・水素電池のモジュールの容量と質

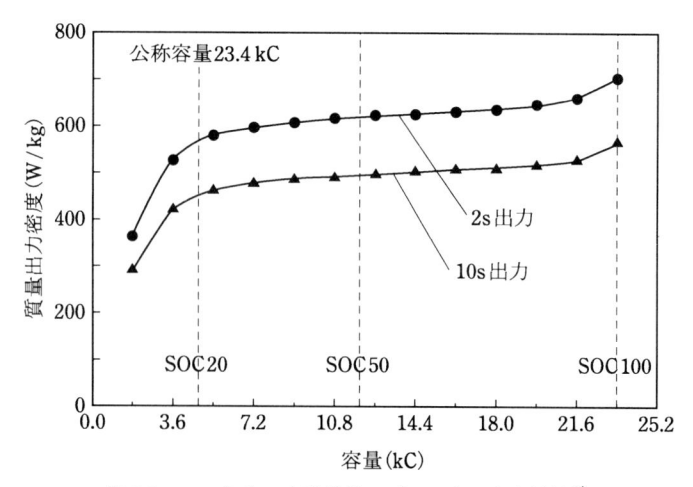

図5.6 ニッケル・水素電池モジュールの出力特性[8]

量出力密度の関係の一例を図5.6に示した[8]．このモジュールは，公称容量23.4 kC，最大出力約100 Wの単セル6個で構成されている．充電量20%(SOC20)から100%(SOC100)にわたって，2秒間出力で約600 W/kg, 10秒間出力で約500 W/kgの出力密度が保たれていることが分かる．このモジュール40個で電池パックを構成し，20 kW/kg以上の出力密度を得ている．

　高出力密度化への対策の一つは，電池の内部抵抗を低下させることである．集電体の取り付け構造の改良，正極活物質層内の導電性ネットワークの改良，負極活物質層内の導電性低下の防止，などの工夫により，単セルとモジュールの性能は更に向上している．最近のハイブリッド自動車用ニッケル・水素電池の場合，円筒形Dサイズ(単一形)の単セルの質量出力密度は1800 W/kg位，質量エネルギー密度は169.2 kJ/kg位であり，また，この単セルを6個直列に接続したモジュールの質量出力密度は1600 W/kg位，質量エネルギー密度は158.4 kJ/kg位になっている．

(2) 正極活物質の改良

　自動車用電池は243～333 K(-30～60℃)にわたる広い温度範囲で使用される．通常のニッケル・水素電池では318 K(45℃)を超えると，充電時に正極で

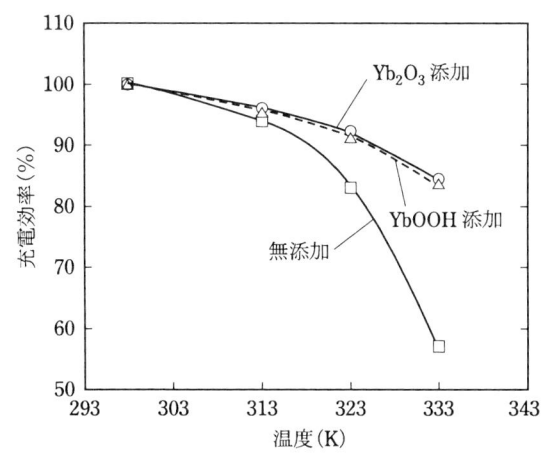

図5.7　正極Ni(OH)$_2$へのYb$_2$O$_3$およびYbOOHの添加が充電効率の温度変化に及ぼす影響[9]

充電反応[$Ni(OH)_2 + OH^- \rightarrow NiOOH + H_2O + e^-$]と同時に酸素発生反応[$OH^- \rightarrow 1/2H_2O + 1/4O_2 + e^-$]が起こるようになり，充電効率が悪くなる．酸素発生反応の過電圧を高めるためには，正極活物質$Ni(OH)_2$への酸化イッテルビウム$Yb_2O_3$のような重希土類酸化物の添加が有効である[9]．ただし，$Yb_2O_3$の添加は$Ni(OH)_2$粒子表面でのCoOOH導電性ネットワーク(3.5.3参照)の形成を妨げ電池の内部抵抗を大きくするので，このような妨害作用のないオキシ水酸化イッテルビウムYbOOHの添加が行われている．図5.7に充電効率の温度変化に及ぼす$Yb_2O_3$およびYbOOHの添加の効果を示した[9]．YbOOHの添加によって高温域における充電効率が改善され，かつ，高い出力密度が保証される．

### (3) 負極活物質の改良
#### a. 従来型水素吸蔵合金の改良
負極活物質には，通常，$LaNi_5$系の$MmNi_{5-x}(Co, Mn, Al)_x$合金(Mm：ミッシュメタル)，例えば$MmNi_{3.55}Co_{0.75}Al_{0.3}Mn_{0.4}$,が広く用いられている．この合金は保管中に成分の一部が電解液に溶け，溶けたAl, Mnが正極活物質層中に酸化物として析出し，電池の内部抵抗を上げることがある．これを防ぐために，合金のAl, Mn含有量の適正化がなされている．また，合金粉末にはアルカリエッチングなどの表面処理を施し，合金表面にNiが適度に濃縮するようにしている．Ni濃縮層は合金の電気化学反応を活性化すると共に集電機能も担い，電池の低温特性を向上させる．

#### b. 希土類-Mg-Ni系水素吸蔵合金
希土類-Mg-Ni系合金は，従来の$AB_5$型合金に比べて，大きな水素吸蔵量を持つことが知られている．この系の合金のうち，Laの一部をNdで置換した$La_{0.64}Nd_{0.20}Mg_{0.16}Ni_{3.45}Co_{0.20}Al_{0.15}$は，従来の$AB_5$型合金よりも20％以上大きい約1.26 MC/kgの放電容量を示す[10]．この合金は，水素吸蔵・放出を繰り返しても粉体化することが少ないので，この合金を負極にした電池はサイクル特性が優れている．また，合金成分の電解液への溶解が少なく，電池の自己放電が小さい．この合金を使用した電池は実用化されている．

#### c. 金属内包フラーレン
水素吸蔵合金よりも水素吸蔵量の大きい物質を負極活物質に用いようとする

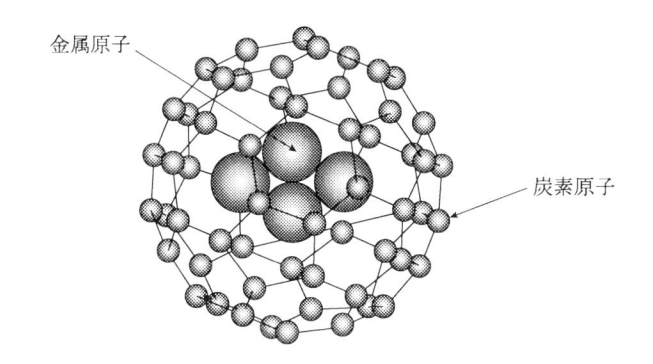

第5章　電気モーター駆動自動車の電池システム

　　　　　　　　　金属原子

　　　　　　　　　　　　　　　　　　　炭素原子

図5.8　金属内包フラーレンの模式図

試みもある．球殻分子構造を持つフラーレン（fullerenes, $C_n$, $n$：炭素原子数 (60, 70, 82, それ以上)）の球殻内にRb, Cs, Sr, Baなどのアルカリ（土類）金属を内包した金属内包フラーレン（$MC_{82}$, M：前記金属）は，電子供与反応（充電時）により電解液の$H^+$をC-H結合として吸蔵する．また，電子受容反応（放電時）によりC-H結合のHを$H^+$として電解液に放出する．$MC_{82}$は1分子当たり82個のH原子を吸蔵できるので，理論容量は約7.2 MC/kgになる（$AB_5$型水素吸蔵合金の容量は1.08 MC/kg程度）．図5.8に金属内包フラーレンの模式図を示した．金属内包フラーレンの利用によりエネルギー密度の大きな電池ができる可能性がある．

(4) セパレータの改良

　ニッケル・水素電池の自己放電は，高温ほど大きくなる．これは正極活物質の自己分解や正極活物質からの不純物（硝酸アンモニウムやアンモニウム塩）の溶出が起こるためである．溶出した不純物は，正負両極間でシャトル反応を起こす．不純物による影響を除去するために，溶出不純物をセパレータに吸着させて捕捉することが行われている[9]．すなわち，セパレータの繊維にスルホン化処理（sulfornation）を行い，繊維表面にスルホン酸基（$-SO_3H$）を吸着させる．スルホン酸基はアンモニウム塩を選択的に吸着する機能がある．スルホン化処理をしたセパレータはスルホン化セパレータと呼ばれ，電池の高温における自己放電の低減に寄与している．

## 5.6　燃料電池自動車用燃料電池システム

　燃料電池自動車用の燃料電池の技術的動向について述べた後,燃料電池自動車の電力-動力システムについて解説する.次に,燃料電池システムに起こるさまざまな問題とそれらに対応するための燃料電池の各部分の改良について概述する.そして,最後に,燃料電池への水素の供給方法について触れる.

### 5.6.1　燃料電池自動車用の燃料電池

　燃料電池自動車用の燃料電池としては,先行的市販車および試作車には全て固体高分子型燃料電池が用いられている.その理由は,固体高分子型燃料電池が小型軽量で出力密度が高いことによる.自動車用の小型軽量固体高分子型燃料電池の開発においてカナダのバラード・パワーシステムズ (Ballard Power Systems) 社の貢献が大きいことはよく知られているが,同社のホームページによると,同社の固体高分子型燃料電池の出力密度は2005年当時で1.47 MW/m$^3$, 2010年の目標値で2.50 MW/m$^3$となっている.

　自動車用燃料電池の場合,燃料である水素をどのようにして燃料電池に供給するかが大きな問題となる.水素を水素(気体,水素吸蔵合金)の形で貯蔵車載し供給する方式と水素を含む化合物(メタノール,ガソリン)の形で貯蔵車載し車上で改質して供給する方式が検討されたが,現在では前者の方式(高圧水素ガスを貯蔵し,減圧して供給)が有力である.

　最新の固体高分子型燃料電池を搭載した燃料電池自動車(2008年式FCX CLARITY, 本田技研工業㈱)の場合,高圧水素タンク(35 MPa, 0.171 m$^3$),燃料電池スタック(最高出力100 kW),モーター(最高出力100 kW,最大トルク256 Nm)を装備し,最高速度毎時160 km, 航続走行距離(10・15モード走行) 620 kmの性能を有している.したがって,燃料電池自動車の乗用車としての性能は既に十分な段階に達している.FCX CLARITYに搭載されている燃料電池スタックのカットモデルを図5.9に示した[c)].このスタックでは水素・酸素を流すガス流路が縦のセル構造になっており,ガスが上から下へと流されるので

(図のカット面の矢印)，生成水が発電面から排出され易くなっている．また，ガス流路の形が波状になっており，水素・酸素が均等に発電面に供給されるようになっている．このような工夫によって，安定でかつ高い発電性能が得られている．

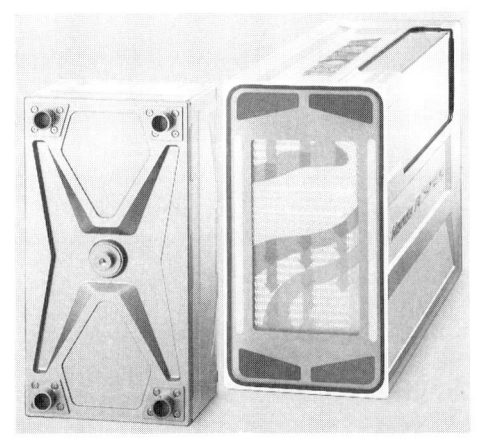

図5.9 燃料電池自動車（FCX CLARITY）の燃料電池スタックのカットモデル[c]
（本田技研工業㈱提供）

燃料電池自動車の大きなメリットは，走行中に大気汚染物質($CO, CH, NO_x$)や地球温暖化原因物質($CO_2$)を全く排出しないことである．水素製造時には，製造方式によっては$CO_2$が生成するが，水素は色々な物質を原料として製造することができるので，燃料を化石燃料に依存しなくても済むことも大きな利点である．

しかし，普及が進まない原因は，固体高分子型燃料電池が高価なことと水素供給システムの社会的整備がないことである．前記のバラード・パワーシステムズ社によると，同社の燃料電池のコストは2005年当時で73 US＄/kW，2010年の目標値で30 US＄/kWとなっており，コスト削減の努力はなされている．水素供給システムに関しては，JHFC(水素・燃料電池実証プロジェクト)の水素ステーションが首都圏，中部地区，関西地区に合せて11箇所（2009年現在）[d]設けられているだけで，整備はまだ進んでいない．

## 5.6.2 燃料電池自動車の電力−動力システム

　固体高分子型燃料電池のスタックを搭載した燃料電池自動車の電力−動力システムの例を図5.10に示した[11]．燃料の水素は高圧タンク（圧力35 MPa）に貯蔵されている．水素は圧力調整器で減圧された後スタック（出力90 kW）に供給される．発電された電力はインバータを通してモーター（交流同期電動機，最高出力90 kW）に供給される．余った電力はDC/DCコンバータで電圧を下げた後二次電池の充電および補機用モーターの駆動に使われる．発電に使われなかった水素はポンプで水素供給回路に戻される．スタックで発生した水は加湿器で回収し，酸化剤の空気の加湿に使われる．加湿は正極側で行い，負極は拡散してくる水によって加湿される．燃料電池での発電反応は発熱反応であるので，高温になって電解質膜が劣化しないよう，ラジエータでスタックを冷却している．

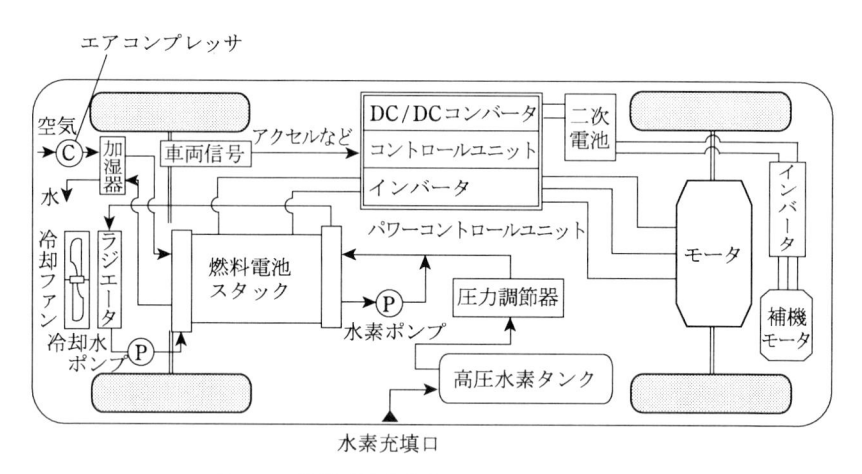

図5.10　燃料電池自動車の電力−動力システム

## 5.6.3 燃料電池自動車用の燃料電池システム
### (1) システムの構成

　燃料電池を中心にしたシステム構成を図5.11に示した[12]．システムは，燃料電池スタック，水素供給系，空気（酸素）供給系，冷却系，加湿系，

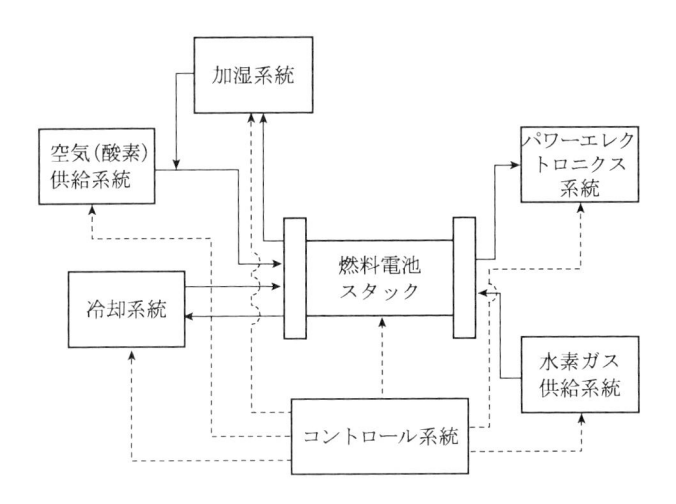

第5章　電気モーター駆動自動車の電池システム

図5.11　自動車用燃料電池のシステム構成

パワーエレトロニクス系統,コントロール系統からなっている.車載用燃料電池のシステムの特徴は,システム構成部品の全てが小型軽量化されていることである.また,自動車の使用環境は厳しく,地球上の極寒地から酷暑地まで使用され,また,激しい振動の下で使用される.それゆえ,システム構成部品にもそれに耐える性能が求められる.

### (2) 寒冷地スタートアップの問題

燃料電池においては,正極上での酸素の還元反応によって水が生成する.この水が,燃料電池の運転停止後,膜電極接合体やセパレータの中に留まっていると,寒冷地においては凍結し,運転の再開が困難になる.この問題には,水が凍結し難い芳香族炭化水素系高分子電解質膜の採用,セパレータの空気流路を水が排除されやすいサーペンタイン(serpentaine；蛇行)流路[13](図5.12)にする,薄い金属製セパレータの採用によりセルの熱容量を小さくして発電反応熱により短時間で氷結温度以上にする,などの対策が取られている.現在では,243 K(−30℃)におけるスタートアップも問題ない状態になっている.なお,金属製セパレータでは垂直波形流路[c]も採られている(図5.9参照).

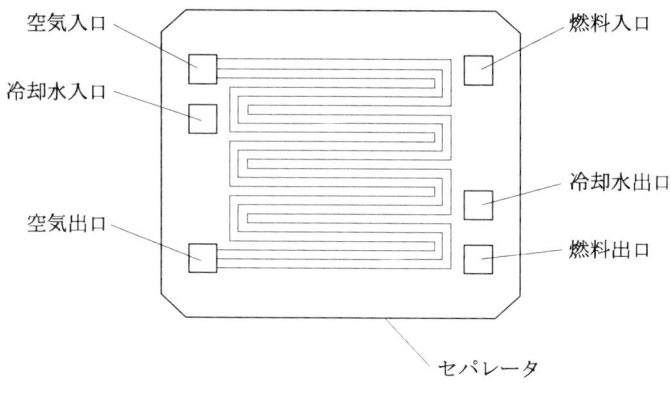

図5.12 サーペンタイン流路

(3) 高温時冷却の問題

　燃料電池の発電反応は発熱反応であり，燃料電池は353 K (80℃) で運転されている．これ以上の温度になるとナフィオン膜が劣化する．したがって，この温度以上にならないように電池を冷却する必要がある．そのため，燃料電池には冷媒（冷却水）流路とラジエータが設けられている．燃料電池の余分な熱は冷媒を介してラジエータから放熱されるが，外気が高温になりラジエータ（冷媒）と外気の温度差が小さくなると冷却効率が悪くなる．確実に冷却して運転温度を適正に保つには，大きなラジエータが必要になる．このような問題への対策として，373 K(100℃) 以上で使用できる固体高分子電解質膜が開発されている．

(4) 加湿の問題

　固体高分子電解質であるパーフルオロスルホン酸膜は分子構造の中に親水性側鎖クラスターを持ち，このクラスター内に水を保持してプロトン($H^+$)伝導を行っている．プロトンは水と結合しており ($H^+H_2O$)，プロトンが移動すれば水も移動する．したがって，発電反応とともに負極から正極にプロトンが移動すると水も移動し，正極から排出されるので膜の乾燥が起こる．膜中の水分が低下すると，膜のイオン伝導性が低下する．そのため，排出された水を加湿器に導入し，再び膜中に戻すようにしている．パーフルオロ系膜を用いた電池

を373 K(100℃)以上で運転する場合には，加圧加湿が行われる．393 K(120℃)以上では蒸気圧が著しく高くなり加圧が難しくなるため,低加湿あるいは無加湿の膜の開発も行われている．

## 5.6.4　自動車用固体高分子型燃料電池
### (1) 固体高分子電解質膜の改良と新規電解質膜の開発
　現在一般的に用いられているパーフルオロスルホン酸膜は,弾性率が急激に低下し始める軟化温度が353 K(80℃)付近にあり，そのため，燃料電池の運転温度は353 K以下に制限される．また，この膜がプロトン伝導を示すには含水状態であることが必須であるので,運転には加湿装置が必要である．前述のように，運転温度353 Kでは電池の冷却効率が悪いので，運転温度を393 K(120℃)以上に高めたい要望がある．しかし，373 K(100℃)以上では平衡蒸気圧が高くなり，加圧が難しくなる．そのため，耐熱性がありかつ加湿不要(あるいは低加湿で使用可能)な電解質膜が求められている．また，従来のパーフルオロスルホン酸膜よりもプロトン導電率が高い膜,コストが低い膜も求められている．このような要望に沿って固体高分子電解質膜の改良や新規電解質膜の開発が行われている．そのような膜には，以下のようなものがある[14]〜[16]．

a. 短側鎖型スルホン酸高分子膜
　従来のパーフルオロスルホン酸膜よりも側鎖構造を短くしたもの．長側鎖膜と導電率は同等の$10 \mathrm{~S \cdot m^{-1}}$で，軟化温度が398 K (125℃)に向上．

b. プロトン伝導性物質とパーフルオロスルホン酸の複合膜
　シリカ,リン酸ジルコニウムなどの保水性が高く,かつプロトン伝導性を有する物質とパーフルオロスルホン酸との複合膜．高温での強度が高くなり，403〜413 K (130〜140℃)での電池運転が可能．導電率は$20 \mathrm{~S \cdot m^{-1}}$．

c. 部分フッ素化膜
　エチレン－テトラフルオロエチレン共重合体(ETFE)，ヘキサフルオロプロピレン共重合体(FEP)などを基盤膜とし，スチレンなどをグラフト重合(幹分子に枝分子を接ぎ木する重合)してスルホン化($SO_3$基を付加)した膜．分子構造中にクラスターを形成しないので膨潤し難い．パーフルオロスルホン酸膜よりも低コスト．

d. リン酸含浸耐熱性高分子膜

　耐熱性高分子であるポリベンゾイミダゾール(PBI)にリン酸をドープした膜. 無加湿で423～473 K (150～200℃)での作動が可能. 導電率は$10^{-1}$～$10^{-2}$ S・m$^{-1}$. リン酸の散逸防止策と生成水によるリン酸の希釈が問題.

e. スルホン化耐熱性高分子膜

　ポリエーテルエーテルケトン(PEEK), ポリイミド, ポリフェニレン, ポリアリレン, ポリエーテルスルホン(PES)などに種々の置換基を導入した耐熱性高分子をスルホン化した膜. イオン交換基濃度を上げたものは10 S・m$^{-1}$以上の高いプロトン導電率を示す. 作動温度は353 K(80℃)であるが, 273 K(0℃)以下からの起動が可能. この膜はすでに一部の自動車用燃料電池に実用されている.

f. ポリイミド系スルホン酸膜

　この系の膜はバルキーな分子構造を持ち, 構造内にナノサイズの空隙を有する. そのため, 保水性および高温でのプロトン伝導性が高い. 363 K(90℃)で数千時間の作動実績があり, 無機ナノ粒子との複合化により373 K(100℃)での作動も可能.

g. シリカリン酸系多孔質ガラス

　$SiO_2$-$P_2O_5$系のホスホシリケートゲルを数百℃以下で熱処理して得たドライゲルは, 平均孔径4 nm程度の細孔を多数有しており, 中温, 低加湿下で高いプロトン伝導性を示す. 細孔表面に存在するSiO-$PO_3H_2$構造が僅かな水分に触れると$H_3PO_4$を生じることがプロトン伝導の原因である. P/Si=1のホスホシリケートゲルは403 K(130℃), 0.7～1.4%RHで1 S・m$^{-1}$台の導電率を示す.

h. 無機－有機ハイブリッド電解質

　プロトン伝導性無機ゲルと機械的柔軟性がある有機化合物とのハイブリッド化が行われている. これらのハイブリッドはシロキサン骨格(Si-O-Si結合)にSi-C結合で繋がった有機基を持っている. 3-グリシドキシプロピルトリメトキシシラン(GPTMS)-Si(OEt)$_4$-$H_3PO_4$ハイブリッド膜(P/Si=1.5)は, 中温(403 K(130℃)), 低加湿下(5%RH)において1 S・m$^{-1}$以上の導電率を有する. プロトン伝導は膜中に存在する$H_3PO_4$によって行われる.

i. フラレノール

　フラーレン (球状構造炭素分子) に複数の水酸基を付加した構造を持つポリ水酸化フラーレンを通称フラレノール (fullerenol) という．フラーレン誘導体 $C_{60}(OSO_3H)_x(OH)_x$, $C_{60}(OH)_x$ はプロトン伝導体である．$C_{60}(OSO_3H)_6(OH)_6$ は $8 \times 10^{-2} S \cdot m^{-1}$ の導電率を示す．加湿は不要である．

j. 硫酸水素セシウムとその複合体

　硫酸水素セシウム ($CsHSO_4$) は，413 K (140℃) で相転移し，この温度以下では単斜晶，以上では正方晶になる．正方晶は473 K (200℃：分解温度) までの温度域で $1 S \cdot m^{-1}$ 程度の高いプロトン伝導性を示し，超プロトン伝導相と呼ばれる．単斜晶の導電率は $10^{-4} S \cdot m^{-1}$ 程度で低い．しかし，$CsHSO_4/TiO_2$ 複合体にすると低温相の導電率が $10^{-2} S \cdot m^{-1}$ 程度に改善される．

k. イオン性液体

　イミダゾール (Im, $C_3H_4N_2$) とビストリフルオロメタンスルフォニルイミド (TFSI, $HN(SO_2CF_3)_2$) の混合融体は，イミダゾールのプロトンの自己解離反応によってイオン融体になる (イオン性液体については3.6.9(2)参照)．イミダゾール分子間のN-H…N水素結合ネットワークを介してプロトンが伝導する．Im：TFSI＝9：1の融体は393 K (120℃) において導電率 $10 S \cdot m^{-1}$ を示す．加湿は不要．イオン性液体は，多孔体に含浸させれば，電解質膜とすることができる．

(2) セパレータの改良

　セパレータにはカーボン成形セパレータと金属製セパレータがある．カーボン成形セパレータの長所は，軽く，導電性が良く，耐食性が高いことである．短所は機械的強度が少し低いことである．金属製セパレータの長所は，機械的強度が高く，容易に薄肉化でき，導電性が大きいことである．短所は表面の酸化によって接触抵抗が高くなることである．それぞれのセパレータには以下のものがある．

a. カーボン成形セパレータ

　①カーボン樹脂モールドセパレータ：カーボン粉末と熱硬化性樹脂 (または熱可塑性樹脂) とを混ぜ，圧縮成形または射出成形したもの (4.6.7(1)参照)[17)18)]．

導電性向上のため,カーボン粉末へのボロンドープ,粉末の形態制御などが行われている.肉厚の薄いもの(0.15 mm)もできている.

②接合カーボンバイポーラセパレータ:薄いアノード用およびカソード用セパレータを背中合わせに熱溶着したもの.水素流路,冷却水流路,酸素流路が一体化されており,セパレータ間の接触抵抗が極めて小さい.

b. 金属製セパレータ

①導電性粒子析出ステンレス鋼セパレータ:熱処理により導電性の金属化合物粒子を析出させたステンレス鋼を使用したもの(4.6.7(2)参照).鋼表面が酸化しても接触抵抗が低い.

②多層クラッドステンレス鋼セパレータ:外側に高ボロン鋼,内側に低ボロン鋼をクラッド(貼り合わせ)したステンレス鋼を使用したもの.熱処理により高ボロン鋼から導電性ホウ素化合物を析出させる.接触抵抗が小さい.

③金膜クラッドステンレス鋼セパレータ:表面に薄い金膜をクラッドしたステンレス鋼を使用したもの.金と同程度の高耐食性と低接触抵抗を持つ.

④導電性被覆チタンクラッド金属セパレータ:チタンクラッド金属(SUS, Fe, Cu, Al)の上に炭素膜等の導電性被覆をしたもの.導電性被覆に孔が開いてもチタンが耐食性を保つ.導電性被覆はチタンの酸化皮膜の成長を妨げ,低接触抵抗を維持する.

## 5.6.5 燃料電池への水素の供給

### (1) 車載用高圧タンク

現在開発されている燃料電池自動車では,圧縮水素ガスを車載高圧タンクに貯蔵し,この高圧タンクから燃料電池に水素ガスを供給する方式が一般的である.液化水素を貯蔵する方式,水素吸蔵合金に貯蔵する方式,なども研究されてはいるが,これらは貯蔵している水素を利用前に水素ガスに戻さねばならず,燃料電池の負荷の変動に対する水素供給の応答が難しい.これに対して高圧タンク貯蔵方式は,水素ガスとして直ぐ供給できるので,負荷の変動に対する応答が速やかにできる.

高圧タンク貯蔵方式の難点は,水素ガスのエネルギー密度が低いので,航続

距離を伸ばそうとするとタンクの容積が大きくなることである．そのため，一定の容積のタンクにできるだけ高圧で水素ガスを充填することが考えられている．例えば，燃料電池自動車の航続距離の目標を，ガソリン自動車と同じく，500 kmとする．500 km走行するには，約5 kg（約60 m$^3$）の水素ガスが必要になる（燃料電池車の平均燃費：100 km/1kg水素）．5 kgの水素ガスを乗用車のガソリンタンクと同じ体積100 $l$ に圧縮して詰めることを考えると，圧力70 MPa（700気圧）では127 $l$ となるので，充填圧力70 MPaの高圧タンクが開発されている．ただし，現在実用段階にあるのはこれよりも充填圧力の低い35 MPa級高圧タンクである．

車載用の70 MPa級高圧タンクの構造を図5.13に示した[19]．タンクは，軽量化のために，アルミニウム合金製ライナー容器を炭素繊維で二重に巻いて強化し，その上を合成樹脂で固めた構造が採られている．なお，圧力70 MPaでは，水素は超臨界状態の流体（気体でも液体でもない）になっている．

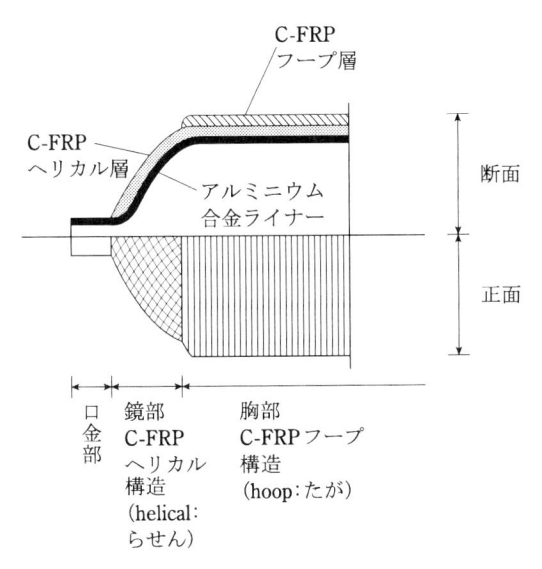

図5.13　車載用の70 MPa級高圧タンクの構造[19]

## (2) 水素ステーション

燃料電池自動車に水素を供給する施設が水素ステーションである．現在，経済産業省傘下のJHFC（水素・燃料電池実証プロジェクト）が全国に11箇所 (2009年現在)[d] の水素ステーションを設け，水素製造元からの受け入れ，水素の貯蔵，車への充填などの様々な問題について，実際の運用に近い形でデータの取得を行っている．

これらの一つである有明水素ステーションのシステムの概要を図5.14に示す[e]．このステーションでは，外部の液化水素製造施設より液化水素をタンクローリーで運んできて，ステーション内の液化水素貯槽に保管し，必要量を気化した上圧縮し，燃料電池自動車に供給している．このステーションは，現在主流である35 MPaタンク搭載車を対象にしている．また，車載液化水素タンクを持つ燃料電池自動車には，液化水素をそのまま供給している．最近では，70 MPaの水素充填が可能なステーションも開設されている．水素を70MPaで高速充填すると温度が上がるので冷却が必要になるなど，35 MPa充填とは違う問題も出ている．燃料電池自動車の普及のためには，水素ステーションの技術的および数量的充実が求められている．

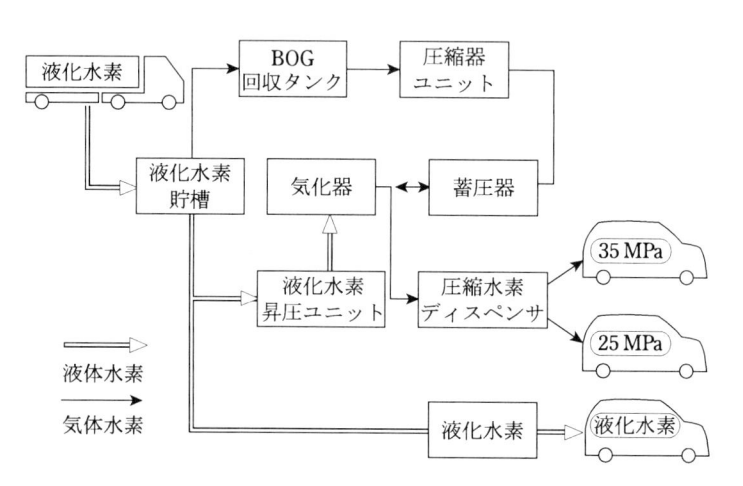

図5.14　有明水素ステーションのシステムの概要[e]

## リチウムの資源問題

電気自動車には大型のリチウムイオン二次電池が不可欠である．自動車のように大量生産される製品の材料は，資源的に問題がないかどうか，十分検討しておく必要がある．

金属リチウムおよびリチウム化合物を得るための原料としては，現在，塩湖かん（鹹）水と鉱石が使われている．塩湖かん水は，太古の海が干上がってできた塩原のリチウム濃度の高い地下水（0.2％Li）を汲み揚げ，蒸発池で水分を天日により蒸発させて濃縮した塩水（6％Li）である．鉱石はタンタル・リチウム鉱床から産するリチア輝石（Spodumene, $Li_2O \cdot Al_2O_3 \cdot 2SiO_4$）である．両者合わせた資源量は，金属リチウム換算で約2916万tと見積もられている．両者の比率は，2：1といわれている．

塩湖かん水資源量と鉱石資源量の国別割合を図5.15に示す[20]．塩湖かん水資源量は1866万tで，その主な内訳はチリ37％，ボリビア29％，アルゼンチン14％であり，南米の三国が80％を占めている．また，鉱石資源量は1050万tで，その主な内訳はアメリカ47％，DRCコンゴ22％，ロシア10％であり，この三国によって89％が占められている．このように，リチウム資源は地域的にかなり偏在している．

リチウムは炭酸リチウムの形で輸送するため，量として炭酸リチウム換算（LCE）の数字が用いられることが多い．金属リチウム1 kgは炭酸リチウム5.32 kgに相当する．したがって，前述の資源量は，LCE換算では塩湖かん水が9927万t，鉱石が5586万tとなる．

電気自動車1台にはLCE換算で約4.5 kgのリチウムが必要といわれている．電気自動車の普及台数は，新エネルギー・産業技術総合開発機構の試算によると，日本では2015年に500万台と見積もられている．世界では，日本の10倍として，5000万台とすると，世界のリチウム需要はLCE換算22.5万tとなる[f]．この値は世界の全資源量の0.145％であり，資源量的には十分まかなえると考えられている．

しかし，資源保有国が政情不安定な地域に偏っていることから，需要に見合う資源開発やリチウム生産が行われない恐れも指摘されている．このような意味で，リチウムはかなり厳しい制約資源になる可能性もある．

海水には1ℓ当たり0.1〜0.2 mgのリチウムが含まれている．それゆえ，地球上の全海水には2300億tほどのリチウムが含まれていることになる．海水から

効率よくリチウムを回収することができれば，リチウムに関する資源問題は起こらない．リチウムを選択吸着する吸着剤の研究が進められている．

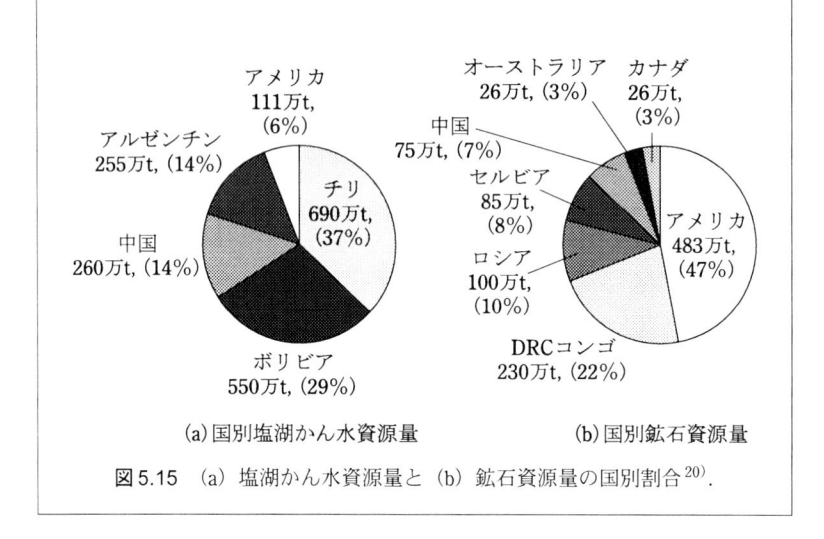

図5.15 （a）塩湖かん水資源量と（b）鉱石資源量の国別割合[20]．

## 参考文献

1) 小久見善八, 池田宏之助 編著：はじめての二次電池技術, 工業調査会, (2001), p.212
2) Q.Zhong, A. Bonakdarpour, M. Zhang, Y. Gao, and J. R. Dahn: J. Electrochem. Soc., **144** (1997), 205
3) T. Ohzuku and Y. Makimura: Chem. Lett., **30** (2001), 744
4) 辰巳国昭：自動車用大容量二次電池の開発, 佐藤 登, 境 哲男 編著, シーエムシー出版, (2008), p.67
5) 小沢和典：文献4), p.124
6) 大川正尋：夢・化学21, 電気自動車, 逢坂哲弥, 大坂武男, 松永 是編, 日本化学会監修, 丸善, (2000), p.9
7) 小久見善八：リチウム二次電池, オーム社, (2008), p.137
8) 川瀬哲成：文献6), p.75
9) 押谷政彦：文献4), p.37
10) 金本 学, 尾崎哲也, 川部佳照, 黒葛原 実, 綿田正治, 棚瀬繁雄, 境 哲男：GS Yuasa Technical Report, 2008年6月第5巻第1号, p.32
11) 堤 敦司, 土屋治紀：燃料電池－実用化への挑戦, 工業調査会, (2007), p.209
12) 河津成之：燃料電池材料, 日本セラミックス協会編, 日刊工業新聞社, (2007), p.36

13) 光田憲朗：新型電池の材料化学，季刊 化学総説 No.49, 日本化学会編，学会出版センター, (2001), p.191
14) 吉武 優：実力養成化学スクール4, 燃料電池，日本化学会編，渡辺政広責任編集，丸善, (2005), p.57
15) 吉武 優：文献 12), p.73
16) 辰巳砂昌弘：文献 12), p.93
17) 光田憲朗：文献 14), p.71
18) 光田憲朗：文献 12), p.118
19) 小関和雄：燃料電池，1 [4], (2002),13
20) 大野克久：リチウムの資源と需給 − Lithium Supply & Markets Conference 2009 (LSM'09) 参加報告 −，独立行政法人 石油天然ガス・金属鉱物資源機構 金属資源情報センター，平成 21 年 4 月 23 日，09-21 号

**参照情報**

a) http://www.nissan-global.com/jp/TECHNOLOGY/INTRODUCTION/DETAILS/LI-ION-EV/
b) http:/www.takasago-ss.co.jp/products/power_electrnics/sp/tqvc/index.html?gclid-cos9hzj0yJ4CFZAvpAodeXUPpw
c) 本田技研工業社ホームページ：
   http://www.honda.co.jp/factbook/auto/FCX-CLARITY/200807/13.html
d) JHFC ホームページ：http://www.jhfc.jp/j/index.html
e) http://www.showa-shell.co.jp/products/hydrogen/station.html
f) 鳥井弘之：http://premium.nikkeibp.co.jp/em/column/torii/56/03.shtml

# 第6章 化学電池の電気化学

## 6.1 電池機能の電気化学

これまでの各章においては,種々の化学電池の構造,材料,性能,応用について,現状の理解と将来の展望を幅広く行ってきた.本章からは,電池の発電機能の理論的根拠について,詳しく見て行きたい.

本章では,まず,電池反応の平衡論と速度論について解説する[1)2)].平衡論を理解すると,なぜ電池は起電力を生じるか,また,どのくらいの起電力を生じるか,が分かる.一方,速度論を理解すると,電池の放電電流はどれくらいか,そして,放電中に作動電圧はどのように変化するか,が分かる.電池の起電力および放電電流を決める重要な式については,その式が実際に使えるように,演習を行う.

また,電解質溶液やセパレータも電池の性能に大きな影響を及ぼすので,これらに関わる電気化学について解説する.

## 6.2 単一電極上での電気化学反応の平衡電位

電池の正極および負極では,電極活物質と電解質が接している.これらの物質間では荷電粒子が関与する電気化学反応が生じ,物質の酸化還元状態の変化と荷電粒子の再配置が行われる.反応が平衡状態に達すると,両物質の界面には一定の電位差が現れる.この電位差は平衡電位(equilibrium potential)と呼ばれている.図6.1に,貴金属電極上での酸化還元反応とそれによって定まる平衡電位の概念を模式的に示した.酸化還元型電気化学反応の平衡電位は,以

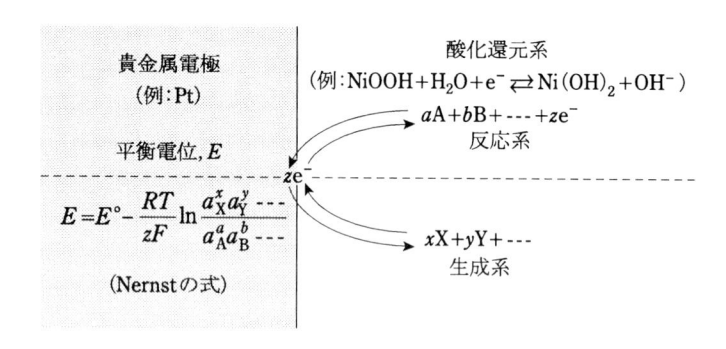

```
┌─────────────────────────────────────────────────────┐
│     貴金属電極              酸化還元系                │
│     (例：Pt)         (例：NiOOH+H₂O+e⁻ ⇌ Ni(OH)₂+OH⁻)│
│                         aA+bB+···+ze⁻                │
│   平衡電位, E              反応系                     │
│ - - - - - - - - - - - ze⁻ - - - - - - - - - - - - - │
│        RT   aˣ_X aʸ_Y ···                            │
│ E = E°- ── ln ──────                                │
│        zF   aᵃ_A aᵇ_B ···                            │
│                         xX+yY+···                    │
│      (Nernstの式)          生成系                     │
└─────────────────────────────────────────────────────┘
```

図6.1 貴金属電極上での酸化還元反応と電極の平衡電位

下のように，反応のGibbs自由エネルギー変化より求めることができる[1)~6)].

 反応に関わる物質の酸化体をOx,還元体をRedとすると，酸化還元反応 (redox reaction) は次式で表すことができる.

$$xOx + mH^+ + ze^- = yRed + nH_2O \quad (6.1)$$

式 (6.1) の電気化学反応を普通の化学反応と同じく次式で表すことにする.

$$aA + bB + \cdots = xX + yY + \cdots \quad (6.2)$$

この反応系の各成分が任意の活量のときのGibbs自由エネルギー変化は，等温等圧の下では，各成分の化学ポテンシャル$\mu_i$ (chemical potential：成分iの1モル当たりのGibbs自由エネルギー) を用いて次のように表される.

$$\Delta G = (x\mu_X + y\mu_Y + \cdots) - (a\mu_A + b\mu_B + \cdots) \quad (6.3)$$

各成分の活量を$a_i$で表せば，各成分の化学ポテンシャル$\mu_i$は次式で表される.

$$\mu_i = \mu_i^\circ + RT \ln a_i \quad (6.4)$$

ここで，$\mu_i^\circ$は標準状態の化学ポテンシャル，$R$は気体定数，$T$は絶対温度である.

式 (6.4) を式 (6.3) に入れ，活量に関する項と標準化学ポテンシャルに関する項に整理すると，次式が得られる.

$$\Delta G = [(x\mu_X^\circ + y\mu_Y^\circ + \cdots) - (a\mu_A^\circ + b\mu_B^\circ + \cdots)]$$
$$+ RT \ln (a_X^x a_Y^y \cdots / a_A^a a_B^b \cdots) \quad (6.5)$$

式 (6.5) の右辺の [ ] の中は活量に無関係であり，この部分を$\Delta G^\circ$とすると，

## 第6章 化学電池の電気化学

$$\Delta G = \Delta G° + RT \ln (a_X^x a_Y^y \cdots / a_A^a a_B^b \cdots) \tag{6.6}$$

となる．ただし，$\Delta G°$は次式のようになる．

$$\Delta G° = (x\mu_X° + y\mu_Y° + \cdots) - (a\mu_A° + b\mu_B° + \cdots) \tag{6.7}$$

$\Delta G°$は標準自由エネルギー変化（standard free energy change），すなわち，各成分の活量が1であるときの自由エネルギー変化である．

次に，平衡状態では$\Delta G = 0$であるから，式 (6.6) より次のようになる．

$$-\Delta G° = RT \ln (a_X^x a_Y^y \cdots / a_A^a a_B^b \cdots) \tag{6.8}$$

一定温度においては$(-\Delta G°/RT)$は一定の値になるから，

$$a_X^x a_Y^y \cdots / a_A^a a_B^b \cdots = 一定 = K \tag{6.9}$$

とすると，$K$はこの反応系の平衡定数（equilibrium constant）である．それゆえ，

$$-\Delta G° = RT \ln K \tag{6.10}$$

と表される．

さて，式 (6.1) の電気化学反応の電極電位を$\varepsilon^{Ox/Red}$とし，この反応と標準水素電極反応（$\varepsilon^{H/H^+, O} \equiv 0$ V）を組み合わせて電池を構成する．この電池の起電力$E$は

$$E = \varepsilon^{Ox/Red} - \varepsilon^{H/H^+, O} = \varepsilon^{Ox/Red} \tag{6.11}$$

となり，式 (6.1) の反応の電極電位に等しい．この反応に関与する電子数を$z$，Faraday定数を$F$とすると，この反応に伴う自由エネルギー変化，$-\Delta G$は，反応における最大仕事$zFE$に等しい．

$$-\Delta G = zFE \tag{6.12}$$

式 (6.12) と式 (6.6) から次式が得られる．

$$E = -\Delta G°/zF - (RT/zF) \ln (a_X^x a_Y^y \cdots / a_A^a a_B^b \cdots) \tag{6.13}$$

ここで，

$$E° = -\Delta G°/zF = (RT/zF) \ln K \tag{6.14}$$

とすると，式 (6.13) は次のように書くことができる．

$$E = E° - (RT/zF) \ln (a_X^x a_Y^y \cdots / a_A^a a_B^b \cdots) \tag{6.15}$$

式 (6.15) は電気化学反応の標準水素電極（normal hydrogen electrode; NHE）基準の平衡電位を表す式である．$E°$は標準電極電位（standard electrode potential）で，反応系の各成分の活量が1のときの電位である．式（6.15）をNernstの式（Nernst equation）と呼んでいる．

電池の正極，負極の平衡電位は，式（6.15）を用いて計算することができる．電池の正極活物質として使われている物質の酸化還元反応とその標準電極電位を表6.1に，また，負極活物質として使われている物質の酸化還元反応とその標準電極電位を表6.2に示した．

表6.1 正極活物質の酸化還元反応とその標準電極電位

| 正極活物質 | 酸化還元反応 | $E°$ (V vs. NHE) |
|---|---|---|
| $PbO_2$ (s) | $PbO_2+SO_4^{2-}+4H^++2e^-=PbSO_4+2H_2O$ | 1.682 |
| $Cl_2$ (g) | $Cl_2+2e^-=2Cl^-$ | 1.360 |
| $Cr_2O_7^{2-}$ (l) | $Cr_2O_7^{2-}+14H^++6e^-=2Cr^{3+}+7H_2O$ | 1.33 |
| $O_2$ (g) | $O_2+4H^++4e^-=2H_2O$ | 1.229 |
| $Fe^{3+}$ (l) | $Fe^{3+}+e^-=Fe^{2+}$ | 0.771 |
| NiOOH (s) | $NiOOH+H_2O+e^-=Ni(OH)_2+OH^-$ | 0.52 |
| $O_2$ (g) | $O_2+2H_2O+4e^-=4OH^-$ | 0.401 |
| $Ag_2O$ (s) | $Ag_2O+H_2O+2e^-=2Ag+2OH^-$ | 0.345 |
| $MnO_2$ (s) | $MnO_2+H_2O+e^-=MnOOH+OH^-$ | 0.12 |

NHE：標準水素電極．

表6.2 負極活物質の酸化還元反応とその標準電極電位

| 負極活物質 | 酸化還元反応 | $E°$ (V vs. NHE) |
|---|---|---|
| $H_2$ (g)（酸中） | $2H^++2e^-=H_2$ | 0.000 |
| Pb (s) | $PbSO_4+2e^-=Pb+SO_4^{2-}$ | -0.359 |
| $Cr^{2+}$ (l) | $Cr^{3+}+e^-=Cr^{2+}$ | -0.408 |
| $S^{2-}$ (l) | $S+2e^-=S^{2-}$ | -0.447 |
| Zn (s) | $Zn^{2+}+2e^-=Zn$ | -0.763 |
| Cd (s)（アルカリ中） | $Cd(OH)_2+2e^-=Cd+2OH^-$ | -0.809 |
| $H_2$ (g)（アルカリ中） | $2H_2O+2e^-=H_2+2OH^-$ | -0.828 |
| Zn (s)（アルカリ中） | $Zn(OH)_2+2e^-=Zn+2OH^-$ | -1.245 |
| Al (s) | $Al^{3+}+3e^-=Al$ | -1.662 |
| Na (s) | $Na^++e^-=Na$ | -2.714 |
| Li (s) | $Li^++e^-=Li$ | -3.045 |

NHE：標準水素電極．

## 6.3　電池の起電力

今，電池の正極での電気化学反応を式 (6.16)，この反応の平衡電位を式 (6.17) で表す．式 (6.17) は式 (6.15) の定数に数値 ($R = 8.31$ J/K/mol, $F = 9.648 \times 10^4$ C/mol) を入れ，温度を $T = 298$ K (25℃) とし，自然対数を常用対数に書き直したものである．

$$x_1 \mathrm{Ox}_1 + m_1 \mathrm{H}^+ + z_1 \mathrm{e}^- = y_1 \mathrm{Red}_1 + n_1 \mathrm{H}_2\mathrm{O} \tag{6.16}$$

$$E_1 = E_1^\circ - (0.0591 m_1/z_1)\mathrm{pH} + (0.0591/z_1) \log (a_{\mathrm{Ox}_1}^{x_1}/a_{\mathrm{Red}_1}^{y_1}) \tag{6.17}$$

ただし，$E_1^\circ$ は式 (6.17) の標準電極電位とする．同様に，電池の負極での電気化学反応を式 (6.18)，この反応の平衡電位を式 (6.19) で表す．

$$x_2 \mathrm{Ox}_2 + m_2 \mathrm{H}^+ + z_2 \mathrm{e}^- = y_2 \mathrm{Red}_2 + n_2 \mathrm{H}_2\mathrm{O} \tag{6.18}$$

$$E_2 = E_2^\circ - (0.0591 m_2/z_2)\mathrm{pH} + (0.0591/z_2) \log (a_{\mathrm{Ox}_2}^{x_2}/a_{\mathrm{Red}_2}^{y_2}) \tag{6.19}$$

$E_2^\circ$ は式 (6.19) の標準電極電位である．式 (6.16) は正極であるので，これの平衡電位 $E_1$ は負極である式 (6.18) の平衡電位 $E_2$ よりも高いとする．式 (6.16) と式 (6.18) からなる電池の構成は，次のように書くことができる．

$$\mathrm{Red}_2 \,|\, \mathrm{Ox}_2, \mathrm{H}^+, \mathrm{H}_2\mathrm{O} \,\|\, \mathrm{Ox}_1, \mathrm{H}^+, \mathrm{H}_2\mathrm{O} \,|\, \mathrm{Red}_1$$

両極間の電位差が電池の起電力 $E_\mathrm{emf}$ であり，次式で求められる (二つの電解質間の液間電位差は無視する)．

$$E_\mathrm{emf} = E_1 - E_2 \fallingdotseq E_1^\circ - E_2^\circ \tag{6.20}$$

したがって，表 6.1 の中の $E^\circ$ が高い物質を正極に，そして，表 6.2 の中の $E^\circ$ が低い物質を負極にすれば，起電力の大きな電池が得られる．

## 6.4　Nernst の式を使って電池の起電力を求める方法

電池の起電力は Nernst の式を使って求めることができる．ここでは，この式を実際の電池に適用し，起電力を計算してみる．例題 6-1 を解くことにする．

<例題6-1>
鉛蓄電池の正極反応は次式で表される.
$$PbO_2 + SO_4^{2-} + 4H^+ + 2e^- = PbSO_4 + 2H_2O \tag{6.21}$$
また,負極反応は次式で表される.
$$PbSO_4 + 2e^- = Pb + SO_4^{2-} \tag{6.22}$$
これらの式から298 Kにおける鉛蓄電池の起電力を求めよ.

なお,反応に関与する各物質の標準化学ポテンシャルの値(単位:J/mol)は次の通りである(各物質の後のsは固体状態,aqは液体状態を表す).

Pb (s): $\mu°_{Pb}=0$, PbSO$_4$(s): $\mu°_{PbSO_4}=-813\times10^3$,
PbO$_2$ (s): $\mu°_{PbO_2}=-218\times10^3$, SO$_4^{2-}$(aq): $\mu°_{SO_4^{2-}}=-745\times10^3$,
H$^+$(aq): $\mu°_{H^+}=0$, H$_2$O (aq): $\mu°_{H_2O}=-237\times10^3$

<解答6-1>
Nernstの式(6.15)の$E°$を式(6.14)と式(6.7)を用いて計算する.また,Nernstの式(6.15)の対数項は式(6.17)のpH項と活量項を用いて計算する.各物質の標準化学ポテンシャルの値を入れる前の式(6.21)の平衡電位$E_{eq\,6.21}$は次のようになる.ここで,ファラデー定数$F$は$9.648\times10^4$ C/molであり,反応に関与する電子数$z$は2である.

$$E_{eq\,6.21} = [(\mu°_{PbO_2} + \mu°_{SO_4^{2-}} - \mu°_{PbSO_4} - 2\mu°_{H_2O})/9.648\times10^4\times2]$$
$$-(0.0591\times4/2)\,pH + (0.0591/2)\log a_{SO_4^{2-}}\,(V, NHE基準)$$
$$\tag{6.23}$$

式(6.23)に各物質の標準化学ポテンシャルの値を入れると次のようになる.

$$E_{eq\,6.21} = [(-218)+(-745)-(-813)-2(-237)]\times10^3/9.648\times10^4\times2]$$
$$-(0.0591\times4/2)\,pH + (0.0591/2)\log a_{SO_4^{2-}} \tag{6.24}$$
$$= 1.68 - 0.118\,pH + 0.0295\log a_{SO_4^{2-}}\,(V, NHE基準)$$
$$\tag{6.25}$$

同様に,各物質の標準化学ポテンシャルの値を入れる前の式(6.22)の平衡電位$E_{eq\,6.22}$は次のようになる.

$$E_{eq\,6.22} = [(\mu°_{PbSO_4} - \mu°_{SO_4^{2-}})/9.648\times10^4\times2] + (0.0591/2)\log(a_{SO_4^{2-}})^{-1}$$
$$\tag{6.26}$$

式 (6.26) に各物質の標準化学ポテンシャルの値を入れると次のようになる．

$$E_{eq\,6.22} = \{[(-813)-(-745)]/9.648\times10^4\times2)\} + (0.0591/2)\log(a_{SO_4^{2-}})^{-1}$$
(6.27)

$$= -0.35 - 0.0295 \log a_{SO_4^{2-}}$$
(6.28)

したがって，式 (6.21) と式 (6.22) を組み合わせた鉛蓄電池の起電力 $E_{emf}$ は，

$$E_{emf} = E_{eq\,6.21} - E_{eq\,6.22}$$
(6.29)

$$= 2.03 - 0.118\,pH + 0.059 \log a_{SO_4^{2-}}\ (V)$$
(6.30)

となる．

＜起電力のpH依存性の電位-pH図による考察＞

$E_{eq\,6.21}$（式 (6.25)）と $E_{eq\,6.22}$（式 (6.28)）は，pHと $a_{SO_4^{2-}}$ の関数になっている．したがって，$a_{SO_4^{2-}}$ の値を一定値に取るときには，図6.2のように，$E_{eq\,6.21}$ と $E_{eq\,6.22}$ のpHによる変化を電位-pH平面に示すことができる．図6.2に見るように，$E_{eq6.21}$ はpHが大きくなると低下するが，$E_{eq\,6.22}$ はpHに依存しない．$E_{eq\,6.21}$ と $E_{eq\,6.22}$ の差である鉛蓄電池の起電力 $E_{emf}$ は，pHが大きくなると（$H_2SO_4$ 濃度が低下すると）低下する．

図6.2のように，平衡電位とpHの関係を電位-pH平面に示した図を電位-pH図 (potential-pH diagram) あるいはプルベー図 (Pourbaix diagram) という[7]．電位-pH図の利用に関しては，6.18および7.11においてまた解説する．図6.2には破線でPb-$H_2O$系の電位-pH図も示してある．鉛蓄電池にはpH 0以下の $H_2SO_4$ 水溶液が使われるので，pH 0の所で鉛蓄電池の電極が受ける変化について考察する．

pH 0では，Pbの平衡電位は水素電極反応の平衡電位より低いので，PbはH$^+$ によって酸化される．また，$PbO_2$ の平衡電位は酸素電極反応の平衡電位より高いので，$PbO_2$ は $H_2O$ によって還元される．すなわち，熱力学的にはPbおよび $PbO_2$ は共に自己放電する可能性がある．しかし，実際にはPbの水素過電圧が大きいので，H$^+$ によるPbの酸化はほとんど起こらない．また，$PbO_2$ の酸素過電圧が大きいので，$PbO_2$ による $H_2O$ の酸化は容易に進まない．そのため，$H_2SO_4$ 水溶液中では式 (6.21) と式 (6.22) の反応が進行し，式 (6.25) と式 (6.28) の差にほぼ相当する2.0 Vの起電力が得られる．

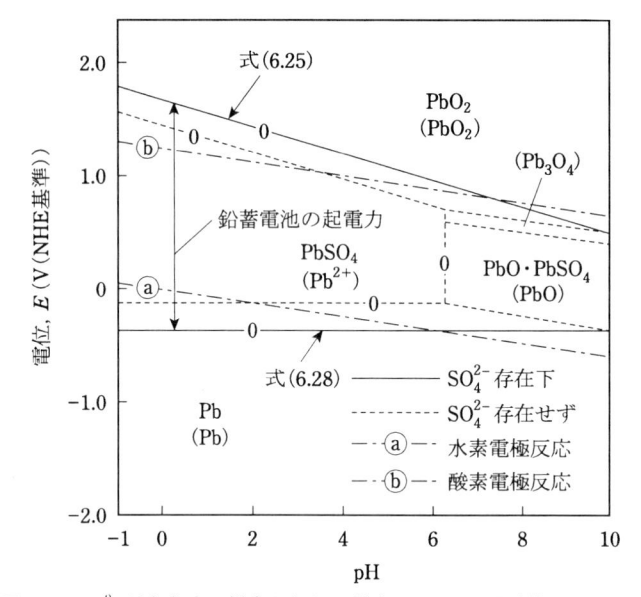

**図6.2** $SO_4^{2-}$ が存在する場合としない場合のPb-$H_2O$系電位 –pH図
0：イオンの活量 $a = 10^0$，（ ）：$SO_4^{2-}$ が存在しない場合の安定物質

式(6.21)と式(6.22)の反応により電極表面に$PbSO_4$が形成されると，$PbSO_4$は難溶性であり，また，$PbSO_4$の安定域は$Pb^{2+}$の安定域を全部覆っているので，電極基体のPbは不働態化する．しかし，$PbSO_4$皮膜が余りにも強固に電極を覆うと，式(6.21)と式(6.22)の反応が可逆的に進まなくなる．反応の可逆性が確保される程度に$PbSO_4$皮膜が形成されることが望ましい．

## 6.5 単一電極上での電気化学反応の反応速度

単純化のために，電荷移動過程の素反応一つからなる単一電極反応を考える．

$$M \underset{i_c}{\overset{i_a}{\rightleftarrows}} M^{z+} + ze^- \tag{6.31}$$

式(6.31)の$i_a$はアノード方向（酸化方向）の電流密度，$i_c$はカソード方向（還元方向）の電流密度である．$i_a, i_c$は，電極反応速度論によると，次のように表す

ことができる[2)3)8)〜10)].

$$i_a = zFk_a C_M \exp[-(\Delta G_a^* - \alpha zFE)/RT] \quad (6.32)$$

$$i_c = zFk_c C_{M^{z+}} \exp[-(\Delta G_a^* + (1-\alpha)zFE)/RT] \quad (6.33)$$

ここで，$k$は反応速度定数，$C$は濃度，$\Delta G_a^*$はアノード反応の活性化自由エネルギー，$\Delta G_c^*$はカソード反応の活性化自由エネルギー，$\alpha$は通過係数($1>\alpha>0$)，$E$は電極電位である．式 (6.32) および (6.33) の電流$i_a$および$i_c$と電位$E$の関係を図6.3に示した[2)3)]．図6.3において，$i_a=i_c$となるときの電位$E_{eq}$は平衡電位であり，式 (6.15) に示したNernstの式で計算されるものと同じである．また，$i_a=i_c$となるときの電流$i_0$を交換電流 (exchange current) という．

電極の電位$E$が平衡電位にないときには，平衡電位からのずれ$\eta$が生じる．

$$\eta = E - E_{eq} \quad (6.34)$$

電位が平衡電位よりずれることを分極 (polarization)，電位が平衡電位よりずれた分$\eta$を過電圧 (overvoltage)，平衡電位から$\eta$だけ分極したところにある電位$E$を分極電位 (polarization potential) という．分極電位$E$においては，

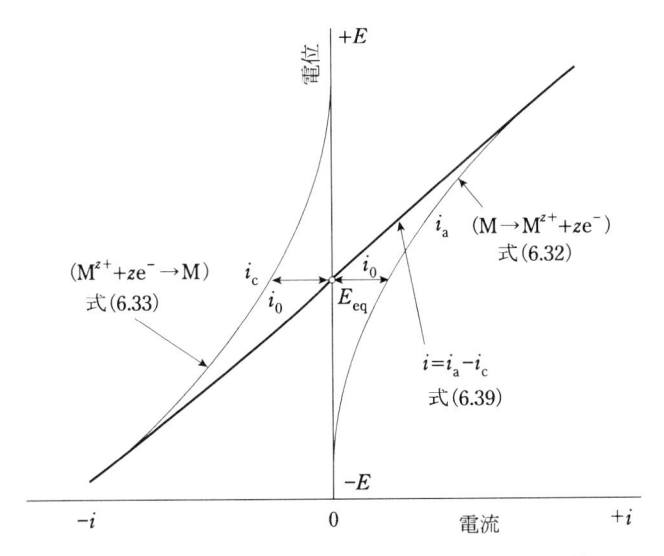

$$i = i_a - i_c \quad (6.35)$$

図6.3 単一電極系の電流$i_a$および$i_c$と電位$E$の関係

の電流が流れる．$i_a$は式 (6.32) と式 (6.34) より次のように表される．

$$i_a = zFk_aC_M \exp[-(\Delta G_a^* - \alpha zFE_{eq})/RT] \exp(\alpha zF\eta/RT)$$
(6.36)

$$= i_0 \exp(\alpha zF\eta/RT) \tag{6.37}$$

同様に式 (6.33) と式 (6.34) より次式を得る．

$$i_c = i_0 \exp[-(1-\alpha)zF\eta/RT] \tag{6.38}$$

式 (6.37) と (6.38) を式 (6.35) に代入すると次の形になる．

$$i = i_0\{\exp(\alpha zF\eta/RT) - \exp[-(1-\alpha)zF\eta/RT]\} \tag{6.39}$$

式 (6.39) は単一電極反応の反応速度を表す基本式であり，Butler-Volmerの式と呼ばれている．

過電圧 $\eta$ が非常に大きいときには，Butler-Volmerの式 [式 (6.39)] は以下のように変形される．すなわち，

$$|\eta| \gg RT/\alpha zF \tag{6.40}$$

であるときには，$i_a \gg i_c$ であればカソード反応が無視できるし，また，$i_a \ll i_c$ であればアノード反応が無視できる．それゆえ，$\eta > 4RT/\alpha zF$ であれば ($\eta > 50$ mV)，式 (6.39) の右辺の第2項を省略しうるので，次のような簡単な式になる．

$$i = i_0 \exp(\alpha zF\eta/RT) \tag{6.41}$$

両辺の対数を取り常用対数で表示すると次式が得られる．

$$\eta = -(2.303\,RT/\alpha zF)\log i_0 + (2.303\,RT/\alpha zF)\log i \tag{6.42}$$

ここで，

$$A = -(2.303\,RT/\alpha zF)\log i_0 \tag{6.43}$$

$$B = 2.303\,RT/\alpha zF \tag{6.44}$$

とすると次の形で表される．

$$\eta = A + B\log i \tag{6.45}$$

これは過電圧と電流密度の対数との間の直線関係を表す有名なTafelの式 (Tafel equation) である．図6.4にTafelの関係を示した[2) 11)]．Tafelの式の定数 $A, B$ が求まると交換電流密度 $i_0$ と通過係数 $\alpha$ が得られるので，反応機構を解析する上で重要である．定数 $B$ はTafel勾配 (Tafel slope) と呼ばれる．Tafel勾配は普通 0.05〜0.23 (V/decade) の間の値をとる．

図6.4 Tafel の関係

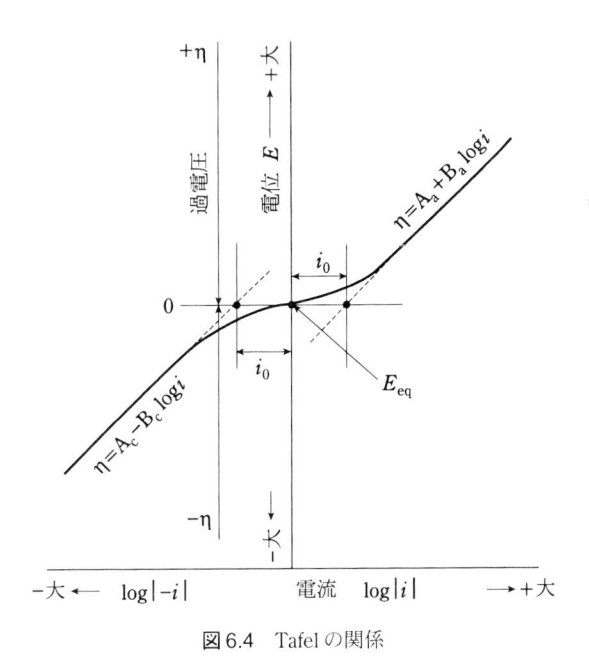

## 6.6 電池反応の分極曲線

放電および充電に伴う電池の正極および負極の分極状態を図6.5に模式的に示した[2)12)]．正極および負極の分極曲線はButler-Volmerの式（式（6.39））に従うものとする．開回路状態にある電池では，正極および負極の電位はそれぞれの平衡電位，$E_{eq, p}$および$E_{eq, n}$に近い電位にある．$E_{eq, p}$と$E_{eq, n}$の差が開回路電圧$V_{op}$である．回路に外部負荷が接続され，回路が閉じられた状態になると，電池反応が自発的に進む方向に放電電流$i_{dis}$が流れ，正極および負極はそれぞれカソードおよびアノード分極する．分極の大きさ（過電圧に対応）は，それぞれの電極の性質および状態に依存する．放電電流$i_{dis}$におけるそれぞれの電極の分極電位$E_{p, dis}$および$E_{n, dis}$の差が作動電圧$V_{wk}$となる．したがって，分極が小さい方が，大きな放電電流においても大きな作動電圧が得られることになる．

充電は，充電電流$i_{ch}$で行われる．図6.5にみるように，充電中の電圧（$E_{p,ch}$と$E_{n,ch}$の差）は開回路電圧よりも大きくなる．

正極および負極のアノードおよびカソード分極曲線の可逆性が良い(二次電池に相当)ときには，放電電流$i_{dis}$と同じ大きさの充電電流を放電時間$t_{dis}$と同じ時間流せば，すなわち，放電電気量$Q_{dis}$と同じ充電電気量$Q_{ch}$を流せば，正極および負極は元の状態に回復することになる．しかし，可逆性が悪い(一次電池に相当)ときには，放電電流と同じ充電電流を放電時間と同じ時間流しても，元の状態には戻らない．

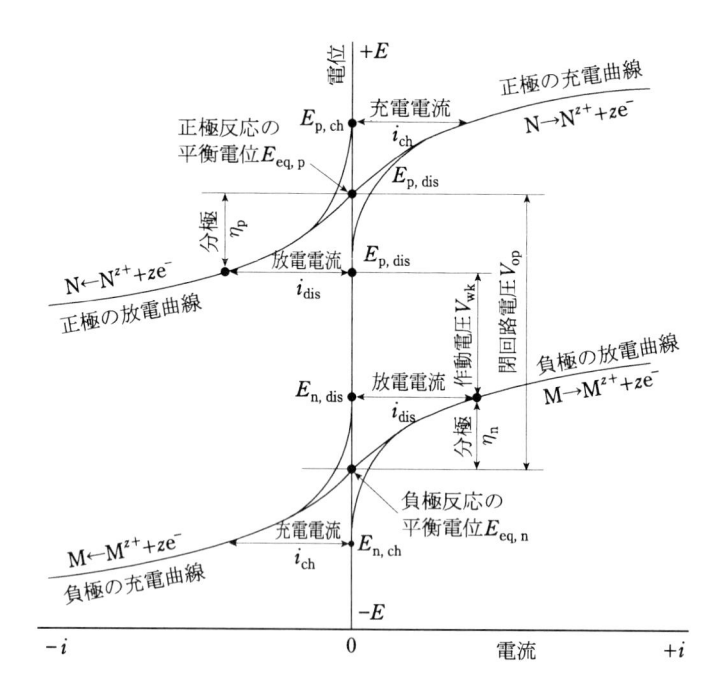

**図6.5** 放電および充電に伴う正極および負極の電流－電位曲線の変化[2) 12)]

## 6.7　Tafelの式を使って電池の作動電圧を評価する方法

　分極曲線を表す基本式はButler-Volmerの式 (式(6.39)) であるが，この式はexp項を複数含む複雑な式であるため取り扱いが厄介である．そのため，通常の分極曲線の取り扱いには，過電圧と電流密度の対数との関係を直線で表すことができるTafelの式 (6.45) が用いられる．ここでは，正極および負極の電極反応パラメータから正極および負極のTafelの式を求め，電池を一定電流で放電しているときの作動電圧を評価する方法について述べる．例題6-2を解くことにする．

＜例題6-2＞

　脱気したCuSO$_4$溶液中でのCuの電極反応 (Cu$^{2+}$+2e$^-$ ⇌ Cu) の交換電流$i_0$は10$^{-6}$ A/10$^{-4}$m$^2$，通過係数$\alpha$(Cu/Cu$^{2+}$) は0.5であった．また，脱気したZnSO$_4$溶液中でのZnの電極反応 (Zn ⇌ Zn$^{2+}$+2e$^-$) の$i_0$は10$^{-5}$ A/10$^{-4}$m$^2$，$\alpha$(Zn/Zn$^{2+}$) は0.5であった．この二つの電極系を合わせてDaniell電池 (Zn|ZnSO$_4$¦¦CuSO$_4$|Cu) を構成した．そして，この電池の正極と負極の間に負荷を入れて，10$^{-2}$ A/10$^{-4}$m$^2$の一定放電電流$i_{dis}$を流した．このとき電池が示す作動電圧$V_{wk}$を求めよ．ただし，温度$T$は298 K, Cu/Cu$^{2+}$の標準電極電位は0.337 V (NHE基準)，Zn/Zn$^{2+}$の標準電極電位は-0.763 V (NHE基準)，CuSO$_4$溶液とZnSO$_4$溶液のCu$^{2+}$イオンとZn$^{2+}$イオンの活量はそれぞれ1とし，そして両液間の液間電位は無視する．(電流密度の単位A/10$^{-4}$m$^2$はA/cm$^2$と同じ)

＜解答6-2＞

　カソード反応 (Cu$^{2+}$+2e$^-$→Cu) のTafelの式は次のように表せる．

$$\eta_c = A_c - B_c \log i \qquad (6.46)$$

ここで，$A_c$=2.303 [$RT/\alpha zF$] log $i_0$, $B_c$=2.303 [$RT/\alpha zF$]である．これらに数値 ($R$=8.31 J/K/mol, $F$=9.648×10$^4$ C/mol, $T$=298 K, $i_0$=10$^{-6}$A/10$^{-4}$m$^2$, $\alpha$=0.5) を入れると，

$$A_c = 2.303\ [8.31 \times 298/0.5 \times 2 \times 9.648 \times 10^4] \times (-6) = -0.020\ \text{V}$$

$$B_c = 2.303\ [8.31 \times 298/0.5 \times 2 \times 9.648 \times 10^4] = 0.059\ \text{V/log}\ (\text{A}/10^{-4}\text{m}^2)$$

となり，カソード反応のTafelの式は次のようになる．

$$\eta_c = -0.020 - 0.059 \log i \tag{6.47}$$

$i_{dis} = 10^{-2} A/10^{-4} m^2$ では，$\log i$ のdecadeは $-2-(-6)=4$ となるので，$\eta_c = -0.020 - 0.059(4) = -0.256$ V となる．

一方，アノード反応のTafelの式は次のように表せる．

$$\eta_a = A_a + B_a \log i \tag{6.48}$$

ここで，$A_a = -(2.303 RT/\alpha zF) \log i_0$，$B_a = 2.303 RT/\alpha zF$ であるので，これらに数値 ($i_0 = 10^{-5} A/10^{-4} m^2$, $\alpha = 0.5$) を入れると，

$$A_a = -2.303(8.31 \times 298/0.5 \times 2 \times 9.648 \times 10^4) \times (-5) = 0.024 \text{ V}$$

$$B_a = 2.303(8.31 \times 298/0.5 \times 2 \times 9.648 \times 10^4) = 0.059 \text{ V/log}(A/10^{-4} m^2)$$

となり，アノード反応のTafelの式は次のようになる．

$$\eta_a = 0.024 + 0.059 \log i \tag{6.49}$$

$i_{dis} = 10^{-2} A/10^{-4} m^2$ では，$\log i$ のdecadeは $-2-(-5)=3$ となるので，

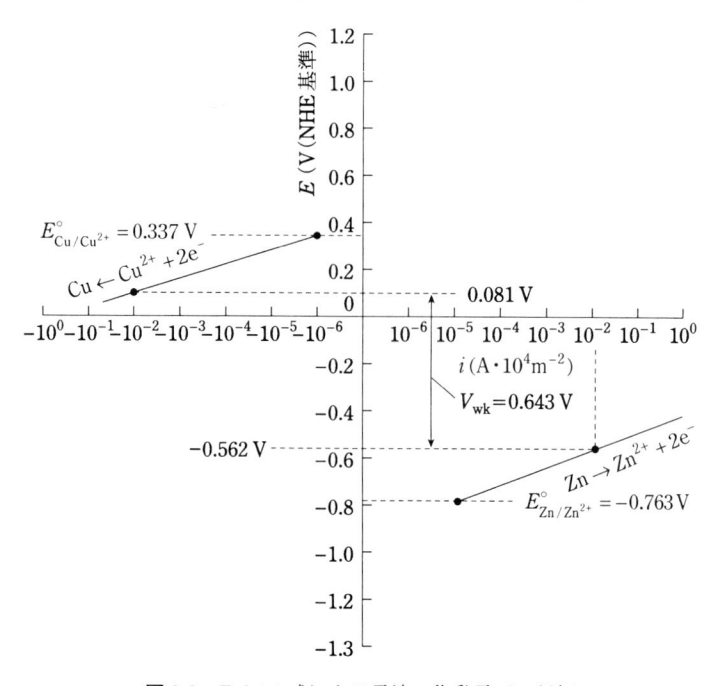

図6.6 Tafelの式による電池の作動電圧の評価

$\eta_a = 0.024 + 0.059\,(3) = 0.201$ V となる．

したがって，$i_{dis} = 10^{-2} \text{A}/10^{-4} \text{m}^2$ における作動電圧 $V_{wk}$ は

$$V_{wk} = (0.337 - 0.256) - (-0.763 + 0.201) = 0.643 \text{ V} \qquad (6.50)$$

となる．このような電位と電流の関係を図6.6に示した．

## 6.8　放電に伴う分極曲線の変化

　放電の経過に伴い濃度分極が生ずる場合の正極および負極の分極状態の変化を図6.7に模式的に示した[2)12)]．完全充電された状態の電池に外部負荷をつなぎ，一定の放電電流 $i_{dis}$ で放電を行うと，正極および負極とも最初は活性化分極だけを示すカソードおよびアノード分極曲線に従って電流が流れ，初期放電電圧 $V_{st}$ を示す．しばらく放電を続けると正極および負極の表面付近には反応生成物が溜まり，電極反応は濃度分極 $\eta_{cp}$ および $\eta_{cn}$ を示すようになる．この段階での電流は，濃度分極のある分極曲線にしたがって流れる．濃度分極が大

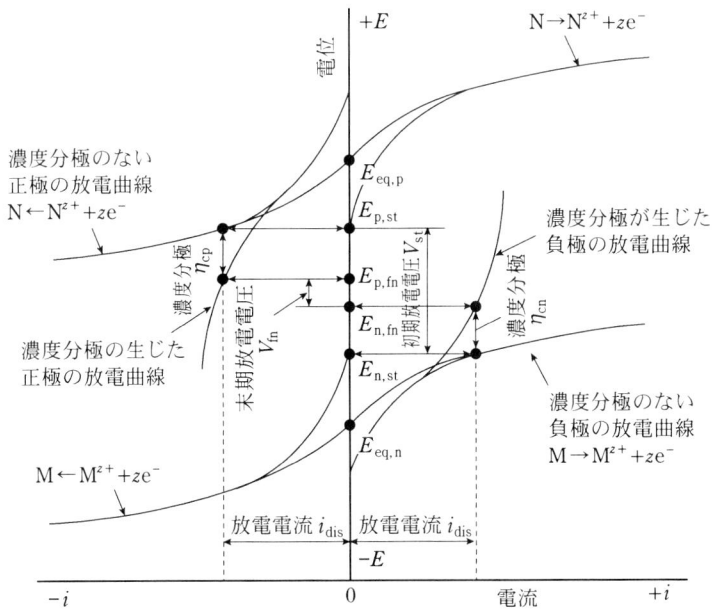

**図6.7**　放電に伴い濃度分極が生ずる場合の正極および負極の電流－電位曲線の変化[2)12)]

きくなり，電池反応の自発的な進行が困難になると，末期放電電圧$V_{fn}$を示す．このように，電池の作動電圧は$V_{st}$から$V_{fn}$まで，放電に伴って低下する．

定電流充電をする場合にはこの逆過程が起こり，充電中の電圧は$V_{fn}$から$V_{st}$まで回復する．

## 6.9 電池の放電曲線

完全充電された電池に外部負荷を繋ぎ一定電流で放電を行うと，多くの場合，図6.8のような放電曲線（discharge curve，端子電圧－時間曲線）が得られる[2)][12)]．

a-b間の初期降下部分は，活性化分極と電池内部のオーム抵抗による電圧降下である．その後，放電時間が短いうちは活性化分極の増大に伴い，そして，放電時間が長くなると濃度分極の増大に伴い，端子電圧はbからdまで低下する．dまで放電すると正極および負極活物質に不可逆的な変化が生ずる恐れがある．そのため，二次電池では，初期放電電圧の値の10％位の値まで電圧が低下したcのところで放電を打ち切る．cの位置を放電終止電圧（cut-off voltage）という．cに達するまでの放電時間$t_{co}$と放電電流$i_{dis}$の積（$t_{co} \cdot i_{dis}$）が電池の容量である．b-c間が長くかつ安定している電池ほど性能が良い．

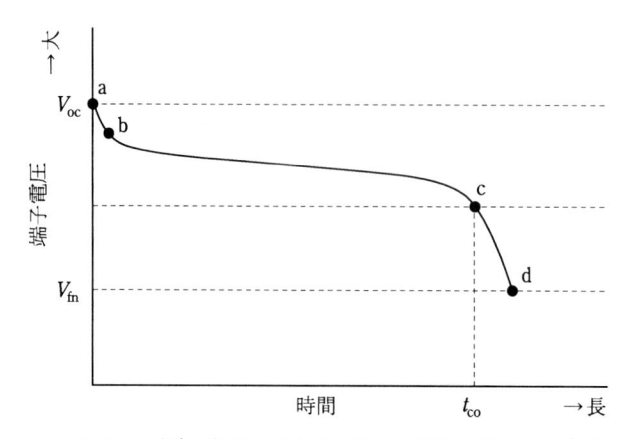

図6.8 電池の放電に伴う端子電圧－時間曲線の変化[2)][12)]

充電の場合には，c→b→aと逆の過程をたどるのが普通である．しかし，充放電サイクルを繰り返すと，充電しても$V_{oc}$の値まで端子電圧が回復しなくなる．これは，充放電に伴って徐々に正極および負極活物質に不可逆な変化を生じたためである．

## 6.10 電池の放電曲線から電池の容量とエネルギー密度を求める方法

電池の放電曲線は，実際の電池について，実験的に求める必要がある．電池に抵抗$R$の負荷を繋ぎ，一定放電電流$i_{dis}$の下で電池の作動電圧（端子電圧）$V_{wk}$の時間的変化を測定する．得られた放電曲線から電池の容量とエネルギー密度を求める方法について，実例を基に解説する．

＜例題6-3＞
リチウムイオン二次電池（CGR17500）について，放電電流$i_{dis}$＝720 mA，放電終止電圧$V_{co}$＝2.5 Vとして，放電中の作動電圧の時間的変化を測定したところ，図6.9に示す結果（放電曲線）が得られた[13]．この曲線から電池の容量とエネルギー密度を求めよ．

＜解答6-3＞
容量は放電時間$t_{dis}$に放電電流$i_{dis}$を乗ずることによって求めることができ

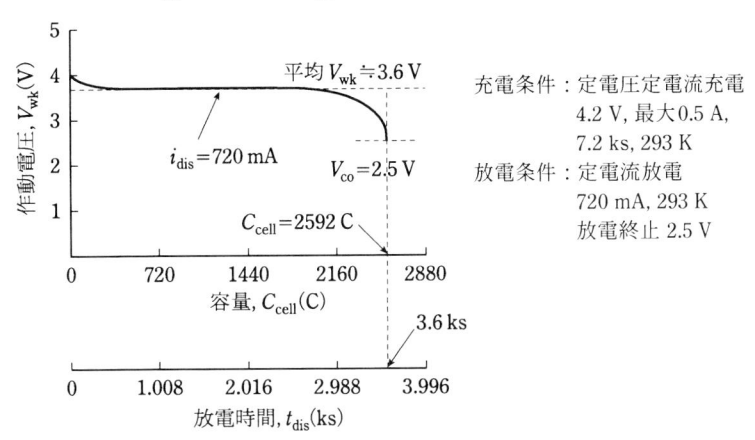

図6.9 リチウムイオン二次電池の放電曲線[13]と電池の容量

る．図6.9の横軸は，電池の時々刻々の容量$C_{cell}(=t_{dis}\cdot i_{dis})$として表示してある．放電終止電圧に達した時間は3.6 ksであるので，この電池の容量は$C_{cell}=$720 mA×3.6 ks=2592 A・s=2592 Cとなる．また，平均放電電圧$V_{wk}$は3.6 Vであったので，エネルギー密度$G_{cell}(=V_{wk}\cdot C_{cell})$は$G_{cell}=$3.6 V×2592 C=9.33 kJとなる．

## 6.11 電池の損失

電池の理論起電力(開回路電圧$V_{oc}$)は正負両極の平衡電位の差，$E_{eq,p}-E_{eq,n}$，に相当する電圧である．しかし，電池を作動させて内部に電流が流れると色々な損失が生じ，電池の端子電圧(閉回路電圧)$V_{wk}$は低下する．電極に電流が流れたときの電位の変化分は過電圧(あるいは分極)$\eta$と呼ばれる．正負両極で生じる過電圧をそれぞれ$\eta_p, \eta_n$とすると，$V_{oc}$から$\eta_p+\eta_n$を差し引いたものが$V_{wk}$となる．したがって，$\eta_p+\eta_n$が電圧損失となるので，これをできるだけ小さくする必要がある．

電極で生じる過電圧には，大きく分けると，次の三種類がある．

**(1) 活性化過電圧 (activation overpotential) $\eta_a$**

電極表面と反応物質との間で電子の授受を行うのに必要な活性化エネルギーに関わる電位変化．電流が比較的大きい領域では，$\eta_a$はTafelの式(6.42)で表される．

$$\eta_a = -(2.303\,RT/\alpha zF)\log i_0 + (2.303\,RT/\alpha zF)\log i$$

$\eta_a$を小さくするためには，$i_0$を大きくする必要がある．

**(2) 濃度過電圧 (concentration overpotential) $\eta_c$**

電極表面と溶液沖合との間で反応関与物質の拡散を生じさせるのに必要なエネルギーに関わる電位変化．拡散限界電流を$i_l$とすると，$\eta_c$は次式で表される．

$$\eta_c = -(RT/zF)\ln[1-(i/i_l)] \tag{6.51}$$

$i$および$i_l$は次式で表される．

$$i = zFD_i[(^*C_i - {}^0C_i)/\delta] \tag{6.52}$$

$$i_l = zFD_i(^*C_i/\delta) \tag{6.53}$$

第6章 化学電池の電気化学

ただし，$D_i$はイオンiの拡散係数，$^*C_i$はイオンiの溶液沖合の濃度，$^0C_i$はイオンiの電極表面での濃度，$\delta$は拡散層の厚さである．したがって，$\eta_c$は次のようになる．

$$\eta_c = (RT/zF) \ln (^*C_i/^0C_i) \tag{6.54}$$

$\eta_c$は拡散過電圧（diffusion overpotential）とも呼ばれる．$\eta_c$をゼロにするには$^*C_i/^0C_i=1$にする，すなわち沖合と表面の濃度を等しくする必要がある．

### (3) 抵抗過電圧（resistance overpotential）$\eta_\Omega$

電極，電解質溶液，セパレータなどの電気抵抗$R_\Omega$による電圧降下で，$iR$降下（$iR$ drop），オーム損（ohmic drop）とも言われる．

$$\eta_\Omega = iR_\Omega \tag{6.55}$$

$\eta_\Omega$を小さくするためには，$R_\Omega$を小さくする必要がある．

活性化過電圧，濃度過電圧および抵抗過電圧が存在するアノードおよびカソード分極曲線と電池の作動電圧の関係を図6.10に示した．アノードの過電圧

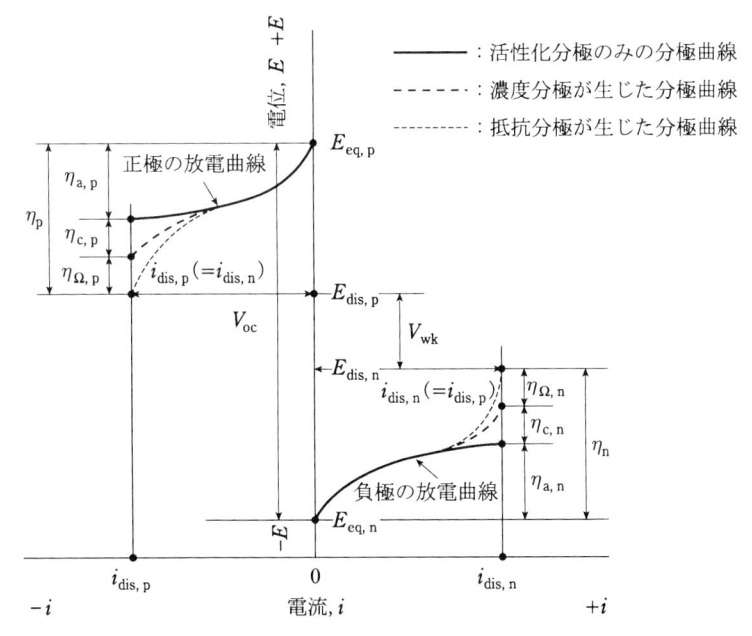

図6.10 活性化過電圧，濃度過電圧および抵抗過電圧が存在するアノードおよびカソード分極曲線と電池の作動電圧の関係

は $\eta_n = \eta_{a,n} + \eta_{c,n} + \eta_{\Omega,n}$ であり,カソードの過電圧は $\eta_p = \eta_{a,p} + \eta_{c,p} + \eta_{\Omega,p}$ である.したがって,放電電流 $i_{dis} = i_{dis,n} = i_{dis,p}$ のときには,$V_{wk}$ は次のようになる.

$$V_{wk} = (E_{eq,p} - E_{eq,n}) - (\eta_p + \eta_n) \tag{6.56}$$

正負両極間に電流 $i_{dis}$ (A) が流れたときの電圧損失 $V_{loss}$ は $V_{loss} = \eta_p + \eta_n$ (V) であり,電流 $i_{dis}$ を $t$ 時間(s)流したときに過電圧のために失われるエネルギー $G_{loss}$ (J) は,

$$G_{loss} = i_{dis} t V_{loss} \tag{6.57}$$

となる.$G_{loss}$ が電池の損失になる.電池の損失は,熱として失われる.

## 6.12　電解質溶液の比導電率

電池には内部液として色々な電解質溶液(electrolytic solution)が用いられている.電解質溶液とは,溶媒の中に溶けた物質がイオンに解離し,均一に混じり合った状態で存在している溶液である.イオンに解離してイオン伝導(ionic conduction)を示す物質を電解質(electrolyte)という.

電解質溶液に2枚の電極板を挿入し,これらの間に直流電圧を印加すると,溶液中の陽イオン(カチオン;cation)はマイナス極に,また,陰イオン(アニオン;anion)はプラス極に移動し,それぞれ電極上で電子受容反応および電子放出反応を起こすことによって両電極間に電気が流れる.このような様子を図6.11に示す[14].このとき,両極間の電圧 $\varepsilon$ (V),電流 $I$ (A),抵抗 $R$ (Ω) との間には,電子伝導体の場合と同様,オームの法則が成立する.

$$\varepsilon = I \cdot R \tag{6.58}$$

電極の面積を $S$ ($10^{-4}$ m², すなわち 1 cm²),電極間の距離を $l$ ($10^{-2}$ m, すなわち 1cm)とすると,$R$ は次のようになる.

$$R = rl/S \tag{6.59}$$

$r$ は溶液の比抵抗($10^{-2}$ Ω·m)で,単位断面積,単位長さの溶液が持つ抵抗に相当する.比抵抗 $r$ の逆数 $\kappa$ を比導電率(specific conductance)という[14].

$$\kappa = 1/r (10^2 \Omega^{-1} \cdot m^{-1}, 10^2 S \cdot m^{-1}, すなわち S \cdot cm^{-1}) \tag{6.60}$$

電池の内部抵抗を小さくして大きな電流を流すことができるためには,$\kappa$ の大

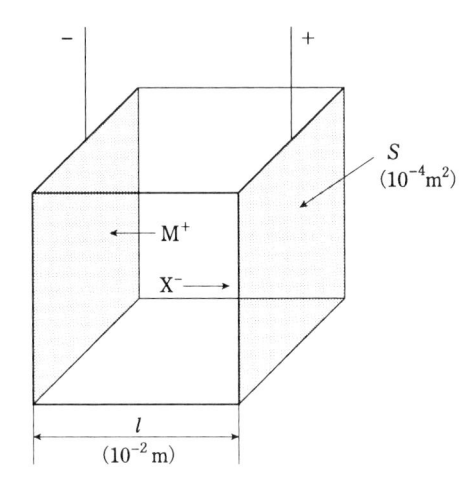

図6.11 電解質溶液に直流電圧を印加したときのカチオン $M^+$ とアニオン $X^-$ の移動

きな電解質溶液を選ぶ必要がある.

## 6.13 イオンの移動度

電解質溶液内に電位勾配(電場)を与えた場合,溶液中のイオンの移動が生ずる.そのような様子を図6.12に示す[14].電場が駆動力となって荷電粒子が動く現象を泳動(migration)という.

あるイオン種 $j$ が単位電位勾配 ($10^2\,\text{V}\cdot\text{m}^{-1}$,すなわち $1\,\text{V}\cdot\text{cm}^{-1}$) の下で単位時間 (1 s) に泳動する速度をそのイオンの移動度(ionic mobility)$u_j$ という.移動度は $10^{-2}\,\text{m}\cdot\text{s}^{-1}/10^2\,\text{V}\cdot\text{m}^{-1}$,すなわち $10^{-4}\,\text{m}^2\cdot\text{s}^{-1}\cdot\text{V}^{-1}$,の単位を持つ.

いま,イオン $j$ の濃度を $n_j$ ($10^6\,\text{mol}\cdot\text{m}^{-3}$),イオン価を $z_j$,溶液内の電位勾配を $\theta$ ($10^2\,\text{V}\cdot\text{m}^{-1}$) とすると,このイオンが泳動方向に垂直な断面 $10^{-4}\,\text{m}^2$ を通して1 s間に運ぶ電気量,すなわち電流密度 $I_j$ ($10^4\,\text{A}\cdot\text{m}^{-2}$,すなわち $\text{A}\cdot\text{cm}^{-2}$) は,次式で与えられる[14].

$$I_j = |z_j|Fn_ju_j\theta \tag{6.61}$$

溶液中にはイオン $j$ 以外のイオン種も存在し,これらも全てイオン伝導に与

図中ラベル:
- 時間:1s
- 速度:$u_j\theta$
- 断面積: $10^{-4}m^2$
- 通過モル数: $n_j u_j \theta$
- 通過電気量: $z_j F n_j u_j \theta$
- イオン$j$ ($z_j$価)
- 濃度:$n_j$
- 電位勾配 $\theta$ ($10^2\,\mathrm{V\cdot m^{-1}}$)
- $10^{-2}$ m

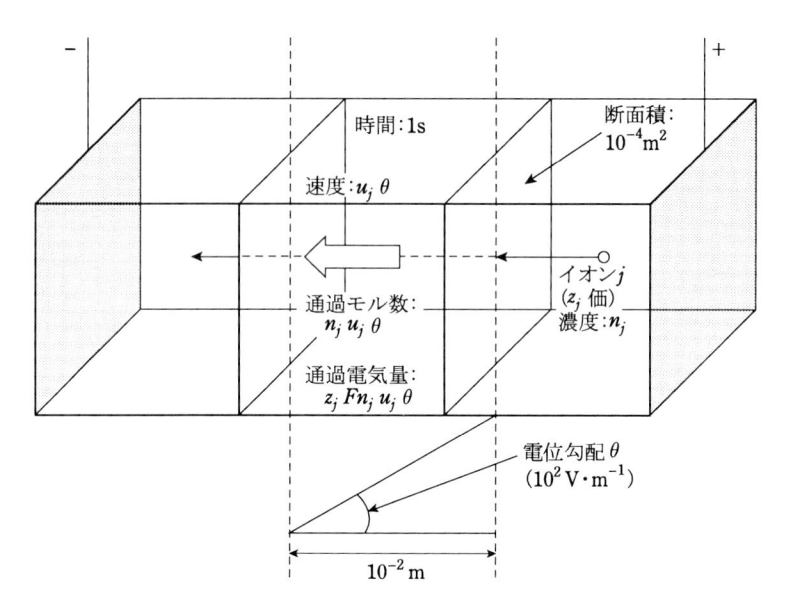

図6.12 電位勾配が存在する電解質溶液中におけるイオンの移動速度

るので，全イオンによって運ばれる電流密度は次のようになる．

$$I = F\theta \sum_j (|z_j| n_j u_j) \tag{6.62}$$

$\varepsilon = rI = I/\kappa$ であるから，$\kappa$ は次のように表せる．

$$\kappa = F \sum_j (|z_j| n_j u_j) \tag{6.63}$$

すなわち，イオンの種類 $n_j$ とイオン価 $z_j$ が同じなら，比導電率を高めるには移動度 $u_j$ を大きくする必要がある．

## 6.14　電解質溶液の当量導電率

電解質溶液の導電率は，極板間に存在する溶液の濃度によって変化する．そのため，一定濃度における導電率を定義しておいた方が，電解質の種類による導電率の違いを比較する場合には便利である．

$10^{-2}$ m (すなわち1 cm)離れた平行対向極板間(それぞれの面積$b$($10^{-4}\,\mathrm{m^2}$)と

第6章　化学電池の電気化学

する)に1グラム当量(eq)の電解質を含む溶液を入れたとき，その溶液が示す導電率を当量導電率(equivalent conductance) $\Lambda$ と定義している．この状況を図6.13に示す[14])．溶液の濃度が $C$ ($10^6$ eq・m$^{-3}$)であるときには，

$$\Lambda = \kappa b = \kappa/C \ (10^{-4} \Omega^{-1} \cdot m^2 \cdot eq^{-1}) \tag{6.64}$$

である．また，電解質の濃度を $n$ ($10^6$ mol・m$^{-3}$)，解離イオンの価数を $z$ としたときには，

$$\Lambda = \kappa/n|z| \tag{6.65}$$

となる．

今，電解質MXを溶媒に溶解したとき，次式のように解離してイオンになったとする．

$$MX \rightarrow M^{z+} + X^{z-} \tag{6.66}$$

溶解したMXに対するイオン化したMXの割合を解離度(degree of dissociation) $\alpha$ という．溶解したMXの濃度を $n$ ($10^6$ mol・m$^{-3}$)とすると，溶液中のM$^{z+}$およびX$^{z-}$イオンの濃度は $\alpha n$ ($10^6$ mol・m$^{-3}$)となる．したがって，式(6.63)より

$$\kappa = \alpha n |z| F (u_{M^{z+}} + u_{X^{z-}}) \tag{6.67}$$

式(6.67)を式(6.65)に代入すると，

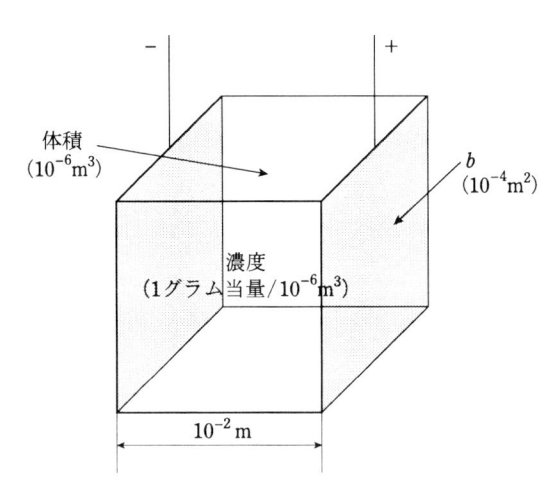

図6.13　当量導電率を測るセル

$$\Lambda = \alpha F (u_{M^{z+}} + u_{X^{z-}}) \tag{6.68}$$

となる[14].すなわち,当量導電率には電解質の解離度と生成したイオンの移動度が関与している.

イオンの当量導電率と拡散係数との間には,次のNernst-Einsteinの式が成り立つ.

$$\Lambda_i = D_i |z_i| F^2 / RT \tag{6.69}$$

ここで,$\Lambda_i$はイオン$i$の当量導電率,$D_i$はイオン$i$の拡散係数,$z_i$はイオン$i$の価数である.また,溶媒中での溶質粒子の拡散係数と溶媒の粘度との間には,Stokes-Einsteinの式が成り立っている.

$$D_l = kT / \beta \pi r_l \eta_v \tag{6.70}$$

ここで,$D_l$は溶質粒子$l$の拡散係数,$k$はボルツマン定数,$\beta$は補正係数(6に近い値),$r_l$は溶質粒子$l$の半径,$\eta_v$は溶媒の粘度である.従って,式(6.69),(6.70)より,溶媒の粘度が大きいと当量導電率が小さくなることが予想される.電池の電解質溶液に有機溶媒を使う場合には,このような溶媒の粘度が当量導電率に与える影響が問題になる.

## 6.15 イオンの輸率

電解質溶液では,溶液中に存在する全イオンによって電気が運ばれる.溶液中の特定イオン$j$が運ぶ電流$I_j$の全電流$I$に対する割合をそのイオンの輸率(transport number)$t_j$という[14].

$$t_j = I_j / I \tag{6.71}$$

$$\sum_j t_j = 1 \tag{6.72}$$

式(6.71)に式(6.61)および(6.62)を入れると,$t_j$は次のようになる[14].

$$t_j = |z_j| F n_j u_j \theta / F \theta \sum_j (|z_j| n_j u_j) = |z_j| n_j u_j / \sum_j (|z_j| n_j u_j) \tag{6.73}$$

溶液が一種類の電解質しか含まないときには,溶液内では電気的中性の条件

$$z_+ n_+ = |z_-| n_- \tag{6.74}$$

が成立しているから,カチオンおよびアニオンの輸率,$t_+$および$t_-$,は式(6.73)

より次のようになる.

$$t_+ = u_+ / (u_+ + u_-) \tag{6.75}$$

$$t_- = u_- / (u_+ + u_-) \tag{6.76}$$

## 6.16 液間電位

電池には，正負両極を隔離するためのセパレータとして，多孔質隔膜が使われている．電池内の電解質溶液は，この隔膜によって正極側と負極側に分かれている．電池の充放電によって電解質溶液内ではイオンの移動が生じるので，隔膜の正極側と負極側では電解質溶液内のイオンの濃度に差が生じる．このようなイオン濃度の差は，隔膜内に電位差を生じる．ここでは，このような電位差について考察する．

イオン1, 2, …, $i$, …を含む水溶液Ⅰと水溶液Ⅱが多孔質隔膜で隔てられて互いに接しているとする．この様子を図6.14に示す[15]．隔膜内には両液が混じり合う境界層ができている．

イオン$i$の溶液Ⅰ中での活量を$a_i^{\mathrm{I}}$，溶液Ⅱ中での活量を$a_i^{\mathrm{II}}$とする．溶液同士の接触によって境界層内で各イオンの拡散が生じ，この境界層を通して1Fの電気量が流れたとする．境界層内でのイオン$i$の輸率を$t_i$，価数を$z_i$とすると，

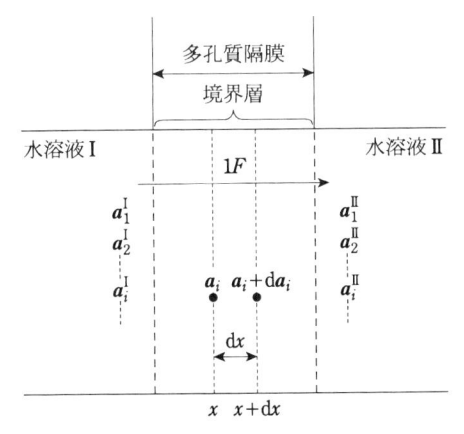

図6.14　水溶液Ⅰと水溶液Ⅱの多孔質隔膜を介した接触

$t_i/|z_i|$ mol のイオン $i$ が境界層中を移動する．やがて定常状態に達したときには，境界層内の薄層 $dx$ の両側での電気化学ポテンシャル（$\bar{\mu}_i = \mu_i^\circ + RT \ln a_i + z_i F\phi$，$\phi$：内部電位）の差は

$$d\bar{\mu}_i = \sum_i (t_i/z_i)(\mu_i^{\mathrm{I},\circ} + RT \ln a_i + z_i F\phi_x)$$
$$\quad - \sum_i (t_i/z_i)(\mu_i^{\mathrm{II},\circ} + RT \ln (a_i + da_i) + z_i F\phi_{x+dx}) \quad (6.77)$$

となる[15]．ただし，$\phi_x$ および $\phi_{x+dx}$ は $x$ および $x+dx$ における内部電位である．$\sum_i t_i = 1$ であり，また，$\mu_i^{\mathrm{I},\circ} = \mu_i^{\mathrm{II},\circ}$ であるので，

$$d\bar{\mu}_i = F(\phi_x - \phi_{x+dx}) - RT \sum_i (t_i/z_i) d \ln a_i \quad (6.78)$$

となる．したがって，$d\bar{\mu}_i = 0$ であるときには，次式で表される電位差が薄層 $dx$ の両側に現れる．

$$\phi_x - \phi_{x+dx} = (RT/F) \sum_i (t_i/z_i) d \ln a_i \quad (6.79)$$

境界層の両側の電位差は，イオン $i$ の活量 $a_i^{\mathrm{I}}$ から $a_i^{\mathrm{II}}$ まで積分すれば良いから，次のようになる．

$$\phi^{\mathrm{I}} - \phi^{\mathrm{II}} = (RT/F) \sum_i \int_{a_i^{\mathrm{I}}}^{a_i^{\mathrm{II}}} (t_i/z_i) d \ln a_i \quad (6.80)$$

ただし，$\phi^{\mathrm{I}}$，$\phi^{\mathrm{II}}$ は水溶液 I と II の内部電位である．$\phi^{\mathrm{I}} - \phi^{\mathrm{II}}$ は液間電位 (liquid junction potential) と呼ばれている．

## 6.17 膜電位

水溶液 I と水溶液 II がイオン交換膜あるいは固体電解質膜などの緻密な膜で隔てられているときにも，膜の両側に電位差が現れる．この電位差を膜電位 (membrane potential) といっている[15]．膜電位は液間電位と同じ形の式で与えられる．

$$\phi^{\mathrm{I}} - \phi^{\mathrm{II}} = (RT/F) \sum_i \int_{a_i^{\mathrm{I}}}^{a_i^{\mathrm{II}}} (t_i^m/z_i) d \ln a_i \quad (6.81)$$

ここで，$t_i^m$ は膜の中でのイオン $i$ の輸率であり，溶液中での輸率 $t_i$ とは異なっている．

今，I 価のカチオン $M^+$ と I 価のアニオン $X^-$ とからなる濃度の異なる溶液が膜を隔てて接しているとする．その様子を図 6.15 に示す．この場合の膜電位は，式 (6.81) を積分することによって，次式で与えられる[15]．

第6章 化学電池の電気化学

**固体電解質膜**
(カチオン選択透過膜の場合)

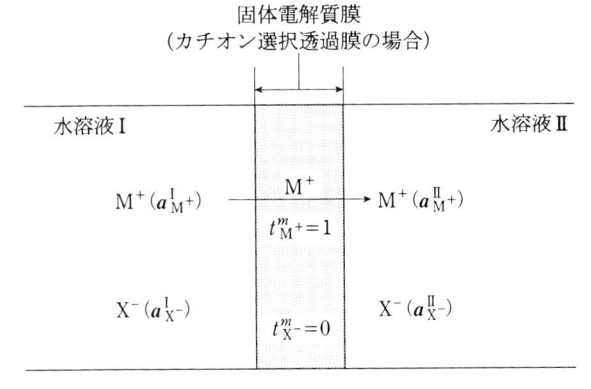

水溶液 I　　　　　　　　　　　水溶液 II

$M^+ (a_{M^+}^I)$ → $M^+$ → $M^+ (a_{M^+}^{II})$
$t_{M^+}^m = 1$

$X^- (a_{X^-}^I)$　　　　　　　$X^- (a_{X^-}^{II})$
$t_{X^-}^m = 0$

**図6.15** 水溶液 I と水溶液 II の固体電解質膜を介した接触

$$\phi^I - \phi^{II} = (RT/F)[t_{M^+}^m \ln(a_{M^+}^{II}/a_{M^+}^I) - t_{X^-}^m \ln(a_{X^-}^{II}/a_{X^-}^I)]$$
(6.82)

ただし，$t_{M^+}^m$，$t_{X^-}^m$ は膜中での $M^+$ イオンおよび $X^-$ イオンの輸率 ($t_{M^+}^m + t_{X^-}^m = 1$)，$a_{M^+}^I, a_{M^+}^{II}$ は溶液 I，II 中の $M^+$ イオンの活量，$a_{X^-}^I, a_{X^-}^{II}$ は溶液 I，II 中の $X^-$ イオンの活量である．

カチオン選択透過膜 ($t_{M^+}^I = 1, t_{X^-}^m = 0$) の場合，膜電位は次式のようになる．

$$\phi^I - \phi^{II} = (RT/F) \ln(a_{M^+}^{II}/a_{M^+}^I)$$
(6.83)

アニオン選択透過膜 ($t_{M^+}^m = 0, t_{X^-}^m = 1$) の場合，膜電位は次式のようになる．

$$\phi^I - \phi^{II} = -(RT/F) \ln(a_{X^-}^{II}/a_{X^-}^I)$$
(6.84)

## 6.18　金属電極の腐食(自己放電)の局部電池

　一次電池や二次電池の負極活物質，正極・負極の集電体，電池の缶体などには各種の金属が使われている．これらの金属は電解質溶液に接しており，電解質溶液によって自然に腐食される．活物質が電解質溶液によって腐食される現象が電池の自己放電 (self discharge) である．自己放電によって電池の容量は自然に減少する．集電体，缶体の腐食は，故障や事故につながる．
　金属の腐食は，金属表面上でアノード反応(酸化反応)とカソード反応(還

元反応)が対になって進行することによって起こる．通常，アノード反応は金属Mが電解質溶液中にイオンとなって溶解する反応($M \rightarrow M^{2+} + 2e^-$)，カソード反応は電解質溶液中の水素イオンが水素ガスに還元される反応($2H^+ + 2e^- \rightarrow H_2$)，あるいは溶存酸素が水に還元される反応($O_2 + 4H^+ + 4e^- \rightarrow 2H_2O$)である．ちょうど電池の負極と正極に相当する反応部分が金属表面上にできた状態になっており，水溶液中の金属表面にはこのような原子サイズの小電池が無数にできている．このような小電池のことを局部電池(local cell)と呼んでおり，金属の腐食は局部電池によって進むとされている．

　腐食の局部電池反応の駆動力は，電解質溶液のpHによって変わる．その様な変化を図6.16の金属－水溶液系の電位－pH図に示した[16]．酸性水溶液中での局部電池反応の駆動力は，金属が金属イオンになる溶解反応($M \rightleftarrows M^{2+} + 2e^-$)の平衡電位と水素イオンが水素ガスとなる還元反応($2H^+ + 2e^- \rightleftarrows H_2$)の平衡電位の差として表せる．中性水溶液中での局部電池反応の駆動力は，金属の金属水酸化物への酸化反応($M + 2H_2O \rightleftarrows M(OH)_2 + 2H^+ + 2e^-$)の平衡電位と酸素

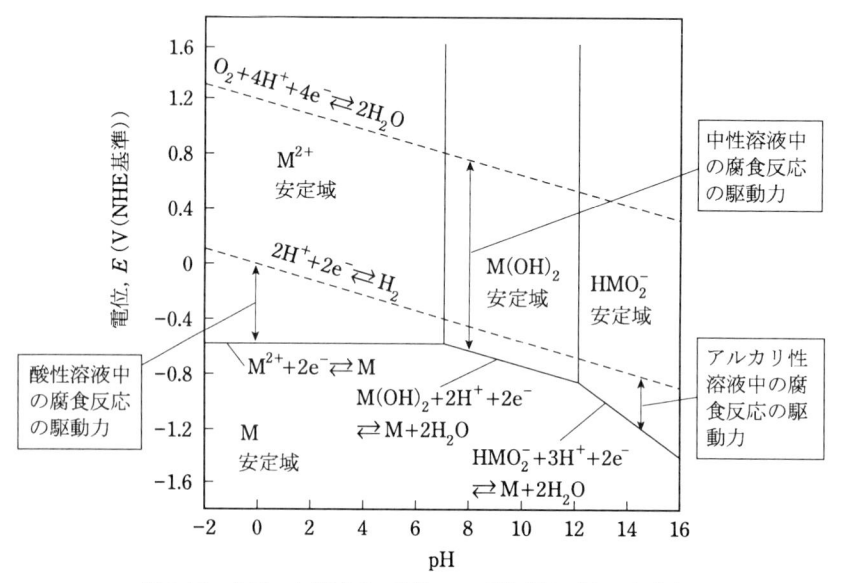

図6.16　金属－水溶液系の電位－pH図と腐食反応の駆動力

ガスのOH⁻イオンへの還元反応（$O_2+2H_2O+4e^- \rightleftarrows 4OH^-$）の平衡電位の差として表せる．アルカリ性水溶液中での局部電池反応の駆動力は，金属のオキシアニオンとしての溶解反応（$M+2H_2O \rightleftarrows HMO_2^- +3H^+ +2e^-$）の平衡電位と水素イオンの還元反応の平衡電位の差として表せる．酸性およびアルカリ性水溶液中での腐食は水素ガス発生型腐食であるので，金属の水素過電圧を大きくすれば抑制することができる．中性水溶液中では，腐食生成物によって金属表面が覆われ，電流が流れなくなる．有機電解液中でも，僅かに水が含まれていれば，同様のことが生じる．

金属の中には水と触れると直ちに薄くて耐食性の良い酸化物表面皮膜を形成し，腐食しなくなるものがある．このような皮膜は不働態皮膜（passive film）と呼ばれ，不働態皮膜によって腐食しなくなることを不働態化（passivation）と言っている[17]．集電体や缶体には，使用する電解質溶液中で自然に不働態化する金属を選ぶ必要がある．

不働態化していない金属の腐食速度は，局部電池のアノードおよびカソード分極曲線の関係から求めることができる．図6.17に腐食の局部電池の内部分極曲線（局部電池の内部だけを流れる電流と電位の関係）を示した．内部アノード電流$i_a$と内部カソード電流$i_c$の大きさが等しくなる電位$E_{corr}$で金属は腐食している．$E_{corr}$は腐食電位（corrosion potential）と呼ばれる．$E_{corr}$において局部電池を流れている電流$i_{corr}$（$=i_a=i_c$）は腐食電流（corrosion current）と呼ばれる．

腐食電位と腐食電流の関係は，局部電池の内部アノード分極曲線および内部カソード分極曲線のそれぞれにButler-Volmerの式（式(6.39)）を適用することによって，次のように求められる．

$$i=i_{corr}\{\exp[\alpha_a z_a F(E-E_{corr})/RT] - \exp[-\alpha_c z_c F(E-E_{corr})/RT]\} \qquad (6.85)$$

式(6.85)は，腐食している金属の分極曲線を表している．電位$E$が腐食電位$E_{corr}$の極近傍（±10 mV以内）に在るときには，式(6.85)は次のように簡単な式（Stern-Gearyの式）にすることができる．

$$i_{corr}=[B_a B_c/2.30(B_a+B_c)](\phi/i)^{-1} \qquad (6.86)$$

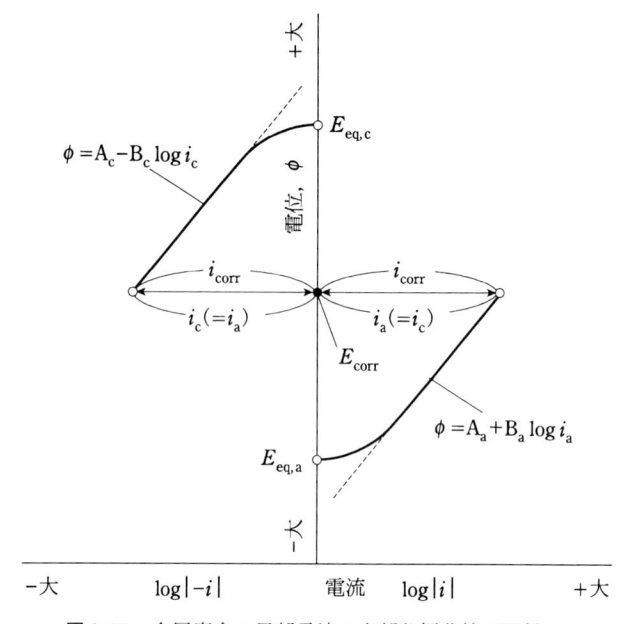

図6.17 金属腐食の局部電池の内部分極曲線の関係

ただし，$B_a, B_c$ はアノードおよびカソード分極曲線の Tafel 勾配で，次の関係がある．

$$B_a = 2.30\,RT/\alpha_a z_a F \tag{6.87}$$
$$B_c = 2.30\,RT/\alpha_c z_c F \tag{6.88}$$

また，$\phi$ は $E$ と $E_{corr}$ の差（$\phi = E - E_{corr}$）で，$(\phi/i)$ は $E_{corr}$ 近傍の分極曲線の勾配である．したがって，$B_a, B_c$ があらかじめ分かっているときには，$(\phi/i)$ を測定することによって腐食速度（$i_{corr}$）を求めることができる．$(\phi/i)$ は抵抗の単位（$\Omega$）を持つので，このような方法を分極抵抗法（polarization resistance method）という．

## 電気二重層キャパシタ

 化学電池と良く似た蓄電装置に電気二重層キャパシタ(electric double layer capacitor; EDLC)がある．電気二重層キャパシタは電池と同じように負極電極/電解質溶液/セパレータ/電解質溶液/正極電極という構造を持っているが，各電極/電解質溶液界面において，電気化学反応(酸化還元反応)ではなく，荷電粒子の吸着/脱着反応が起こることが異なっている．すなわち，電気二重層キャパシタの充電/放電は化学的な機構ではなく物理的な機構で行われる．図6.18に電気二重層キャパシタの充電/放電の様子を模式的に示した．吸着/脱着反応の反応速度は酸化還元反応に比べて大きいので，電気二重層キャパシタのパワー密度は化学電池に比べて大きくなる．ただし，容量やエネルギー密度は，化学電池の方が大きい．サイクル寿命は電気二重層キャパシタの方が長い．

 パワー密度が大きいことは電気二重層キャパシタの優れた長所であるので，二次電池と併用することによって，二次電池のパワー密度不足を補うことが

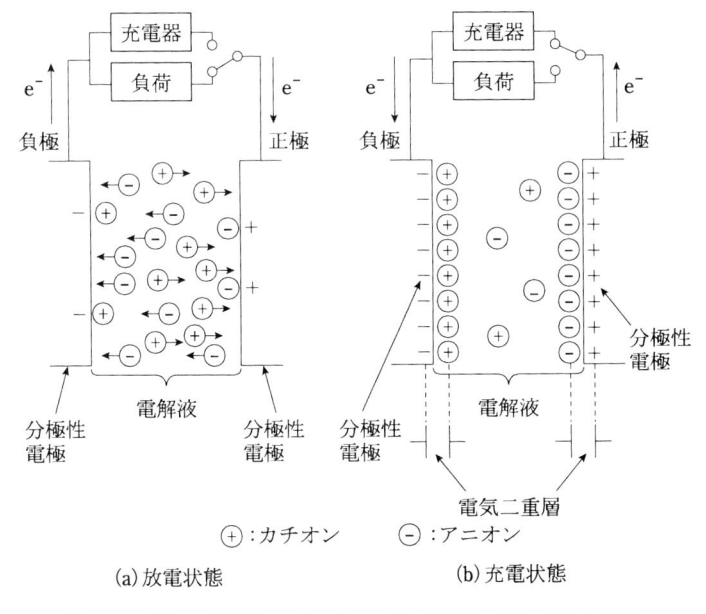

⊕：カチオン　⊖：アニオン

(a) 放電状態　　(b) 充電状態

図6.18　電気二重層キャパシタの (a) 放電と (b) 充電の状態

できる．例えば，二次電池と電気二重層キャパシタを搭載した電気自動車では，発進時の加速やブレーキ時の電力回収に電気二重層キャパシタを利用している．

電気二重層キャパシタの構造を図6.19に示す．正極および負極は集電体金属（アルミニウム箔）に活性炭粉末と少量のPTFE粉およびアセチレンブラックを混練した層を粘着させたものである．電解質溶液は水系か非水系の溶液である．水系では硫酸水溶液が，また，非水系ではプロピレンカーボネート（PC）にテトラエチルアンモニウムテトラフルオロボレート（$Et_4NBF_4$）を0.8 mol/$l$ 添加した有機溶液が，主として用いられている．セパレータはガラス繊維不織布などである．

キャパシタの蓄えることのできる電気量$Q$は $Q=(\varepsilon S/d)V$（$\varepsilon$：溶液の誘電率，$S$：電極面積，$d$：電気二重層の厚さ，$V$：電気二重層に掛かる電圧）と表されるので，$\varepsilon, d, V$が同じであるときには$S$（電極材料の量が同じのときは比表面積（$m^2/g$））が大きいほど大きな電気量を蓄えることができる．また，$\varepsilon, S, d$が同じときには，$V$が大きいほど電気量は大きくなる．電気二重層キャパ

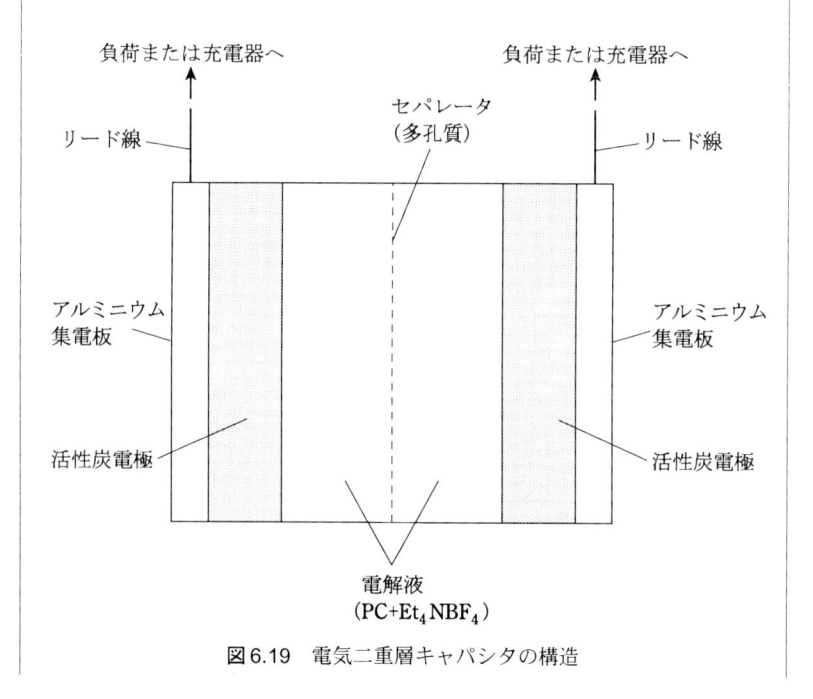

図6.19　電気二重層キャパシタの構造

シタのエネルギー $G$ は $G = (1/2)\,(\varepsilon S/d)\,V^2 = (1/2)\,Q\,V$ であるので，蓄えられる電気量が大きくかつ端子電圧が高いほどエネルギー密度は高くなる．そのため，電極の比表面積を大きくすること，および電解質溶液の耐電圧を高くすることが行われている．以下に，電気二重層キャパシタの容量およびエネルギー密度を大きくするための技術開発の動きを述べる[18)〜20)]．

比表面積を大きくすることについては，気孔率の高い活性炭粉末（粒径3〜10 μm，比表面積2000 m$^2$/g）が使用されている．電極重量当たりの容量密度は100 F/g程度である．最近では更に容量密度の大きいカーボンナノチューブ（約200 F/g），メソポーラスカーボン，カーボンナノファイバー，活性炭ナノファイバーなどの使用が検討されている．

比表面積を増やすこと以外に電気二重層キャパシタの容量を高める方法は，電極材料にレドックス反応（redox reaction, 酸化還元反応）を起こす金属酸化物を用いる方法である．例えば，水和酸化ルテニウム（RuO$_2\cdot n$H$_2$O）はRuO$_x$(OH)$_y$ + $z$H$^+$ + $ze^-$ $\rightleftarrows$ RuO$_{x-z}$(OH)$_{y+z}$ というレドックス反応によって充放電を行う．RuO$_2\cdot n$H$_2$Oの容量密度は720 F/gである．RuO$_2$と活性炭を複合化したRuO$_2$/活性炭電極では，1200 F/gという高い値が得られている．この様な電極を持つキャパシタは，レドックスキャパシタと呼ばれている．

電解質溶液の耐電圧を高くすることについては，電位窓の大きい溶液が求められている．水系溶液の場合は，充放電電圧は水が分解しない0.8 V以下になるが，非水系溶液（PC系）の場合は分解電圧が高いので充放電電圧を2.5 V程にすることができる．最近ではPC系溶媒よりも耐電圧が高いスルホラン（SL）などのスルホン化合物溶媒（耐電圧3.5 V）が開発されている．さらに広い電位窓を有する電解液として，各種イオン性液体も検討されている．

エネルギー密度を高めるためのその他の工夫として，正極に活性炭を，そして負極にLi$^+$イオンインターカレション反応を行う黒鉛を用いることが試みられている．黒鉛負極のLi$^+$イオン挿入/脱離反応の電位は約0 V（Li/Li$^+$基準）と低いので，リチウムイオン電池並の4.3 Vという大きな作動電圧が得られる．同じく，チタン酸リチウム（Li$_4$Ti$_5$O$_{12}$）も負極に適用されている．この場合のLi$^+$イオン挿入/脱離反応電位は1.55 Vであるので作動電圧は少し小さくなるが，電解液の分解の恐れが無いので信頼性が高くなる．この様な負極を持つキャパシタは，ハイブリッドキャパシタと称されている．

## 参考文献

1) 杉本克久：金属，**78** (2008), 921
2) 杉本克久：材料電子化学，日本金属学会, (2003), p.1
3) 杉本克久：まてりあ，**46** (2007), 552：同，**46** (2007), 614
4) 田島 栄：電気化学通論 改訂版，共立出版, (1969), p.111
5) 喜多英明，魚崎浩平：電気化学の基礎，技報堂出版, (1983), p.87
6) 渡辺 正，中林誠一郎：電子移動の化学－電気化学入門，朝倉書店, (1996), p.60
7) M. Pourbaix: Atlas of Electrochemical Equilibria in Aqueous Solutions, National Association of Corrosion Engineers, (1974).
8) K. J. Vetter: Electrochemical Kinetics, Academic Press, (1967), p.104
9) 玉虫伶太：電気化学，東京化学同人, (1967), p.211
10) 喜多英明，魚崎浩平：電気化学の基礎，技報堂出版, (1983), p.151
11) 杉本克久：まてりあ，**46** (2007), 614
12) 杉本克久：まてりあ，**46** (2007), 744
13) 杉本豊次：リチウムイオン二次電池，芳尾真幸，小沢昭弥 編，日刊工業新聞社, (1997), p.188
14) 杉本克久：文献2), p.51
15) 杉本克久：文献2), p.34
16) 杉本克久：文献2), p.89
17) 杉本克久：金属腐食工学，内田老鶴圃, (2009), p.107
18) 直井勝彦:化学装置，**51** [10], (2009), 17
19) 森本 剛：新型電池の材料化学，季刊 化学総説，NO.49, 2001, 日本化学会編，学会出版センター, (2001), p.223
20) 高須芳雄:文献19), p.226

# 第7章 実用電池の性能評価

## 7.1 電池の性能評価

　本章では,電池性能の評価方法について解説する.性能の評価方法が分かれば,どのような電池が優秀な電池か,また,どのような電池を開発すればよいか,明確に理解できる.まず,一般に使われている幾つかの電池性能の指標の内容について述べる.次に,これらの指標を含めて,電池性能の電気化学的評価法について述べる.電池性能に関しては,安全性に関する評価法もあるが,ここでは電気化学的性能の理解に専心するため,これについては述べない.なお,電池性能の評価に関する電気化学の基本的事項に関しては,第6章で述べてあるので,適宜振り返って参照されるよう希望する.

## 7.2 電池性能の指標

　電池の性能を相互に比較するためには,客観的な性能の表示法が必要である.ここでは,電池の性能の表示に使われている幾つかの術語の内容について説明すると共に,電池の性能を高めるにはどのようにすれば良いか,その考え方について述べる[1)~4)].

### 7.2.1 一次電池,二次電池の性能指標
**(1) 理論容量**
　電池活物質が全て消費されるとして,Faradayの法則から計算される電気量 $Q$ (C, A・s) を理論容量 (theoretical capacity) という.理論容量 $C_{the}$ は次式で

表される．

$$C_{the}=mzF/M=m/(M/zF) \tag{7.1}$$

ここで，$m$ は電池活物質の質量 (g)，$F$ は Faraday 定数 (96485 C/mol)，$M$ は電池活物質のモル質量 (g/mol)，$z$ は反応に関与する電子数．電池の理論容量を大きくするためには，電気化学当量 $(M/zF)$ を小さくする必要がある．すなわち，モル質量が小さく反応に関与する電子数の多い活物質を選ぶ必要がある．

### (2) 容量

電池を放電させたとき，端子電圧が放電終止電圧に達するまでに取り出された電気量（C または A·s）を容量 (capacity) という．容量 $C_{cell}$ は次式で表される．

$$C_{cell}=t_{co} \cdot i_{dis} \tag{7.2}$$

ここで，$t_{co}$ は放電時間，$i_{dis}$ は放電電流．電池活物質を全部放電させるわけではないので，理論容量よりは小さくなる．温度，放電電流および終止電圧を規定して，完全充電した電池から取り出せる基準的な電気量を定格容量 (rated capacity) という．定格容量に対する放電電気量の比率(％)を放電深さという．

### (3) 理論エネルギー密度

電池活物質が全て消費されるとして電池から取り出されるエネルギーを理論エネルギー密度 (theoretical energy density) という．理論エネルギー密度 $G_{the}$ は次式で表される．

$$G_{the}=E_{cell} \cdot C_{the} \tag{7.3}$$

ここで，$E_{cell}$ は電池の起電力．単位質量当たりで表示した値 (kJ/kg) と単位体積当たりで表示した値 (kJ/m$^3$) がある．これらの値が大きい活物質を選べば，小型軽量で大エネルギー密度の電池が得られる．

### (4) エネルギー密度

実際に電池を使用したとき，電池の単位質量当たりあるいは単位体積当たり取り出すことのできるエネルギーをエネルギー密度 (energy density) という．エネルギー密度 $G_{cell}$ は次式で表される．

$$G_{cell}=V_{dis} \cdot i_{dis} \cdot t_{co} \tag{7.4}$$

$$=V_{dis} \cdot C_{cell} \tag{7.5}$$

ここで，$V_{dis}$ は平均放電電圧．質量エネルギー密度 (specific energy: kJ/kg) と

体積エネルギー密度 (energy density: kJ/m³) がある．

### (5) 出力密度

電池の単位質量あるいは単位体積当たり取り出すことができる出力 (仕事率) を出力密度 (power density) という．出力密度 $P_{pd}$ は次式で表される．

$$P_{pd} = V_{dis} \cdot i_{max} \tag{7.6}$$

ここで，$i_{max}$ は許容最大電流．許容最大電流とは，電池の部品を損傷することなく流すことのできる最大の電流で，電池の形式毎に定められている．質量出力密度 (specific power: W/kg) または体積出力密度 (power density: W/m³) で表される．出力密度が大きいと，大きな動力 (W) を一度に放出することができる．

### (6) 自己放電

電池の貯蔵中に電池活物質が電解液と反応して消費され，電池の容量が低下することを自己放電 (self discharge) という．貯蔵後の容量 $C_r$ の貯蔵前の容量 (完全充電状態) $C_f$ に対する割合は，

$$r = (C_r / C_f) \cdot 100 \tag{7.7}$$

であり，$r$ は容量保存率 (％) と呼ばれる．自己放電を少なくするためには，活物質と電解液が自発的に反応しないようにする必要がある．

### (7) サイクル寿命

電池の充放電を繰り返したとき，定格容量の何％かの数値まで容量が低下する間に何回繰り返し充放電ができるかを表す数をサイクル寿命 (cycle life) という．充放電の条件および試験温度によって変わる．サイクル寿命を長くするためには，放電後充電によって活物質が完全に元の状態に戻るようにする必要がある．

### (8) $nC_t$ A 放電

$nC_t$ は定格容量 $C_t$ (添字 $t$ は時間率．時間率とは，$t$ 時間で放電終止電圧に達する放電電流値を意味する) を持つ電池を $1/n$ 時間で放電終止電圧まで放電する電流値を表わす．例えば，$0.2\,C_5$ は5時間率の容量 $C_5$ を持つ電池を $1/0.2$ 時間で放電終止電圧まで放電する電流を示す．$C_5 = 1.5\,\mathrm{A \cdot h}\,(5.4\,\mathrm{kC})$ であれば $0.2 \times 1.5\,\mathrm{A}\,(=0.3\,\mathrm{A})$ である．$C_t$ を $I_t$ と書くときもある．$C_{cell}$ が $t$ 時間率の容量を

表していれば，$n\,(\mathrm{s}^{-1})$ は次式で求められる．

$$n = i_{\mathrm{dis}}/C_{\mathrm{cell}} \tag{7.8}$$

### 7.2.2　燃料電池の性能指標
#### (1) 理論発電効率
　化学反応による自由エネルギー変化（$\Delta G$）は，熱エネルギーに変わる部分（エンタルピー変化 $\Delta H$）と乱雑さが増すことによって失われるエネルギーの部分（エントロピー変化 $\Delta S$ と絶対温度 $T$ の積）に分けられる．

$$\Delta G = \Delta H - T\Delta S \tag{7.9}$$

この式より，理論発電効率（theoretical generation efficiency of electricity）$\varTheta_{\mathrm{the}}$（%）は次のように定義される．

$$\varTheta_{\mathrm{the}} = (-\Delta G / -\Delta H) \cdot 100 \tag{7.10}$$

$\Delta G$ は $\Delta G = -zFE$ の関係により全て電気エネルギーに変換できるので，$\varTheta_{\mathrm{the}}$ は，化学反応による全エネルギー変化に対する電気エネルギーに変換できるエネルギー変化の割合を表している．$\varTheta_{\mathrm{the}}$ は，理論エネルギー変換効率とも称される．$\varTheta_{\mathrm{the}}$ は，一次電池や二次電池にも使われる．

　なお，燃料が水素の場合，水素の燃焼反応（$2H_2 + O_2 \rightarrow 2H_2O$）で生成する $H_2O$ が液体の場合と水蒸気の場合では，式 (7.10) に入れる $\Delta H$ の値が異なってくる．液体の $\Delta H$（$-285.84$ kJ/mol）を用いたときは HHV（high heat value）基準の理論発電効率，水蒸気の $\Delta H$（$-241.83$ kJ/mol）を用いたときは LHV（low heat value）基準の理論発電効率という．

#### (2) 発電効率
　発電効率（generation efficiency of electricity）$\varTheta_{\mathrm{g}}$（%）は，理論発電効率 $\varTheta_{\mathrm{the}}$，実際に燃料電池を運転しているときの電圧効率 $\varTheta_{\mathrm{v}}$（%）と電流効率 $\varTheta_{\mathrm{i}}$（%），から求められる．$\varTheta_{\mathrm{v}}$ は理論起電力 $E_{\mathrm{emf}}$（正極，負極の平衡電位の差）に対する運転時電圧 $V_{\mathrm{w}}$ の割合，$\varTheta_{\mathrm{i}}$ は供給燃料量によって発電できる理論電流 $I_{\mathrm{the}}$ に対する運転時電流 $I_{\mathrm{w}}$ の割合，であり，$\varTheta_{\mathrm{g}}$ は次のようになる．

$$\varTheta_{\mathrm{g}} = \varTheta_{\mathrm{the}} \cdot \varTheta_{\mathrm{v}} \cdot \varTheta_{\mathrm{i}} \cdot 100^{-2} \tag{7.11}$$

$$= (-\Delta G/-\Delta H) \cdot (V_{\mathrm{w}}/E_{\mathrm{emf}}) \cdot (I_{\mathrm{w}}/I_{\mathrm{the}}) \cdot 100 \tag{7.12}$$

発電効率もHHVかLHVか基準を示す必要がある．基準が示されていないときは，LHV基準であることが多い．

**(3) 燃料利用率**

燃料利用率（fuel utilization efficiency）$\varTheta_f$（%）は，供給された燃料量$Q_{in}$に対する実際に発電に利用された燃料量$Q_g$の割合である．したがって，利用されずに排出された燃料量を$Q_{ex}$とすると，$\varTheta_f$は

$$\varTheta_f = (Q_g/Q_{in})\cdot 100 = [(Q_{in}-Q_{ex})/Q_{in}]\cdot 100 \tag{7.13}$$

となる．燃料利用率$\varTheta_f$は，電流効率$\varTheta_i$に等しい．発電効率$\varTheta_g$を上げるには，$\varTheta_f$を向上させる必要がある．そのために，電極反応面積の増加，燃料の循環使用等の工夫が行われている．

## 7.3 実用電池に求められる条件

Gibbs自由エネルギーの減少を伴う化学反応はすべて電池反応として利用できるので，電池の種類は無限に近く存在することになるが，実用に供されている電池の種類は比較的限られている．それは，実用電池には次のような条件が求められているからである．

(1) エネルギー密度が高いこと
(2) 出力密度が高いこと
(3) 容量が大きいこと
(4) サイクル寿命が長いこと
(5) 自己放電率が小さいこと
(6) 急速充電が可能なこと
(7) 充電効率が高いこと
(8) 作動温度範囲が広いこと
(9) 残存容量表示が可能なこと
(10) メンテナンスフリーであること
(11) 有害物質を含まないこと
(12) リサイクルが可能であること

(13) 化学反応が暴走しないこと

(1)から(8)までの項目は，電池の基本性能として求められる事柄である．(9)，(10)は，保守管理上求められる事柄である．(11)から(13)は，環境汚染を防止し安全に使用するために求められる事柄である．

## 7.4　電極特性の解析・評価

　化学電池の正極，負極には様々な活物質が用いられ，また電極構造も複雑である．どのような活物質をどのような電極構造で用いたらよいかは，正極，負極別々に個々の電極特性を評価しておく必要がある．性能の良い電池を作るために電極に求められるのは，電極上での電気化学反応の速度が大きいこと，反応の可逆性が良いこと，濃度分極が生じ難いこと，反応機構上必要な範囲を超える不働態化が生じないこと，などである．また，電解質溶液の抵抗が小さいことも望ましい．以下に，電池の性能に関わる電極特性の解析と評価によく用いられる技法について解説する．

## 7.5　電流－電位曲線

　電解質溶液中における電極の電気化学反応特性を知る上で，電流－電位曲線（分極曲線，polarization curve）を調べることは非常に重要である．電解質溶液中の金属電極Mの酸化反応が$M \rightarrow M^{z+} + ze^-$のような溶解反応であれば電位の上昇につれて電流は対数的に増加するだけであるが，金属の酸化反応が$M + zH_2O \rightarrow MO_z + 2zH^+ + 2ze^-$のような酸化物生成反応の場合には電位の上昇と共に金属表面は酸化物層で覆われ，電流が低下する現象が現れる．このような現象は不働態化現象（passivation）と呼ばれている．金属/電解質溶液系でこのような不働態化現象が生じるかどうか正しく判定するためには，電位を規制して電流を測定する方法である定電位分極法（potentiostatic polarization method）で分極曲線を測定する必要がある．

## 7.5.1 定電位分極曲線の測定法

定電位分極曲線(potentiostatic polarization curve)の測定に使用される定電位電解装置のことをポテンショスタット(potentiostat)という．ポテンショスタットは，試料電極の電位を照合電極の電位から所定の電位差だけ離れた一定値に保ち，その一定電位における試料電極上での反応電流を対極との間に流す働きをする．ポテンショスタットの設定電位信号として関数発生器(function generator)からの三角波電圧を使用すれば，試料電極の電位を一定速度で上昇または下降させることができる．このように，電位を一定速度で変化させて測定した分極曲線のことを，動電位分極曲線(potentiodynamic polarization curve)という．

ポテンショスタットを使って定電位分極曲線を求める測定装置の概略を図7.1に示した[5]．電解槽には，試料電極室と対極室を分けたH型ガラスセルを使用している．これは，両方の電極室で電解に伴って起こる溶液の組成の変化が相手方の電極室の溶液に及ぼす影響を避けるためである．ポテンショスタットが理想的な定電位分極作動をするためには，試料電極と対極との間の抵抗は

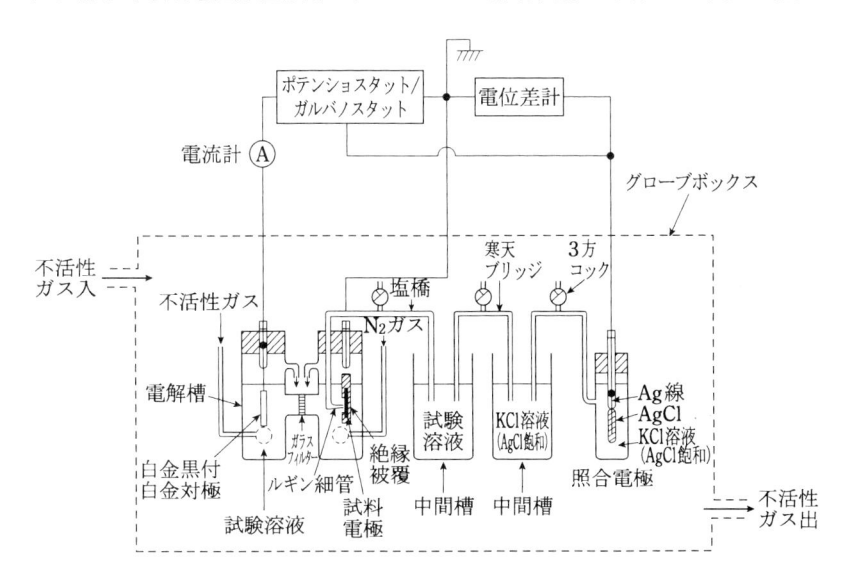

図7.1 定電位分極曲線を求める測定装置

ゼロである必要があるので,試験溶液を含む電解槽の内部抵抗はできるだけ小さくする必要がある.照合電極室と試料電極室との間には,試料電極室内の試験溶液と同じ溶液を入れた中間槽が設けてある.試料電極室と中間槽,および中間槽と照合電極室,の間は塩橋で液絡がとってある.これは,照合電極の内部液が試験溶液に混入しないようにするためである.中間槽から試料電極室内に伸びている塩橋の先端は,ルギン細管(Luggin capillary)になっている.ルギン細管の先端は,できるだけ試料電極表面に近づける必要がある.そのようにしないと,ルギン細管先端と試料電極表面の間に存在する電解液の抵抗と試料電極と対極の間を流れる電流の積に相当する電位降下分が,電位測定誤差となる.非水電解質溶液を使う測定では,電解槽,中間槽,照合電極室を不活性ガスで満たしたグローブボックスの中に入れる.

なお,通常のポテンショスタットはガルバノスタット(galvanostat)の機能も備えており,一定電流による電解も行うことができる.

### 7.5.2 分極曲線から交換電流密度を評価する方法

電池に使用する電解質溶液中で試験電極の平衡電位近傍の分極曲線が測定できたとする.この試験電極の電極反応の最も重要なパラメータは交換電流密度 $i_0$ であるので,これの評価方法について述べる.$i_0$ は電気化学反応の反応速度を表す特性値であり,電池の電極反応としては,$i_0$ が大きいものを選ぶ必要がある.

#### (1) Tafel外挿法

測定した分極曲線が平衡電位から50 mV以上離れた領域でTafel関係($\eta$ と $\log i$ の間に比例関係が成立)を示す場合には,Tafel外挿法(Tafel extrapolation)を使って $i_0$ を求めることができる.すなわち,アノードおよびカソード反応はそれぞれ次のTafel式に従うので,

$$\text{アノード反応}: \eta_a = -(2.303\,RT/\alpha zF)\log i_0 + 2.303\,RT/\alpha zF \log i \tag{7.14}$$

$$\text{カソード反応}: \eta_c = 2.303\,[RT/\alpha zF]\log i_0 - 2.303\,[RT/\alpha zF]\log i \tag{7.15}$$

いずれの式においても過電圧ゼロ（$\eta = 0$）のときは$i = i_0$となる．分極曲線のTafel部分の外挿線が$\eta = 0$の線と交わった所が$i_0$である（図6.4参照）．Tafel勾配が同じであれば，$i_0$が大きいほど反応速度は大きい．

(2) 分極抵抗法

活性化支配の反応の分極曲線は，一般に次式（Butler-Volmerの式）で表せる．

$$i = i_0 \{\exp(\alpha zF\eta /RT) - \exp[-(1-\alpha) zF\eta /RT]\} \quad (7.16)$$

この式において，$\eta$が極めて小さい（$|\eta| < 10$ mV）のときには，式(7.16)をテーラー展開し値が小さくなる第3項以下を省略すると，次のようになる．

$$i = i_0 zF\eta /RT \quad (7.17)$$

すなわち，平衡電位の極近傍では，$i$と$\eta$は比例関係にある．$i$-$\eta$直線の勾配を$R_p (= RT/i_0 zF)$とすると，次のようになる．

$$i_0 = RT/zFR_p \quad (7.18)$$

$R_p$は分極抵抗（polarization resistance）と呼ばれる．分極曲線から$R_p$を求めれば，式(7.18)から$i_0$が得られる．

## 7.6 クロノポテンショメトリー

電流を規制して電極の電位の時間変化を調べる方法がクロノポテンショメトリー（chronopotentiometry）で，得られる電位－時間曲線をクロノポテンショグラム（chronopotentiogram）という[6]．これを電池の正極に適用した場合，定電流カソード還元のクロノポテンショグラムは放電時の，そして定電流アノード酸化のそれは充電時の，正極の特性を示す．クロノポテンショグラムを測定するには，図7.1においてポテンショスタットをガルバノスタットとして利用すれば良い．

図7.2に異なる正極活物質について測定した定電流カソード還元のクロノポテンショグラムを模式的に示す．実線で示す活物質のクロノポテンショグラムに見るように，最初に活物質の還元電位が，次に溶媒の還元電位が現れる．活物質の還元時間（遷移時間）$t_{red}$とカソード電流$i_{red}$の積が正極の容量になる．破線は容量の小さい活物質の場合を示す．実線のように大きい容量が得られる

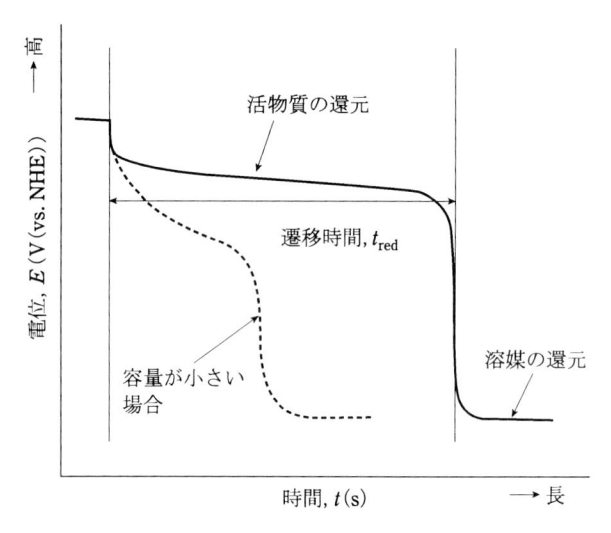

図7.2 正極の定電流カソード還元クロノポテンショグラム

ものが，正極活物質として望ましい．負極についても，同様に評価を行うことができる．

## 7.7 サイクリックボルタンメトリー

二次電池には反応の可逆性が良い正極，負極活物質が求められる．反応の可逆性の良否は，充放電条件に対応するある電位幅でアノードおよびカソード分極曲線を繰り返し測定すれば，知ることができる．このような繰り返し分極測定法をサイクリックボルタンメトリー(cyclic voltammetry)，得られる一連の分極曲線をサイクリックボルタモグラム(cyclic voltammogram)という[7]．サイクリックボルタモグラムを測定するには，図7.1においてポテンショスタットの設定電位を，所定の電位幅内において一定掃引速度で，繰り返し往復掃引すれば良い．

図7.3に正極のサイクリックボルタモグラムを模式的に示した．$-E$方向への掃引で現れる$-i$のピークは，正極活物質の還元に対応する．逆に，$+E$方向へ

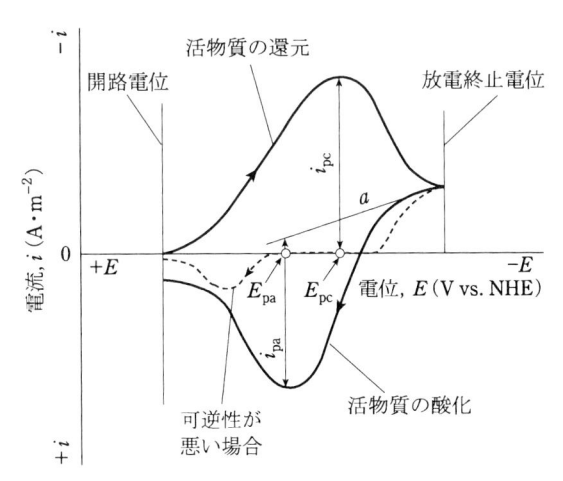

**図 7.3** 正極のサイクリックボルタモグラム．$i_{pc}$：カソード電流ピークの電流，$i_{pa}$：アノード電流ピークの電流，$E_{pc}$：カソード電流ピークの電位，$E_{pa}$：アノード電流ピークの電位，$a$：アノード電流のベースライン

の掃引における $+i$ のピークは，正極活物質の酸化に対応する．可逆性の良い電極活物質では，$|i_{pa}|/|i_{pc}|=1$ であり，また $\Delta E_p = E_{pa} - E_{pc} = 60/z\,(\mathrm{mV})$ となる．可逆性の悪い電極活物質では，$|i_{pa}|/|i_{pc}|<1$，$\Delta E_p > 60/z$ となる．何回サイクルを繰り返しても前者の状態に近いものが好ましい．

## 7.8　電気化学インピーダンス法

　電気化学インピーダンス（electrochemical impedance）法は，電極反応系に微小な交流電圧（<10 mV）を印加し，そのとき流れる交流電流に対する分極抵抗を求め，それから反応速度を評価する方法である[8]．
　電池の電極反応としては，正極，負極共電子の授受が律速となる活性化支配の反応が望ましい．しかし，電池には多孔質電極活物質や多孔質セパレータ物質が使われているので，電極上での反応物，生成物の拡散が反応過程に関与する例も多い．したがって，電池反応に関与する過程の種類と関与の程度を知ることは重要である．反応の各素過程は時定数が異なっているので，広い周波数

範囲で電気化学インピーダンスを測定すると,その各素過程を分離することができる(このような測定をelectrochemical impedance spectroscopy(EIS)という).電気化学インピーダンス法の長所は,電極反応の電荷移動抵抗,反応関与物質の拡散抵抗,および電池の内部抵抗などを比較的容易に解析できることである.

広い周波数範囲のインピーダンス測定は,周波数応答解析器(frequency response analyzer; FRA)を用いると容易に行うことができる.ここでは,FRAを用いたインピーダンス測定について,詳しく解説する.

### 7.8.1 周波数応答解析器の原理

周波数応答解析器(FRA)の構成要素と作動原理を図7.4に示す[9].FRAは,基準信号発生器部と相関器部から構成されている.基準信号発生器部から正弦波基準信号$x(t)$(式(7.19))を被測定系に与えたときの応答$S(t)$は,一般に式(7.20)で示される.

$$x(t) = X_0 \sin\omega t \tag{7.19}$$

$$S(t) = S_0 \sin(\omega t + \phi) + \sum_n A_n \sin(n\omega t + \phi_n) + n(t) \tag{7.20}$$

ここで,$\omega = 2\pi f$であり,$f$は交流の周波数である.式(7.20)の$\sum_n A_n \sin(n\omega t + \phi_n)$は理想的な線形系以外で生ずる高調波成分であり,また,$n(t)$は雑音である.式(7.19),(7.20)より,周波数領域での系の伝達特性は,式(7.21)で示される.

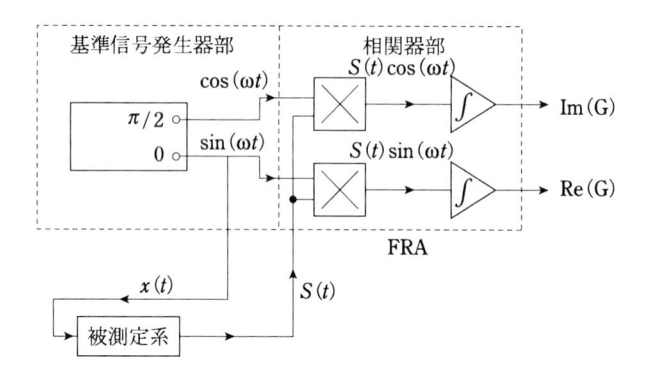

**図7.4** 周波数応答解析器の構成要素と作動原理[9]

## 第7章 実用電池の性能評価

$$G(j\omega) = S_0 \exp[j(\omega t + \phi)] / [X_0 \exp(j\omega)]$$
$$= (S_0/X_0) \exp(j\phi)$$
$$= (S_0/X_0)(\cos\phi + j\sin\phi) \qquad (7.21)$$

ここで,$j=(-1)^{1/2}$である.式 (7.21) の実数部と虚数部は式 (7.22),(7.23) によって計算される.

$$Re(G) = (S_0/X_0)\cos\phi$$
$$= \lim_{\Gamma \to \infty}(1/\Gamma)\int_0^\Gamma S(t)\sin\omega t \cdot dt \qquad (7.22)$$
$$Im(G) = (S_0/X_0)\sin\phi$$
$$= \lim_{\Gamma \to \infty}(1/\Gamma)\int_0^\Gamma S(t)\cos\omega t \cdot dt \qquad (7.23)$$

ただし,$\Gamma$は周期$2\pi/\omega$の倍数である.すなわち,基準信号($\sin\omega t$)およびそれと$\pi/2$の位相差を持つ信号($\cos\omega t$)と応答信号$S(t)$との積を作り,それを数値積分することによって被測定系の伝達特性(インピーダンス)を求めている.

### 7.8.2 電気化学インピーダンスの測定

FRAとポテンショスタットを組み合わせた定電位分極下での電気化学インピーダンス測定装置を図7.5に示す[8) 10)].FRAの基準信号発生器FGで発生した周波数$f$の基準正弦波信号をポテンショスタットを通して試料電極に印加すると,試料電極の電位および電流にはそれぞれ$\Delta E$および$\Delta I$の応答が現れる.基準信号に対する$\Delta E$および$\Delta I$の伝達特性(インピーダンス)は,式 (7.24) ~ (7.26) を用いて相関器によって演算される.

$$G_1 = \Delta E/\Delta x = Re(G_1) - j\,Im(G_1) \qquad (7.24)$$
$$G_2 = \Delta I/\Delta x = Re(G_2) - j\,Im(G_2) \qquad (7.25)$$
$$Z = \Delta E/\Delta I = G_1/G_2 = Z_{Re} - jZ_{Im} \qquad (7.26)$$

ここで,$Z$はインピーダンス,$Z_{Re}$はインピーダンスの実数部,$Z_{Im}$はインピーダンスの虚数部である.FRAを用いると,1 mHzから100 kHzにわたる広い周波数範囲のインピーダンスを精度良く求めることができる.

なお,単一電極のインピーダンス特性を調べるときには,図7.5に示したような三電極法で行う.電池系全体のインピーダンス特性を調べるときには,二

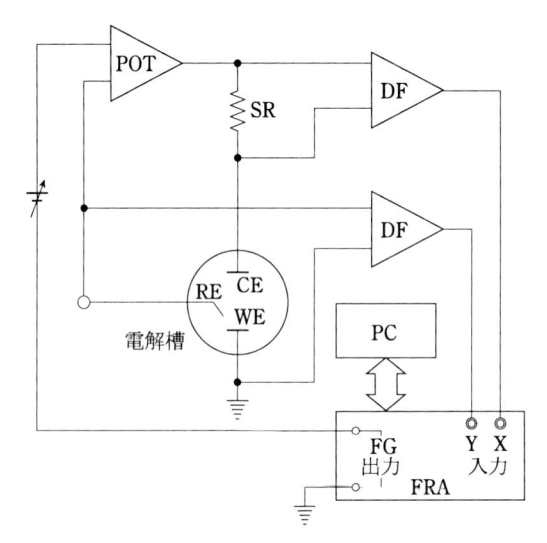

**図7.5** 周波数応答解析器を用いた電気化学インピーダンス測定装置[8)10]．WE：試料極，CE：対極，RE：照合電極，POT：ポテンショスタット，SR：標準抵抗，DF：差動増幅器，FG：基準信号発生器，PC：コンピュータ，FRA：周波数応答解析器

電極法で行う(参照極端子と対極端子を接続し，この端子と作用極端子の間に検体を入れる)．電池系では，放電電圧と等しい逆バイアス電圧を印加して，測定がされる．

### 7.8.3 電池系のセルインピーダンス

電極/電解質溶液界面に交流電圧を印加すると，界面を通して交流電流が流れる．この交流電流は，界面での電気化学反応による電流成分(ファラデー電流，faradaic current)と界面の電気二重層の充放電による電流成分(非ファラデー電流，non-faradaic current)に分けられる．ファラデー電流に対する抵抗は，ファラデーインピーダンス(faradaic impedance) $Z_F$ と呼ばれる．電解質溶液の抵抗を $R_{sol}$，電気二重層の容量を $C_{dl}$ として，このときの界面の状態を電気的等価回路(electrical equivalent circuit)で表すと図7.6(a)のようになる．電池系ではこのような回路が二つ直列に接続しているので，電池系の電気的等価回路は図7.6(b)で表される．電池系への交流入力の角周波数を $\omega$ とすると，電

第7章 実用電池の性能評価

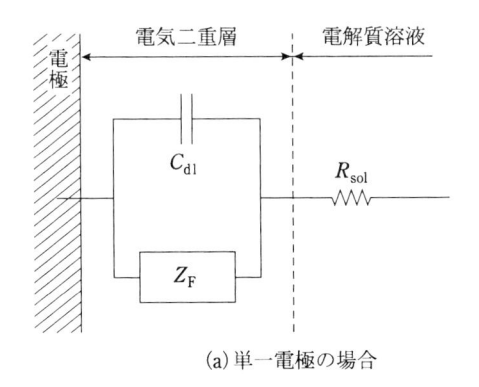

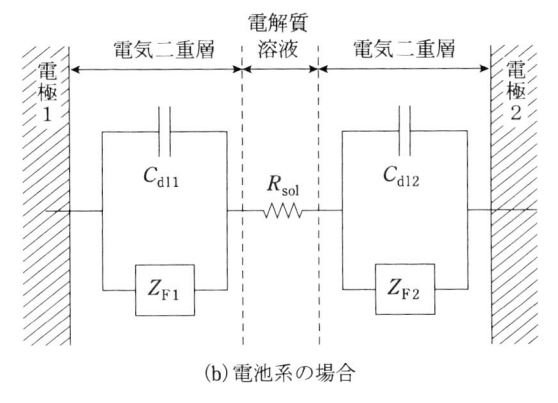

**図7.6** 電極／電解質溶液界面および電池系の電気的等価回路．(a) 単一電極の場合，(b) 電池系の場合

池系のセルインピーダンス (cell impedance) $Z_{cell}$ は次式で与えられる．

$$Z_{cell} = R_{sol} + \sum_{i}^{2}[(Z_{Fi})^{-1} + j\omega C_{dli}]^{-1} \qquad (7.27)$$

この式において，$R_{sol}$ と $C_{dli}$ は電池系で定まる固定値であるので，$Z_{Fi}$ がどのような内容になるのか明らかにすればよい．$Z_{Fi}$ は電気化学反応の速度に対する抵抗であるので，これには電子の物質間移動に対する抵抗（電荷移動抵抗）とイオンの物質内移動に対する抵抗（拡散抵抗）が関与している．次にこれらについて考察する．

### 7.8.4 電荷移動抵抗

電池系の負極および正極の電気化学反応が共に電荷移動律速であり,それぞれ平衡電位にあるとする.このときの負極あるいは正極の反応は,次式で表せる.

$$M \rightleftarrows M^{z+} + ze^- \tag{7.28}$$

この電極の過電圧 $\eta$ における電流－電位曲線は,Butler-Volmerの式に従う.

$$i = i_0 \{\exp(\alpha zF\eta/RT) - \exp[-(1-\alpha)zF\eta/RT]\} \tag{7.29}$$

平衡電位付近において電極に微小交流電圧を加え電位を $\Delta\eta$ だけ変動させると,式(7.29)における電流変動 $\Delta i$ は次式(テーラー展開し値が小さくなる第3項以下を省略したもの)で与えられる.

$$\Delta i = zFi_0 \Delta\eta/RT \tag{7.30}$$

したがって,

$$\Delta i/\Delta\eta = i_0 zF/RT \tag{7.31}$$

となる.ここで電池反応系の分極抵抗(polarization resistance)を $R_p$ とすると,

$$\Delta\eta/\Delta i = R_p \tag{7.32}$$

であり, $i_0$ は次のように表せる.

$$i_0 = RT/zFR_p \tag{7.33}$$

$R_p$ が求められれば式(7.33)より $i_0$ が得られる.式(7.28)は電荷移動律速であるので,分極抵抗は電荷移動抵抗(charge transfer resistance) $R_{ct}$ に等しい.したがって, $R_{ct}$ は次式で与えられる.

$$R_{ct} = RT/zFi_0 \tag{7.34}$$

さて,式(7.28)の反応が進行している電極界面は,図7.6(a)の電気的等価回路で表すことができる.すなわち,このときのファラデーインピーダンス $Z_F$ は電荷移動抵抗 $Z_{ct}$ であり,次式のようになる.

$$Z_{ct} = R_{sol} + R_{ct}/(1+\omega^2 C_{dl}^2 R_{ct}^2) - j\omega C_{dl} R_{ct}^2/(1+\omega^2 C_{dl}^2 R_{ct}^2) \tag{7.35}$$

式(7.35)で実数部を $Z_{Re}$,虚数部を $Z_{Im}$ として $\omega$ を消去すると,次式が得られる.

$$[Z_{Re} - (R_{sol} + R_{ct}/2)]^2 + Z_{Im}^2 = (R_{ct}/2)^2 \tag{7.36}$$

すなわち, $Z_{Re}$ を横軸, $-Z_{Im}$ を縦軸として複素平面上に広い周波数範囲(1 mHz～10 kHz)で測定したインピーダンスをプロットすると,インピーダンス軌跡

は $[(R_{sol}+R_{ct}/2), 0]$ を中心とした半径 $(R_{ct}/2)$ の半円となる．半円の頂点の角周波数 $\omega_{top}$ は，

$$\omega_{top}=1/C_{dl}R_{ct} \tag{7.37}$$

となる．このような関係を図7.7 (a) に示す［このような図をナイキスト図 (Nyquist diagram) という］．したがって，高周波数の極限（$\omega \to \infty$）のインピーダンスから $R_{sol}$ が，低周波数の極限（$\omega \to 0$）のインピーダンスから $R_{sol}+R_{ct}$ が，そして半円の頂点の角周波数から $C_{dl}R_{ct}$ が得られ，これらより $R_{sol}, R_{ct}, C_{dl}$ が定まる．

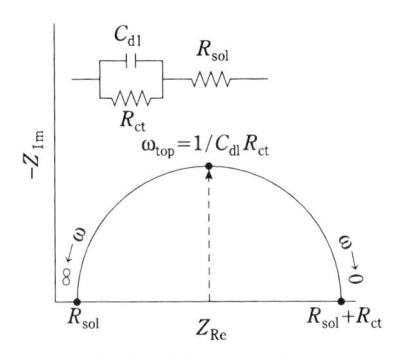

図7.7 電荷移動過程を持つ反応のインピーダンス軌跡．(a) 電荷移動過程が一種類の場合，(b) 電荷移動過程が二種類の場合．$R_{sol}$：溶液抵抗，$R_{ct}$：電荷移動抵抗，$C_{dl}$：電気二重層容量，$\omega_{top}$：電荷移動インピーダンス半円の頂点の角周波数

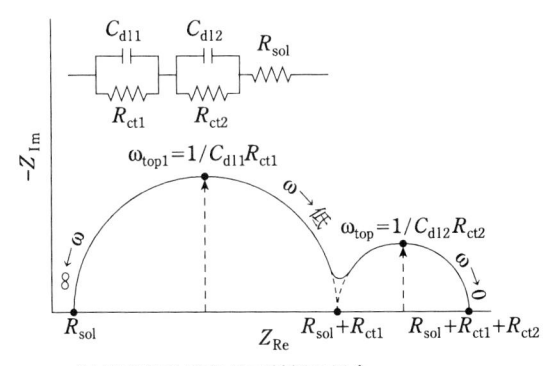

$C_{dl}$と$R_{ct}$の並列回路が二つ直列に結合したときには，図7.7 (b) に示すように，二つの分離した半円が現れる．ただし，各回路の時定数（$\tau=R\cdot C$）が接近しているときには，各半円は明確に分離できなくなる．

### 7.8.5　半無限拡散の場合の拡散抵抗

電池系の電極においては，反応物あるいは生成物の電極面からの拡散が反応速度に関与することがある．このような場合には，拡散の遅い物質の濃度変化の遅れに起因する拡散抵抗（ワールブルグインピーダンス；Warburg impedance）が電極反応速度に関与してくる．式 (7.28) の$M^{z+}$イオンの移動が拡散のみによるとして，電極を通過する電流をFickの第2法則を使って表現し，この電極に微小交流電圧が加えられたときの電流の時間的変化を表す式を求める．そして，この式を半無限拡散を仮定して適当な初期条件，境界条件の下で解き，ファラデーインピーダンスの実数部と虚数部を求めると，電極の全インピーダンス$Z$は次のようになる[11]．

$$Z = R_{sol} + 1/[j\omega C_{dl} + 1/(R_{ct} + \sigma/\omega^{1/2} - j\sigma/\omega^{1/2})] \quad (7.38)$$

式 (7.38) 右辺第2項の中の（$\sigma/\omega^{1/2} - j\sigma/\omega^{1/2}$）の部分は拡散抵抗によるものであり，ワールブルグインピーダンス$Z_W$と呼ばれている．

$$Z_W = \sigma/\omega^{1/2} - j\sigma/\omega^{1/2} \quad (7.39)$$

$$\sigma = RT/(2^{1/2} z^2 F^2 C_b D^{1/2}) \quad (7.40)$$

ここで，$\sigma$はワールブルグ係数，$C_b$は拡散物質の溶液沖合濃度，$D$は拡散物質の拡散係数である．拡散層の厚さは，半無限としている．

式 (7.38) の右辺を実数部と虚数部に分けて次式のように整理する．

$$Z = Z_{Re} - jZ_{Im} \quad (7.41)$$

周波数が高いときには，式 (7.38) の右辺の実数部と虚数部は，近似的に次式になる．

$$Z_{Re} = R_{sol} + [R_{ct}/(1+\omega^2 C_{dl}^2 R_{ct}^2)] \quad (7.42)$$

$$Z_{Im} = \omega C_{dl} R_{ct}^2/(1+\omega^2 C_{dl}^2 R_{ct}^2) \quad (7.43)$$

式 (7.42)，(7.43) から$\omega$を消去すると，

$$(Z_{Re} - R_{sol} - R_{ct}/2)^2 + Z_{Im}^2 = (R_{ct}/2)^2 \quad (7.44)$$

式 (7.44) は，ファラデーインピーダンスは高い周波数においては ($R_{ct}/2$) を半径とする半円になることを示している．

一方，周波数が低いときには，式 (7.38) の $\omega$ の項を略して $1/\omega^{1/2}$ のみ残すと，式 (7.38) は近似的に次のようになる．

$$Z_{Re} = R_{sol} + R_{ct} + \sigma/\omega^{1/2} \tag{7.45}$$

$$Z_{Im} = (\sigma/\omega^{1/2}) + 2\sigma^2 C_{dl} \tag{7.46}$$

式 (7.45)，(7.46) から $\omega$ の項を消去すると，

$$Z_{Im} = Z_{Re} - R_{sol} - R_{ct} + 2\sigma^2 C_{dl} \tag{7.47}$$

式 (7.47) は，$Z_{Re}$ を横軸，$-Z_{Im}$ を縦軸とする複素平面上では，切片 ($R_{sol} + R_{ct} - 2\sigma^2 C_{dl}$)，勾配 $45°$ の直線になる．

図 7.8 (a) に式 (7.44) と式 (7.47) で表されるインピーダンス軌跡を示した．$Z_W$ の直線を実軸へ外挿したときの切片は $R_{ct} + R_{sol} - 2\sigma^2 C_{dl}$ であるので，$R_{ct}$，$R_{sol}$，$C_{dl}$ を $Z_{ct}$ の半円から決めれば，切片の値から $\sigma$ の値が求まる．$\sigma$ が得られれば式 (7.40) より拡散係数 $D$ を評価することができる．

(a) 半無限拡散過程の場合

(b) 有限拡散過程の場合

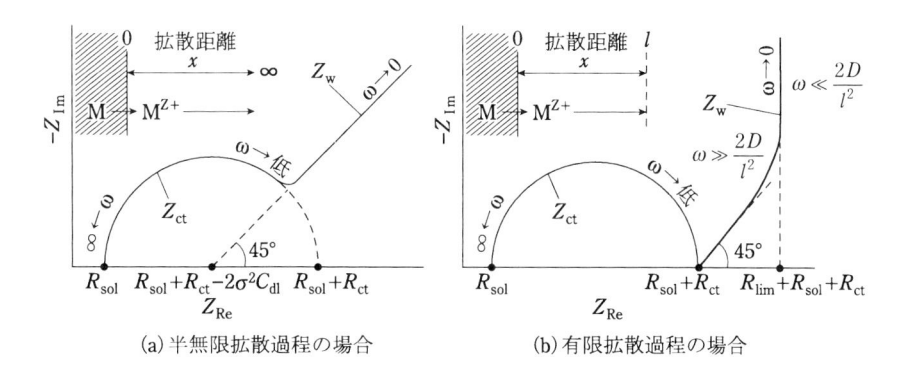

**図 7.8** 電荷移動過程と拡散過程からなる反応のインピーダンス軌跡．(a) 半無限拡散過程の場合，(b) 有限拡散過程の場合．$Z_{ct}$：電荷移動インピーダンス，$Z_w$：ワールブルグインピーダンス，$R_{sol}$：溶液抵抗，$R_{ct}$：電荷移動抵抗，$C_{dl}$：電気二重層容量，$\sigma$：ワールブルグ係数，$\omega$：角周波数，$x$：拡散距離，$l$：限界拡散距離，$R_{lim}$：限界拡散抵抗，$D$：拡散係数

## 7.8.6 有限拡散の場合の拡散抵抗

電池系の電極では,多孔質電極や多孔質セパレータが使用されるため,拡散物質の拡散層の厚さが有限になることが多い.このような場合,ワールブルグインピーダンスが周波数の変化によってどのように変化するか考える.

今,多孔質電極中へのイオンの拡散を考え,イオンの限界拡散距離を$l$とする.電極に角周波数$\omega$の微小交流電圧を印加する.交流の印加に伴うイオンの濃度変化についてFickの第2法則を適当な初期条件,境界条件の下で解き,限界拡散距離の所の濃度勾配における電流を求める.すると,ワールブルグインピーダンス$Z_W$として次式が得られる[11]).

$$Z_W = E_0 \sin\omega t / I_0 \sin(\omega t + \beta) \tag{7.48}$$

ここで,$E_0$は印加した交流電圧の振幅,$I_0$は応答交流電流の振幅である.また,

$$\beta = \arctan[(h+s)/(h-s)] \tag{7.49}$$
$$h = \sinh(2kl) \tag{7.50}$$
$$s = \sin(2kl) \tag{7.51}$$
$$k = (\omega/2D)^{1/2} \tag{7.52}$$

である.したがって,ワールブルグインピーダンス($Z_W = Z_{W,Re} - jZ_{W,Im}$)の実数部$Z_{W,Re}$と虚数部$Z_{W,Im}$は次のようになる.

$$Z_{W,Re} = |Z_W|\cos\beta \tag{7.53}$$
$$Z_{W,Im} = |Z_W|\sin\beta \tag{7.54}$$

このワールブルグインピーダンスの周波数軌跡は,周波数域に応じて次のようになる.

(1) $\omega \gg 2D/l^2$の場合(すなわち,周波数が高く,$kl \gg 1$のとき)

このときのワールブルグインピーダンスは,近似的に次式で与えられる.

$$Z_W = |(dE/dC)\omega^{-1/2}/nFD^{1/2}| \tag{7.55}$$

ここで,$C$は多孔質電極中への侵入イオンの濃度である.したがって,

$$Z_W = |Z_W|\cos(\pi/4) - j|Z_W|\sin(\pi/4) \tag{7.56}$$

となるので,$Z_{Re}$を横軸,$-Z_{Im}$を縦軸とする複素平面上では,$Z_W$の軌跡は勾配45°の直線となる.

(2) $\omega \ll 2D/l^2$の場合(すなわち,周波数が低く,$kl \ll 1$のとき)

このときは，ワールブルグインピーダンスの実数部$Z_{W,Re}$と虚数部$Z_{W,Im}$は，近似的に次のようになる．

$$Z_{W,Re}=|(1/zF)(dE/dC)(1/3D)|=R_{lim} \tag{7.57}$$
$$Z_{W,Im}=(dE/dC)/zF\omega l=1/\omega C_{lim} \tag{7.58}$$

ここで，$R_{lim}$は限界拡散抵抗，$C_{lim}$は限界容量である．$Z_{W,Re}$を横軸，$-Z_{W,Im}$を縦軸とする複素平面上では，$Z_W$の軌跡は$Z_{Re}=R_{lim}$において，$-Z_{Im}$軸に平行な直線となる．

多孔質電極全体のファラデーインピーダンス$Z_F$の軌跡を$Z_{Re}-(-Z_{Im})$平面にプロットすると，電荷移動抵抗$R_{ct}$とワールブルグインピーダンス$Z_W$は直列に結合しているので，図7.8(b)のようになる．高い周波数域に電気二重層と電荷移動抵抗による半円が現れ，それよりも周波数が低い領域（$\omega \gg 2D/l^2$）にワールブルグインピーダンスによる勾配45°の直線が現れ，そして，さらに低い周波数領域（$\omega \ll 2D/l^2$）に虚軸に平行な直線が現れる[11)12)]．限界拡散抵抗$R_{lim}$は，虚軸に平行な直線部分の実軸との切片（$R_{sol}+R_{ct}+R_{lim}$）と電気二重層と電荷移動抵抗による半円の実軸との交点（$R_{sol}+R_{ct}$）から求めることができる．

### 7.8.7 電池系のインピーダンス軌跡とその解析例

正極および負極を持つ電池系の等価回路は図7.6(b)で表され，また，正極および負極のそれぞれのインピーダンスは図7.8(b)のようになることが多い．電池系全体のインピーダンスは，図7.8(b)の軌跡が二つ合体した形になる．電荷移動抵抗と電気二重層による半円部分は，正極，負極の反応の時定数$\tau$

$$\tau = R_{ct}C_{dl} \tag{7.59}$$

の差が大きい（2桁以上違う）ときには，図7.7(b)のように，2個の半円に分離できる．ワールブルグインピーダンスによる直線部分は，正極及び負極のいずれかの反応のうち拡散が遅い過程に支配される．

コイン型二酸化マンガン・リチウム電池について，平井ら[11)]によって実測されたインピーダンス軌跡を図7.9に示す．測定は，周波数応答解析器を用い，電池の放電電圧に等しい電圧を逆バイアスして電池が開回路状態と等しい状態

になるようにして，行われている．平井ら[11]は7.8.3～7.8.6で述べた解析を図上で行い，得られた値（軌跡上の特徴的抵抗および周波数の値は図7.9中に記載）を用いて等価回路の回路定数を定めている．

$$R_{sol}=r_1=3\ (\Omega) \tag{7.60}$$

$$R_{ct1} \fallingdotseq r_2-r_1=29-3\ (\Omega)=26\ (\Omega) \tag{7.61}$$

$$R_{ct2} \fallingdotseq r_4-r_3=38-31(\Omega)=7(\Omega) \tag{7.62}$$

$$R_{lim} \fallingdotseq r_5-r_4=46.5-38\ (\Omega)=8.5\ (\Omega) \tag{7.63}$$

$$\tau_1=1/f_1=1/400\ (s)=2.5\times10^{-3}(s) \tag{7.64}$$

$$\tau_2=1/f_2=1/0.04\ (s)=25\ (s) \tag{7.65}$$

$$C_{dl1}=\tau_1/R_{ct1}=0.0025/26\ (F)=9.6\times10^{-5}(F) \tag{7.66}$$

$$C_{dl2}=\tau_2/R_{ct2}=25/7\ (F)=3.5\ (F) \tag{7.67}$$

図7.9において，角度$\alpha_1$および$\alpha_2$は，半円の高周波数側の外挿と実軸との交点が半円の中心となす角度で，半円の扁芯度を表している．すなわち，半円が一つの容量と抵抗の並列回路からなるのではなく，幾つかの並列回路からなるいわゆる時定数分布回路であることを意味している．扁芯度$\zeta$は，次式で表される．

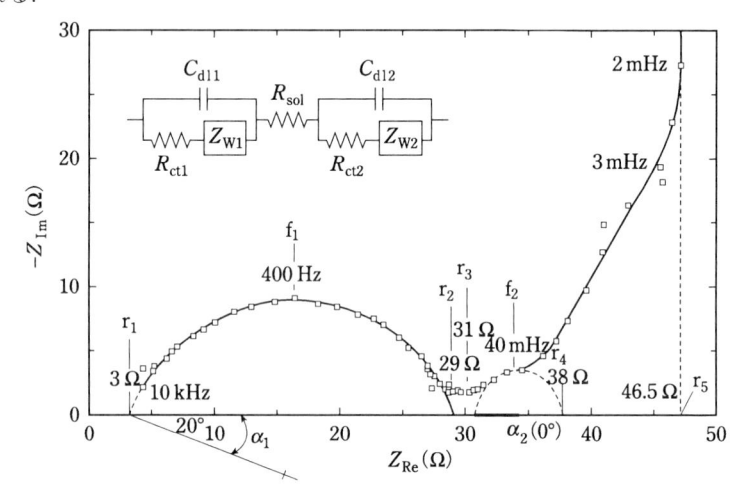

図7.9 コイン型二酸化マンガン・リチウム電池（CR2016，公称電圧3 V，公称容量50 mA・h）の実測インピーダンス軌跡[11]．負荷：10 kΩ，放電時間：7.2 ks，逆バイアス電圧：2.919 V

$$\zeta = 2\alpha/\pi \tag{7.68}$$

したがって，図7.9の各半円は，次のようになる．

$$\zeta_1 = (2 \times 20°/\pi)(\pi/180°) = 0.22 \text{（無単位）} \tag{7.69}$$

$$\zeta_2 = (2 \times 0°/\pi)(\pi/180°) = 0 \text{（無単位）} \tag{7.70}$$

逆バイアス電圧によって正負両電極の電位がそれぞれの平衡電位にあると仮定すると，各半円に対応する反応の交換電流は式 (7.34) から求められる．温度298 K では，

$$i_{01} = (RT/F)(1/R_{ct1}) = (8.314 \times 298/96487)(1/26) \text{ (A)} = 9.9 \times 10^{-4} \text{ (A)} \tag{7.71}$$

$$i_{02} = (RT/F)(1/R_{ct2}) = (8.314 \times 298/96487)(1/7) \text{ (A)} = 3.7 \times 10^{-3} \text{ (A)} \tag{7.72}$$

となる．

電池系のインピーダンス軌跡に現れる各半円がどの電極反応によるものか直ちに同定することはできないが，図7.9の場合，平井ら[11)]は，$C_{dl}$ の値から，高周波数側の半円1が負極（金属Li），低周波数側の半円2が正極（$MnO_2$ 合剤）によると推定している．

## 7.9 電池の $i-V$ 曲線の解析

ここでは電池放電時の各種過電圧と電流－電圧 ($i-V$) 曲線の関係をまず説明し，次に実験的に求められた過電圧の値から電池の作動電圧を求める．

### 7.9.1 各種過電圧と $i-V$ 曲線

電池の $i-V$ 曲線は，電池の放電中の電流 ($i_{dis}$, 出力電流）と電圧（$V_{wk}$, 作動電圧）の関係を示す曲線である．$i-V$ 曲線は，電池の正極・負極の電極反応の分極曲線に従って現れる（6.8, 6.9参照）．以下，各種過電圧と $i-V$ 曲線の関係を説明する．

典型的な $i-V$ 曲線の形状を図7.10に示す．電池を作動させ放電電流が流れると，作動電圧は電流密度が大きくなるに連れて開回路電圧より放電終止電圧ま

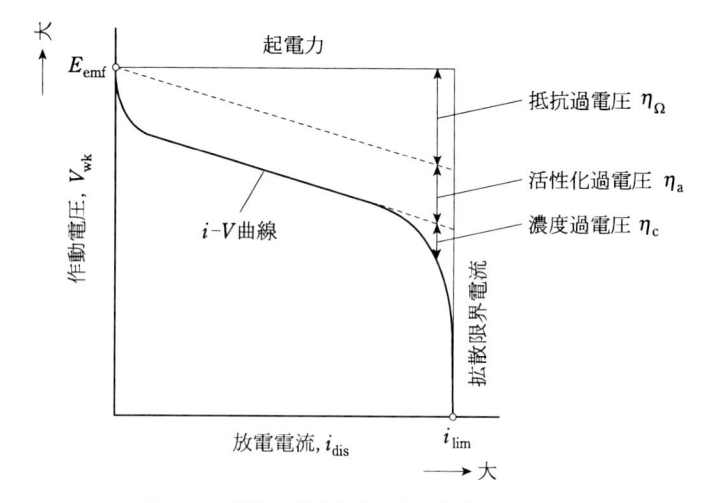

図7.10 電池の放電電流密度と作動電圧の関係

で連続的に低下する．その低下の仕方は，最初は急であり，続いて緩やかになり，そして最後はまた急になる．このような作動電圧の低下は，活性化過電圧 $\eta_a$，濃度過電圧 $\eta_c$，抵抗過電圧 $\eta_\Omega$ の寄与によることが知られている（6.11参照）．すなわち，電池の作動電圧 $V_{wk}$ は，次式で求められる．

$$V_{wk} = E_{emf} - (\eta_{a(a)} + \eta_{a(c)} + \eta_{c(a)} + \eta_{c(c)} + \eta_\Omega) \tag{7.73}$$

ここで，$E_{emf}$ は電池の起電力，$\eta_{a(a)}$ は負極（アノード）の活性化過電圧，$\eta_{a(c)}$ は正極（カソード）の活性化過電圧，$\eta_{c(a)}$ は負極（アノード）の濃度過電圧，$\eta_{c(c)}$ は正極（カソード）の濃度過電圧である．

多くの電池の場合，正極と負極の電極反応のうち正極の過電圧が大きく，特に濃度過電圧は小さな電流密度において拡散限界電流に達する方が支配的（律速）になる．そこで，ここでは，濃度過電圧はカソード支配として，$\eta_{c(a)}$ を省略する（アノード支配のときは逆）．

$$V_{wk} = E_{emf} - (\eta_{a(a)} + \eta_{a(c)} + \eta_{c(c)} + \eta_\Omega) \tag{7.74}$$

$\eta_{a(a)}, \eta_{a(c)}$ はTafel式で表されるので，以下のようになる（6.5参照）．

$$\eta_{a(a)} = 2.303\, B_{(a)} \log(i/i_{0(a)}) \tag{7.75}$$

$$\eta_{a(c)} = -2.303\, B_{(c)} \log(i/i_{0(c)}) \tag{7.76}$$

ここで，$B_{(a)}$, $B_{(c)}$ はそれぞれ負極，正極の Tafel 勾配，$i_{0\,(a)}$, $i_{0\,(c)}$ はそれぞれ負極，正極の交換電流密度である．これらの式は，$\eta_{a\,(a)}$, $\eta_{a\,(c)} > 50$ mV で成り立つ．

$\eta_{c\,(c)}$ は次式で表される（6.5参照）．

$$\eta_{c\,(c)} = 2.303\,A\log(1 - i/i_{\lim(c)}) \tag{7.77}$$

ここで，$i_{\lim(c)}$ は正極の拡散限界電流密度である．この式は，$i < i_{\lim(c)}$ で成り立つ．

$\eta_{\Omega}$ は次式で表される（6.5参照）．

$$\eta_{\Omega} = iR_{\Omega} \tag{7.78}$$

ここで，$R_{\Omega}$ は電池の正極，負極，導線，および電解質のオーム抵抗の合計である．

以上のことから分かるように，正極，負極の反応の平衡電位，Tafel勾配，交換電流密度，電池のオーム抵抗があらかじめ求められていれば，任意の電流における作動電圧を計算することができる．

### 7.9.2　電池の作動電圧の推定

電池の正極，負極の分極特性および電池のオーム抵抗が分かれば，任意の放電電流における作動電圧を式（7.74）から求めることができる．そのような例を例題7-1に示す．

＜例題7-1＞

固体酸化物型燃料電池の単セルを作製してその内部抵抗を測定したところ2Ωであった．また，この電池の空気極，燃料極の分極特性に関する別の測定結果によれば，電流密度300 mA/$10^{-4}$m$^2$ における過電圧は空気極で20 mV，燃料極で10 mVであった．なお，この電流密度では濃度分極は見られなかった．作製した電池を300 mA/$10^{-4}$m$^2$ で放電させたときには，作動電圧は何Vになると推定されるか．（$10^{-4}$m$^2$ = cm$^2$）

＜解答7-1＞

電池の作動電圧 $V_{wk}$ は，式（7.74）から $\eta_{c(c)}$ を省いた式で求められる．

$$V_{wk} = E_{emf} - (\eta_{a(a)} + \eta_{a(c)} + iR_{\Omega}) \tag{7.79}$$

題意より各パラメータに数値をいれると，

$$V_{wk} = 1.2 - (10 \times 10^{-3} + 20 \times 10^{-3} + (300 \times 10^{-3}) \times 2) = 0.6 \text{ V}$$
(7.80)

作動電圧$V_{wk}$=0.6 Vが得られる.

### 7.9.3 最大出力密度の評価

電池の$i$-$V$曲線を実験的に求めると,これから電池の最大出力密度が分かる.最大出力密度を求める方法を例題7-2によって説明する.

＜例題7-2＞

試作した二つの直接メタノール燃料電池の$i$-$V$曲線を測定したところ図7.11

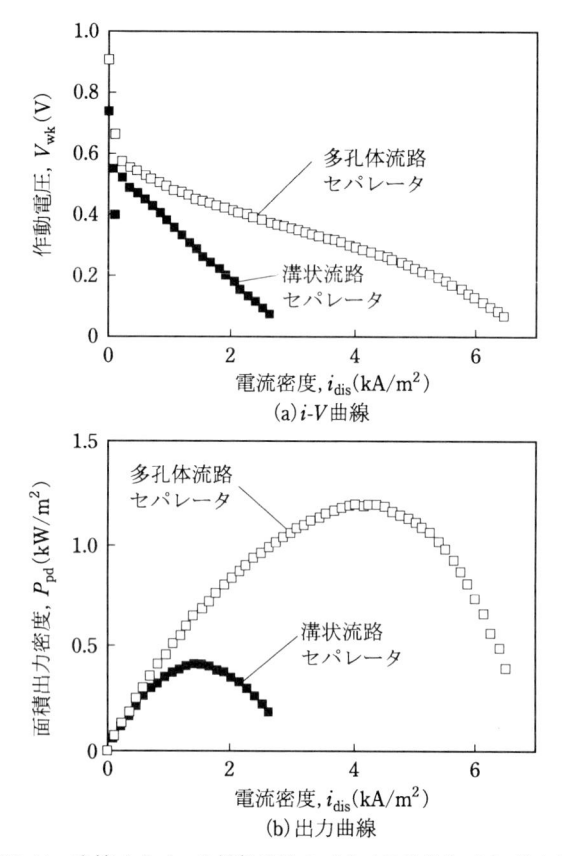

図7.11 直接メタノール燃料電池の (a) $i$-$V$曲線と (b) 出力曲線[13]

(a)の$i$-$V$曲線が得られた(首藤らによる実測データ[13]).一つは直線溝流路セパレータを使用したものであり,もう一つは多孔体流路セパレータを使用したものである.これら二つの電池の最大出力密度を求めよ.なお,二つの電池の運転条件[*]は同一とする.(*セル温度:333 K,負極供給:5 mass%$CH_3OH$,$1.67×10^{-7}$ $m^3$/s,正極供給:無加湿$O_2$,$1.67×10^{-5}$ $m^3$/s,電解質:Nafion117)

<解答7-2>

出力密度$P_{pd}$は,放電電流$i_{dis}$と作動電圧$V_{wk}$の積($P_{pd}=i_{dis}·V_{wk}$)である.図7.11(a)から各放電電流密度値に対する作動電圧値を読み取り,両者の積を求めれば各放電電流密度値における出力密度値(電極単位面積当りの出力:面積出力密度)が得られる.これを電流密度-出力密度座標にプロットすれば,図7.11(b)の曲線が得られる[13].曲線上の最大値が最大出力密度である.通常,電池は最大出力密度を超える電流密度では運転しないようにしている.

なお,二つの電池のうち多孔体流路セパレータ使用のものの最大出力密度が大きいのは,膜電極接合体の拡散層とセパレータが全面的に接触するため接触抵抗が小さくなり,電池の内部抵抗が低下したことによる.

## 7.10 燃料電池の発電効率の評価

燃料電池の発電効率は,発電のために消費した水素のエネルギーに対する発電で得た電気出力の割合である(7.2.2 (2) 参照).これを実際の実験値から求めることにする.例題7-3を考える.

<例題7-3>

固体高分子型燃料電池を3.6 ks間,平均作動電圧0.65 V,平均放電電流0.25 Aで運転した.このとき,消費した水素の量は$120×10^{-6}$ $m^3$であった.この場合の発電効率(%)を求めよ.なお,水素の低位発熱量(LHV)は$10.8×10^6$ $J/m^3$である.

<解答7-3>

発電効率$Θ_g$は,次のように求めることができる.

$$Θ_g = V_{wk} i_{dis} t_{dis} / B_{H_2} H_{LHV} \tag{7.81}$$

ここで，$V_{wk}$：作動電圧，$i_{dis}$：放電電流，$t_{dis}$：放電時間，$B_{H_2}$：消費した水素量，$H_{LHV}$：水素の低位発熱量．これらに与えられた数値を入れると，

$$\Theta_g = [(0.65 \times 0.25 \times 3600)/(120 \times 10^{-6} \times 10.8 \times 10^6)] \times 100 = 45.1\% \tag{7.82}$$

発電効率 $\Theta_g = 45.1\%$ を得る．

## 7.11 電位-pH図による電池反応の解析

電位-pH図は，電池反応の解析に用いることができる（6.4参照）．ここでは，アルカリマンガン乾電池の電解質になぜアルカリ性溶液が用いられるのか，電位-pH図を使って考えてみる．例題7-4を解くことにする．

&lt;例題7-4&gt;

アルカリマンガン乾電池の正極活物質には二酸化マンガン（$MnO_2$）が，また，負極活物質には金属亜鉛（Zn）が使われている．この正極，負極の組み合わせをpH=0, pH=9, pH=14の各溶液中で使った場合の起電力を比較せよ．各溶液中での反応とその平衡電位には，以下に示すものを使い，また，平衡電位$E$の計算においては各イオンの活量$a_i$を$10^{-6}$とせよ．

pH=0　正極　$MnO_2 + 4H^+ + 2e^- = Mn^{2+} + 2H_2O$ (7.83)

　　　　　　$E = 1.228 - 0.1182\,\mathrm{pH} - 0.0295 \log a_{Mn^{2+}}$ (7.84)

　　　　負極　$Zn = Zn^{2+} + 2e^-$ (7.85)

　　　　　　$E = -0.763 + 0.0295\, a_{Zn^{2+}}$ (7.86)

pH=9　正極　$MnO_2 + H^+ + e^- = MnOOH$ (7.87)

　　　　　　$E = 1.014 - 0.0591\,\mathrm{pH}$ (7.88)

　　　　負極　$Zn + H_2O = ZnO + 2H^+ + 2e^-$ (7.89)

　　　　　　$E = -0.439 - 0.0591\,\mathrm{pH}$ (7.90)

pH=14　正極　$MnO_2 + H^+ + e^- = MnOOH$ (7.91)

　　　　　　$E = 1.014 - 0.0591\,\mathrm{pH}$ (7.92)

　　　　負極　$Zn + 2H_2O = ZnO_2^{2-} + 4H^+ + 2e^-$ (7.93)

　　　　　　$E = 0.441 - 0.1182\,\mathrm{pH} + 0.0295 \log a_{ZnO_2^{2-}}$ (7.94)

## <解答7-4>

 各平衡電位の式に溶液のpH値とイオンの活量を入れて各pHでの平衡電位の値を求める。次に正極の平衡電位の値から負極の平衡電位の値を引き，電池の起電力$E_{emf}$を求める．

pH=0　正極の平衡電位の値　$E = 1.228 - 0.1182 \times 0 - 0.0295 \log 10^{-6} = 1.405$ V
$$\tag{7.95}$$

　　　　負極の平衡電位の値　$E = -0.763 + 0.0295 \log 10^{-6} = -0.940$ V
$$\tag{7.96}$$

　　　　起電力　$E_{emf} = 1.405 - (-0.940) = 2.345$ V　　　(7.97)

pH=9　正極の平衡電位の値　$E = 1.014 - 0.0591 \times 9 = 0.482$ V
$$\tag{7.98}$$

　　　　負極の平衡電位の値　$E = -0.439 - 0.0591 \times 9 = -0.971$ V
$$\tag{7.99}$$

　　　　起電力　$E_{emf} = 0.482 - (-0.971) = 1.453$ V　　　(7.100)

pH=14　正極の平衡電位の値 $E = 1.014 - 0.0591 \times 14 = 0.187$ V
$$\tag{7.101}$$

　　　　負極の平衡電位の値 $E = 0.441 - 0.1182 \times 14 + 0.0295 \log 10^{-6} = -1.401$ V
$$\tag{7.102}$$

　　　　起電力　$E_{emf} = 0.187 - (-1.401) = 1.588$ V　　　(7.103)

上の結果の起電力$E_{emf}$の大きさを比較すると，次のようになる．

　　　2.345 V (pH=0) > 1.588 V (pH=14) > 1.453 V (pH=9)

このように，起電力の大きさだけでは酸性の溶液が有利になる．しかし，電池として酸性溶液が好ましいかどうか，電位-pH図をもとに検討してみる．

## <電位-pH図による考察>

　式(7.83)～(7.94)の反応と平衡電位を図7.12に電位-pH図として示した．式(7.83)のように，溶液中の$H^+$イオンが関わる反応の平衡電位は斜線で表される．また，式(7.85)のように，$H^+$イオンが関わらない反応の平衡電位は水平線で表される．

　電池の起電力は，正極の$MnO_2$の関わる反応の平衡電位の線と負極のZnが関

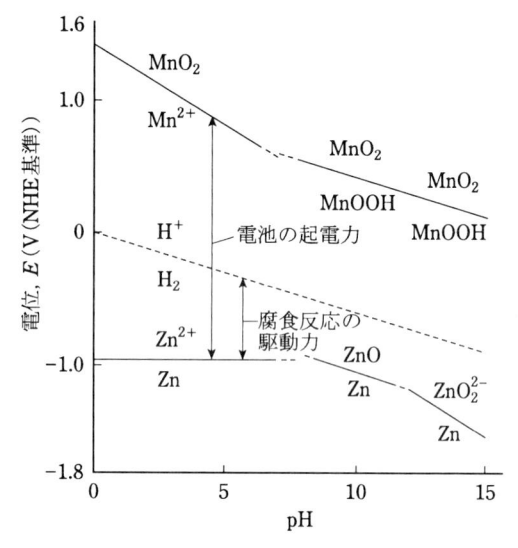

**図7.12** Zn-$H_2O$系および$MnO_2$-$H_2O$系の電位-pH図

わる反応の平衡電位の線の差になる.

また,水溶液中ではZnは水素発生型腐食を起こすので,水素電極反応(式(7.104))の平衡電位(式(7.105))を破線で示した.

$$H_2 = 2H^+ + 2e^- \tag{7.104}$$

$$E = -0.0591\,\mathrm{pH} - 0.0148 \log P_{H_2} \tag{7.105}$$

ここで,$P_{H_2}$は$H_2$の分圧である(破線は$P_{H_2}=1$気圧のとき).水素発生型腐食の駆動力は,この破線とZnの溶解反応の平衡電位の線の差になる.差が大きいほど,Znは腐食し易くなる.

以上のことを念頭に置いて図7.12を見ると,以下のことが推察される.

酸性〜中性溶液(pH=0〜7)中では,$MnO_2$とZnで電池が構成されると,$MnO_2$は式(7.83)に示されるように$Mn^{2+}$イオンへ還元溶解する.Znは式(7.87)により$Zn^{2+}$イオンに酸化され,溶解する.また,酸性の強い溶液中ではZnの水素発生型腐食の駆動力が大きく,Znの自己放電が大きいことが分かる.

アルカリ性溶液(pH=12〜15)中では,電池を構成しても,式(7.91)に示されるように,$MnO_2$はMnOOHに還元されるだけで溶解はしない.また,Znは

式 (7.93) により $ZnO_2^{2-}$ イオンとして溶解するが，水素電極反応の電位との差は小さい．すなわち，Zn の自己放電は小さい．

中性〜弱アルカリ性溶液 (pH=8〜11) 中では，$MnO_2$ は式 (7.87) のように MnOOH に還元されるだけで溶解はしないが，Zn は式 (7.89) により ZnO に酸化され，この ZnO が Zn の表面を覆うと，Zn の不働態化が起こり，Zn は溶解し難くなり，電流が流れなくなる．

また，設問の題意とは関係ないが，ニッケルや鉄の腐食速度は酸性溶液中で大きくアルカリ性溶液中で小さいことを考慮すると，アルカリ性溶液を電解液としたときにはニッケルや鉄を電池缶体の材料として使うことができる(実際にアルカリマンガン乾電池にはニッケルめっき鋼板製缶体が使われている)．なお，アルカリ性溶液中でニッケルや鉄の腐食速度が小さいのは，これらが不働態化するからである (ただし，pH 13 以上ではオキシアニオンとして僅かに溶けるようになる)．

以上のことを総合すると，電解液にアルカリ性溶液を使うのが有利である．

**＜イオン種安定域と酸化物種安定域の境界線＞**

例題 7-4 の題意には直接関係がないため図 7.12 の電位-pH 図には示してないが，$Mn-H_2O$ 系および $Zn-H_2O$ 系の電位-pH 図にはそれぞれイオン種安定域と酸化物種安定域の間の境界を示す線が現れる．例えば，$Mn-H_2O$ 系では $Mn^{2+}$/MnO, $MnO/HMnO_2^-$，$Zn-H_2O$ 系では $Zn^{2+}$/ZnO, $ZnO/ZnO_2^{2-}$ の境界線 (平衡 pH) が次式で示される．

$Mn^{2+}$/MnO 間 (反応：$Mn^{2+} + H_2O = MnO + 2H^+$)

$$\log a_{Mn^{2+}} = 15.31 - 2\,pH \qquad (7.106)$$

$MnO/HMnO_2^-$ 間 (反応：$MnO + H_2O = HMnO_2^- + H^+$)

$$\log a_{HMnO_2^-} = -19.08 + pH \qquad (7.107)$$

$Zn^{2+}$/ZnO 間 (反応：$Zn^{2+} + H_2O = ZnO + 2H^+$)

$$\log a_{Zn^{2+}} = 10.96 - 2\,pH \qquad (7.108)$$

$ZnO/ZnO_2^{2-}$ 間 (反応：$ZnO + H_2O = ZnO_2^{2-} + 2H^+$)

$$\log a_{ZnO_2^{2-}} = -29.78 + 2\,pH \qquad (7.109)$$

平衡 pH は上記の式に各イオンの活量を入れれば得られる．境界線は平衡 pH か

ら電位軸に平行に引いた線（垂線）となる．なお，式 (7.106)〜(7.109) は，イオン種と酸化物種の標準化学ポテンシャルおよび活量によって定まる平衡定数から求められる．

---

**電池のリサイクル**

　使い終わった一次電池および二次電池は，環境の健全性の維持および貴重な資源の回収のため，適正に処理およびリサイクルする必要がある．図7.13に，使用済み電池の処理方法と回収された電池のリサイクル先を示す[a]．処理方法は電池の種類によって異なっている．

　マンガン乾電池，アルカリ乾電池，リチウム一次電池などは，一般廃棄物の「不燃ゴミ」として廃棄して良いことになっている．ただし，廃棄の仕方は地方自治体に任されており，自治体によっては分別回収をしている．不燃ゴミとして収集されたものは大部分が埋め立て処理されている．分別回収されたものは，鉄，亜鉛，ソフトフェライトなどにリサイクルされている．

　酸化銀電池，アルカリボタン電池，空気・亜鉛電池などのボタン型電池は，

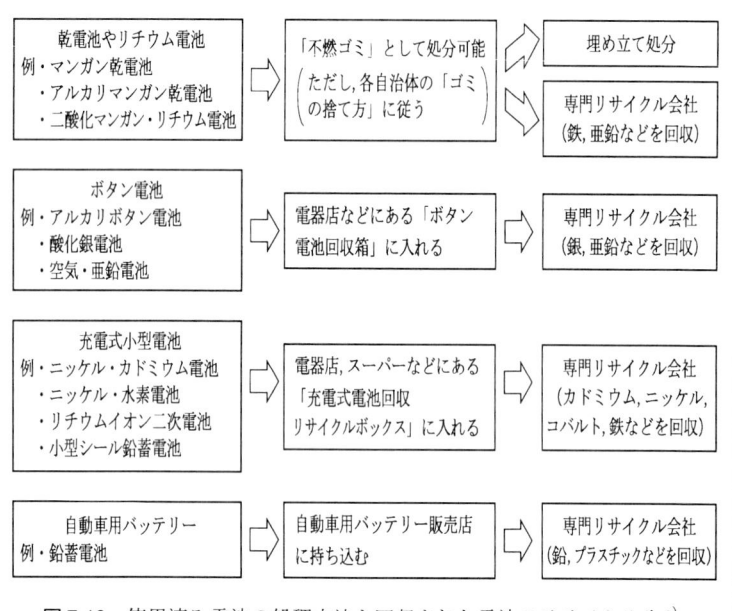

| 乾電池やリチウム電池<br>例・マンガン乾電池<br>・アルカリマンガン乾電池<br>・二酸化マンガン・リチウム電池 | ⇒ | 「不燃ゴミ」として処分可能<br>ただし，各自治体の「ゴミの捨て方」に従う | ⇒ | 埋め立て処分 |
|---|---|---|---|---|
| | | | ⇒ | 専門リサイクル会社<br>(鉄，亜鉛などを回収) |
| ボタン電池<br>例・アルカリボタン電池<br>・酸化銀電池<br>・空気・亜鉛電池 | ⇒ | 電器店などにある「ボタン電池回収箱」に入れる | ⇒ | 専門リサイクル会社<br>(銀，亜鉛などを回収) |
| 充電式小型電池<br>例・ニッケル・カドミウム電池<br>・ニッケル・水素電池<br>・リチウムイオン二次電池<br>・小型シール鉛蓄電池 | ⇒ | 電器店，スーパーなどにある「充電式電池回収リサイクルボックス」に入れる | ⇒ | 専門リサイクル会社<br>(カドミウム，ニッケル，コバルト，鉄などを回収) |
| 自動車用バッテリー<br>例・鉛蓄電池 | ⇒ | 自動車用バッテリー販売店に持ち込む | ⇒ | 専門リサイクル会社<br>(鉛，プラスチックなどを回収) |

図7.13　使用済み電池の処理方法と回収された電池のリサイクル先[a]

電器店，カメラ店などに置かれたボタン電池回収箱で回収され，電池メーカーから専門会社に送られ，銀，亜鉛などを回収している．

　ニッケル・カドミウム電池，ニッケル・水素電池，リチウムイオン二次電池などは，電器店，スーパーなどに置かれた充電式電池リサイクルボックスで回収されている．これらも専門会社に送られ，カドミウム，ニッケル（合金として），コバルト（塩化コバルトとして）および鉄が回収されている．なお，リサイクル可能な電池には，リサイクルマーク（三つの矢印が互いの後を追って回転している印）が付けられている．

　鉛蓄電池は自動車修理業およびカー用品店の中の使用済みバッテリーリサイクル協力店が回収し，専門会社で鉛とプラスチックを再生している．

　なお，電池をリサイクル（または廃棄）に出すときには，＋極および－極をセロテープなどで絶縁してから出す．

　回収された廃電池の再資源化を行っている専門会社は，主として非鉄金属精錬会社である．非鉄金属精錬会社でなされているリチウムイオン二次電池の再資源化プロセスの例を図7.14に示す[b]．廃電池は，まず，専用炉で焙焼され，その後，薄片状に粉砕される．薄片状粉末を振動篩（ふるい）にかけ，鉄および銅のスクラップを分離する．鉄および銅を除いた後のコバルト酸化物

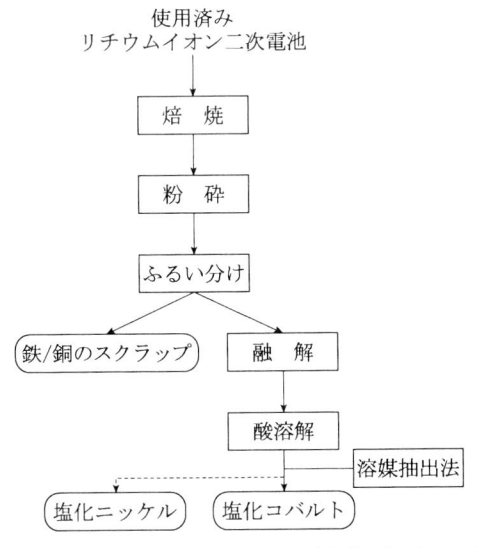

図7.14　リチウムイオン二次電池の再資源化プロセスの例[b]

を含む粉体を電気炉で融解し，コバルト－ニッケル－鉄合金塊を作る．この合金塊を酸で溶解し，溶媒抽出法によって塩化コバルトと塩化ニッケルを得ている．

**参考文献**
1) 杉本克久：材料電子化学，日本金属学会,(2003), p.1
2) 杉本克久：まてりあ，**46** (2007), 744
3) 米津邦雄：最新実用二次電池，日本電池株式会社編，日刊工業新聞社,(1995), p.9
4) 電気化学協会編：先端電気化学，丸善,(1994), p.18
5) 東北大学マテリアル・開発系編：実験材料科学　第2版，内田老鶴圃,(2002), p.38.
6) 藤嶋 昭，相澤益男，井上 徹：電気化学測定法（上），技報堂出版,(1984), p.173
7) 電気化4学会編：電気化学測定マニュアル 基礎編，丸善,(2002), p.74
8) 杉本克久：Zairyo-to-Kankyo（現 材料と環境），**48** (1999), 673
9) C. Gabrielli: Identification of Electrochemical Process by Frequency Response Analysis, Technical Report Number 004/83, Schlumberger Technologies, Instruments Division, Farnborough, (1984), p.38
10) 杉本克久，結城正弘：日本金属学会誌，**46** (1982), 1156
11) 平井竹次，小槻 勉：コンプレックスプレーンアナリシス（CPA）の電気化学への応用，小沢昭弥，平井竹次，永山政一編，電気化学協会アメリカ事務所，東陽テクニカ, (1989), p.13
12) 門間聡之，逢坂哲彌：Electrochemistory, **62** (1994), 676
13) 首藤登志夫：工業材料，**57** [9] (2009), 36

**参照情報**
a) ㈳電池工業会ホームページ：http://www.baj.or.jp/recycle/
b) Sony Japan プレスリリース：
http://www.sony.co.jp/SonyInfo/News/Press_Archive/199604/96O-054/

# 索　引

## 数字・ギリシャ文字・アルファベット

| | |
|---|---|
| 5V級正極材料 | 153 |
| 70MPa級高圧タンク | 171 |
| $\alpha$-NaFeO$_2$型層状構造 | 63 |
| AB$_2$型 | 59 |
| AB$_5$型 | 59 |
| BaCe$_{0.8}$Y$_{0.2}$O$_3$ | 111 |
| (Bi$_2$O$_3$)$_{0.75}$(Y$_2$O$_3$)$_{0.25}$ | 109 |
| Butler-Volmerの式（Butler-Volmer equation） | 186, 189, 205 |
| CeO$_2$-LaO$_2$固溶体電極 | 106 |
| CoSn超微粒子 | 77 |
| CO除去 | 133 |
| CO被毒 | 96, 98, 101, 117 |
| Fe$_2$(SO$_4$)$_3$ | 73 |
| Gibbs自由エネルギー変化 | 178 |
| HHV (high heat value) 基準 | 214 |
| $iR$降下（$iR$ drop） | 195 |
| LaCr$_{0.9}$Mg$_{0.1}$O$_3$ | 104 |
| La$_{0.64}$Nd$_{0.20}$Mg$_{0.16}$Ni$_{3.45}$Co$_{0.20}$Al$_{0.15}$ | 160 |
| LaNi$_5$ | 57 |
| (La$_{0.8}$Sr$_{0.2}$)(Ga$_{0.8}$Mg$_{0.1}$Co$_{0.1}$)O$_{3-\delta}$ | 113 |
| La$_{0.8}$Sr$_{0.2}$Mg$_{0.2}$O$_3$ | 110 |
| LEV法（Low Emission Vehicle Regulation, 低排気ガス車規制） | 146 |
| LHV (low heat value) 基準 | 214 |
| Li$_{1-x}$CoO$_2$ | 48, 62 |
| Li$_{2.6}$Co$_{0.4}$N$_3$ | 77 |
| Li$_{3.6}$Si$_{0.6}$P$_{0.4}$O$_4$ | 80, 81 |
| Li$_4$Ti$_5$O$_{12}$ | 77 |
| Li$_{4-x}$Ge$_{1-x}$P$_x$S$_4$ | 80, 81 |
| LiCo$_{1/3}$Ni$_{1/3}$Mn$_{1/3}$O$_2$ | 70 |
| LiNi$_{0.5}$Mn$_{0.5}$O$_2$ | 71, 153 |
| LiNi$_{0.5}$Mn$_{1.5}$O$_4$ | 153 |
| LiNi$_{0.8}$Co$_{0.2}$O$_2$ | 153 |
| Li$_x$C$_6$ | 48, 60 |
| MmNi$_{3.55}$Co$_{0.75}$Al$_{0.3}$Mn$_{0.4}$ | 57 |
| MmNi$_5$H | 47 |
| NASICON (Na$^+$ super ionic conductor) | 73 |
| $nC_t$A放電 | 213 |
| Nernst-Einsteinの式（Nernst-Einstein equation） | 200 |
| Nernstの式（Nernst equation） | 180, 181 |
| N-methyl-N-propylpiperidinium bis (trifluoro methanesulfonyl) imide (PP13-TFSI) | 79 |
| N-メチルピロリドン | 64 |
| p-n型ポリアセチレン電池 | 84 |
| Pt$_{35}$Ru$_{65}$合金触媒 | 115, 126 |
| PTC (positive temperature coefficient) 素子 | 29, 61 |
| PTFE（テフロン）粉末 | 102 |
| SEI形成促進添加剤 | 79 |
| SEI皮膜 | 68, 76 |
| Stern-Gearyの式（Stern-Geary equation） | 205 |
| Stokes-Einsteinの式（Stokes-Einstein equation） | 200 |
| Tafelの式（Tafel equation） | 186, 189 |
| Tafel外挿法（Tafel extrapolation） | 218 |
| Tafel勾配（Tafel slope） | 186 |
| USABC (US Advanced Battery Consortium, US先進電池研究共同組合) | 148 |
| ZEV (zero emission vehicle, 無排気ガス車) | 146 |

## 五十音順

### ア行

アイドリングストップ　52
アクティブ型直接メタノール燃料電池　125
アセチレンブラック（acetylen black）　32
アニオン伝導性固体高分子膜　93
アノード反応（anodic reaction）　19
アルカリエッチング　160
アルカリマンガン乾電池（alkaline manganese dioxide-zinc dry cell）　27,30,32
アルカリ型燃料電池（alkaline fuel cell；AFC）　93
亜鉛（Zn）　27,31
亜鉛・塩素電池（zinc-chlorine cell）　49
圧力変動吸着法（pressure swing adsorption）　134
アルミニウム（Al）箔集電体　65
安全装置（safety device）　44
安全弁（safety valve）　61
硫黄（S）　50
イオン性液体（ionic liquid）　79,169
イオン伝導（ionic conduction）　196
イオンの移動度（ionic mobility）　197
イットリア安定化ジルコニア（yttria stabilized zirconia；YSZ）　103,107
一次電池（primary cell）　23
一次電池，二次電池の生産量と生産額　39
一次電池の基本構造　23
陰イオン（アニオン；anion）　196
インターカレーション（intercalation）　35
インターコネクト（interconnect）　92
インピーダンス軌跡（impedance locus）　226,231
ウイック（wick）　126
泳動（migration）　197

液化水素（liquefied hydrogen）　137
液間電位（liquid junction potential）　201,202
エチレンカーボネート（ethylene carbonate；EC）　36,48,61,78
エネルギー密度（energy density）　23,193,212
エレクトロケミカルインピーダンススペクトロスコピー（electrochemical impedance spectroscopy；EIS）　222
塩化アンモニウム（$NH_4Cl$）　27
塩化チオニル（$SOCl_2$）　30
塩化チオニル・リチウム電池（thionyl chloride-lithium cell）　30
塩化亜鉛（$ZnCl_2$）　27
オキシ水酸化イッテルビウム（YbOOH）　160
オキシ水酸化コバルト（CoOOH）　57
オキシ水酸化チタン　33
オキシ水酸化ニッケル（NiOOH）　47,55
オキシライド乾電池（ニッケル系一次電池）　28
オキソ酸塩系$H^+$イオン伝導体　111
オーム損（ohmic drop）　195
オリビン（Olivine）型化合物　72

### カ行

開回路電圧（open circuit voltage）　187
外缶（can, cell case）　31
改質ガス　100
改質器（reformer）　132
改質反応（reforming reaction）　132
解離度（degree of dissociation）　199
過塩素酸リチウム（$LiClO_4$）　34,36
化学電池（chemical cell）　2
化学ポテンシャル（chemical potential）　178
拡散過電圧（diffusion overpotential）　195
拡散係数（diffusion coefficient）　228

# 索　引

拡散限界電流（diffusion limiting current） 235
拡散抵抗（diffusion resistance） 228
過酸化水素（$H_2O_2$） 122
加湿器（humidifier） 166
過充電（overcharge） 55
ガス拡散電極 92
ガスケット（gasket） 31
ガスナー（Gassner C.） 15
ガスナー乾電池（Gassner dry cell） 15
カソード反応（cathodic reaction） 19
活性化過電圧（activation overpotential） 194
活性化分極（activation polarization） 191
過電圧（overvoltage） 185
価電子帯（varence band） 85
活物質（active material） 19
活量（activity） 178
カドミウム（Cd） 47
ガドリニア固溶セリア（$Ce_{0.8}Cd_{0.2}O_{1.9}$） 113
カーボンアロイ触媒（carbon alloy catalyst） 119
カーボンエアロゲル 130
カーボン樹脂板 100, 115
カーボン樹脂モールドセパレータ 123
カーボン成形セパレータ 169
カーボン繊維（carbon fiver） 98, 115, 126
カーボンナノファブリック（carbon nano-fabric） 130
カーボンナノホーン 117
カーボンネットワーク 52, 72
ガラス繊維マット 51
カリフォルニア大気資源局（California Air Resources Board） 146
ガルバーニ（Galvani L.） 7
ガルバーニの実験 7
ガルバノスタット（galvanostat） 218
環状炭酸エステル 61, 78

関数発生器（function generator） 217
寒冷地スタートアップ 165
擬似等方性炭素（pseudo isotropic carbon） 67
希土類-Mg-Ni系水素吸蔵合金 160
機能分離型電極 102
キャパシタハイブリッド型鉛蓄電池 52
吸着剤 134
吸着中間体 127
局部電池（local cell） 204
銀（Ag） 28
銀イオン伝導性固体電解質（$RbAg_4I_5$） 82
金属水素化物（metal hydride ; MH） 47, 55
金属製セパレータ 124, 170
金属多孔体（porous metal） 130
金属/炭素分散複合合金 77
金属内包フラーレン 160
金属リチウム（Li） 29, 75
空気・亜鉛電池（air-zinc dry cell） 28
空気極（air electrode） 92
クラスタ（cluster） 121
グローブ（Grove W. R.） 11
グローブの燃料電池 11
グローブボックス 218
グロッタス機構（Grotthus mechanism） 111, 122
クロノポテンショグラム（chronopotentiogram） 219
クロノポテンショメトリー（chronopotentiometry） 219
携帯電話の生産量 40
ケーニッヒ（König W.） 6
ゲル化剤 31
限界拡散距離（finite diffusion length） 230
限界拡散抵抗（finite diffusion resistance） 231
減極剤（depolarizer） 10

248　索　引

原燃料　131
高圧タンク（high pressure tank）　136,170
高温・無加湿膜　120
高温時冷却　166
交換電流（exchange current）　185
合剤（mix）　31
公称電圧（nominal voltage）　24
高誘電率溶媒　36
交流同期電動機　151
黒鉛（グラファイト，graphite）　65
黒鉛層（graphene layer）　63
黒鉛層間化合物（graphite intercalation compound ; GIC）　65
五酸化ニオブ（$Nb_2O_5$）　77
五酸化バナジウム（$V_2O_5$）　77,82
コジェネレーション（cogeneration, 電熱併給）　96,112
固体高分子型燃料電池（polymer electrolyte fuel cell ; PEFC）　98,167
固体酸化物型燃料電池（solid oxide fuel cell ; SOFC）　97
固体電解質（solid electrolyte）　80,106
固体電解質界面相（solid electrolyte interface ; SEI）　68
固体電解質電池（solid electrolyte cell）　37
固体薄膜リチウム電池　81
固体薄膜銀電池　82
コバルト酸リチウム（$LiCoO_2$）　60,152
混合伝導体電極（mixed conduction electrode）　106
混合溶媒　79

### サ 行

サイクリックボルタモグラム（cyclic voltammogram）　220
サイクリックボルタンメトリー（cyclic voltammetry）　220
サイクル充電　86
サイクル寿命（cycle life）　213
細孔フィリング膜　130
再資源化プロセス　243
最大出力密度（maximum power density）　236
材料システム（material system）　1
鎖状エーテル　79
鎖状炭酸エステル　61,78
作動電圧（working voltage）　187,189,234,235
サーペンタイン（serpentaine）流路　165
サルフェーション（sulfation）　47,52
酸化亜鉛（ZnO）　32
酸化イッテルビウム（$Yb_2O_3$）　57
酸化還元反応（redox reaction）　178,209
酸化銀（$Ag_2O$）　28
酸化銀電池（silver oxide cell）　28
酸化コバルト（$Co_3O_4$）　64
酸化ビスマス（$BiO_3$）　109
酸化ビスマス系固体電解質　109
酸化物イオン（$O^{2-}$）空格子点　108
酸化物イオン伝導性固体電解質　103
酸化物系固体電解質　106
酸化物負極　77
三相界面（three phase zone）　101
酸素過電圧（oxygen over voltage）　57
酸素還元触媒　28
酸素還元反応の過程　117
酸素電極反応（oxygen electrode reaction）　116
ジエチルカーボネート（diethyl carbonate ; DEC）　36,61,78
自己放電（self discharge）　203,213
支持電解質（supporting electrolyte）　36
ジスルフィド結合（disulfide bond）　74
質量エネルギー密度（specific energy）　212

索　引

| | | | | |
|---|---|---|---|---|
| 質量出力密度 (specific power) | 213 | | 58, 137 |
| 時定数 (time constant) | 228 | 水素吸蔵・放出過程 | 58 |
| 自動車用電池 | 145 | 水素吸蔵量 | 58 |
| シフト反応 (shift conversion) | 132 | 水素酸化反応の過程 | 117 |
| ジメチルカーボネート (demethyl carbonate; DMC) | 36 | 水素・酸素燃料電池 (hydrogen oxygen fuel cell) | 12 |
| ジメトキシエタン (dimethoxyethane; DME) | 34, 79 | 水素ステーション | 172 |
| | | 水素選択透過率 | 134 |
| 充電器 (charger) | 155 | 水素電極反応 (hydrogen electrode reaction) | 116 |
| 充電状態 (state of charge, SOC) | 158 | | |
| 充電スタンド | 155 | 水素の性質 | 135 |
| 集電体 (current collector) | 32 | 水素の精製技術 | 133 |
| 充電電流 (charge current) | 188 | 水素の製造方法 | 130 |
| 周波数応答解析器 (frequency response analyzer; FRA) | 222 | 水素の貯蔵方法 | 135 |
| | | 水素発生型腐食 | 240 |
| 充放電制御回路 | 49 | 水素平衡圧力 | 57 |
| 出力密度 (power density) | 213 | すず (Sn) 系アモルファス負極 | 77 |
| 使用温度範囲 | 27 | スタック (stack) | 100, 149 |
| 抄紙セパレータ | 50 | スタンバイ充電 | 86 |
| 状態密度－電子エネルギー曲線 | 85 | スチレングラフト重合膜 | 129 |
| 初期放電電圧 (initial discharge voltage) | 191 | ステージ構造 (stage structure) | 63 |
| 触媒栓方式 | 51 | ストロンチウム-マグネシウム-コバルト添加ランタンガレート | 113 |
| シリカリン酸系多孔質ガラス | 168 | | |
| シリーズハイブリッド (series hybrid) 方式 | 156 | スピネル型化合物 | 71 |
| | | スルホン化処理 (sulfonation) | 161 |
| シリーズパラレルハイブリッド (series-parallel hybrid) 方式 | 156 | スルホン化セパレータ | 161 |
| | | スルホン化耐熱性高分子膜 | 168 |
| 死んだリチウム (dead lithium) | 76 | スルホン酸基 | 121 |
| 水酸化カリウム (KOH) | 31, 47, 55 | 正極 (positive electrode) | 18 |
| 水酸化コバルト (Co(OH)$_2$) | 56 | 正極規制 | 56 |
| 水酸化ニッケル (Ni(OH)$_2$) | 56 | 制御弁式鉛蓄電池 | 51 |
| 水蒸気改質法 (steam reforming pocess) | 132 | 生物電池 (bio-cell) | 2 |
| 水素イオン (H$^+$) 伝導性酸化物 (proton-conductive oxide) | 111 | セパレータ (separator) | 19, 67, 76 |
| | | セパレータ材料 | 123 |
| 水素化物形成金属 (hydride-forming metal) | 137 | セリア (CeO$_2$) | 108 |
| | | セルインピーダンス (cell impedance) | 225 |
| 水素吸蔵合金 (hydrogen-storing alloy) | | セルコントローラ | 149 |

| | |
|---|---|
| 全固体薄膜二次電池 | 38,80,81 |
| 選択酸化法 | 133 |
| 全面供給型セパレータ | 130 |
| 全ポリマー電池 | 83 |
| 層間距離 | 65 |
| 総合エネルギー効率 | 96 |
| 層状岩塩型化合物 | 70 |
| 層状構造（layer structure） | 61,65 |
| 相転移（phase transition） | 108 |
| ソフトカーボン（soft carbon） | 67 |

### タ 行

| | |
|---|---|
| 耐食性導電粒子 | 124 |
| 体積エネルギー密度（energy density） | 213 |
| 体積出力密度（power density） | 213 |
| 多孔質隔壁（porous separator） | 10 |
| 多孔質カーボン紙 | 100 |
| 多孔質黒鉛電極 | 49 |
| 多孔質酸化ニッケル（Li含有）焼結体板 | 97 |
| 多孔質炭素電極 | 53 |
| 多孔質ニッケル合金板 | 97 |
| 脱ドーピング（undoping） | 73 |
| 脱溶媒和 | 68 |
| 脱硫処理（desulfurization） | 131 |
| ダニエル（Daniell. J.F.） | 10 |
| ダニエル電池（Daniell cell） | 10 |
| 炭化珪素（SiC）板 | 100 |
| 炭化水素化合物（$C_nH_m$） | 133 |
| 炭酸ナトリウム（$Na_2CO_3$） | 97 |
| 炭酸リチウム（$Li_2CO_3$） | 64,97 |
| 炭酸リチウム換算（LCE） | 173 |
| 炭素（carbon） | 65 |
| 短側鎖型スルホン酸高分子膜 | 167 |
| 単体硫黄（$S_8$, active sulfur） | 74 |
| 単電池（unit cell） | 92,149 |
| 置換型スピネル（$LiM_yMn_{2-y}O_4$） | 153 |
| 地球環境問題対策 | 140 |

| | |
|---|---|
| 窒化物負極 | 77 |
| チャンネル構造化合物 | 34,61 |
| 中温作動固体高分子型燃料電池 | 113 |
| 超臨界流体（supercritical fluid） | 135 |
| 直接メタノール燃料電池（direct methanol fuel cell；DMFC） | 99,125 |
| ディインターカレーション（deintercalation） | 35 |
| 定格容量（rated capacity） | 212 |
| 抵抗過電圧（resistance overpotential） | 195 |
| 定電位分極曲線（potentiostatic polarization curve） | 217 |
| 定電位分極法（potentiostatic polarization method） | 216 |
| 定電流・定電圧充電法（constant current/voltage charging） | 86 |
| 低粘度溶媒 | 36 |
| 電圧効率（voltage efficiency） | 214 |
| 電位-pH図（potential-pH diagram） | 183,238 |
| 電解質（electrolyte） | 19,196 |
| 電解質溶液（electrolytic solution） | 196 |
| 電荷移動抵抗（charge transfer resistance） | 226 |
| 電解二酸化マンガン（$\gamma$-$MnO_2$） | 27,31 |
| 電気化学インピーダンス法（electrochemical impedance method） | 221 |
| 電気化学的初期活性化 | 57 |
| 電気化学反応（electrochemical reaction） | 177 |
| 電気自動車（pure electric vehicle；PEV） | 146 |
| 電気自動車用二次電池システム | 149 |
| 電気自動車用リチウムイオン二次電池 | 151 |
| 電気浸透現象（electro-osmosis） | 122 |
| 電気的等価回路（electrical equivalent circuit） | 224 |

索　引

電気二重層キャパシタ (electric double layer capacitor ; EDLC)　52,207
電気モーター駆動自動車　145
電極 (electrode)　32
電極触媒 (electrocatalyst)　117,127
電極反応の反応速度　186
電池 (cell, battery)　1
電池性能の指標　211
電池の起電力 (electromotive force) 181,239
電池の損失　194
電池の正しい使い方　21
電池の発明史　4
電池の分類　1
電池のリサイクル　242
伝導帯 (conduction band)　85
デンドライト (dendrite, 樹枝状晶)　76
天然黒鉛 (natural graphite)　66
電流効率 (current efficiency)　214
電流遮断機構 (current shutdown mechanism)　34,61
電流－電圧 ($i$-$V$) 曲線 (current-voltage curve)　233
電流－電位曲線 (polarization curve)　216
電力貯蔵 (electric storage)　49
銅－亜鉛 (Cu-Zn) 触媒　133
動電位分極曲線 (potentiodynamic polarization curve)　217
導電剤 (electronic conductor)　32,50
導電性隔壁 (conductive separator)　92
導電性高分子 (conducting polymer)　73
導電性ネットワーク　57
銅箔　68
当量導電率 (equivalent conductance)　199
都市ガス（天然ガス）　100,133
都市ガス改質　131
ドーピング (doping)　73
ドライブ・バイ・ワイヤー (drive-by-wire)　151
トリクル充電 (trickle charge)　87

ナ 行

ナイキスト図 (Nyquist diagram)　227
内部分極曲線 (inner polarization curve) 205
ナトリウム (Na)　50
ナトリウム・硫黄電池 (sodium-sulfur battery)　50
ナトリウムイオン伝導性固体電解質　50
ナノ構造炭素材料　139
ナノシェル構造のカーボン　118
ナフィオン (Nafion)　115,119,121,122
鉛 (Pb)　46,50
鉛蓄電池 (lead-acid battery, lead storage battery)　46,50,51,182
二元機能機構 (bifunctional mechanism) 127
二酸化鉛 ($PbO_2$)　46,50
二酸化マンガン・リチウム電池 (manganese dioxide-lithium cell)　29,33,34
二次電池 (secondary cell, strage battery) 43
二次電池の基本構造　43
二次電池の充電方法　86
ニッケル・亜鉛電池 (nickel-zinc battery) 49
ニッケル・カドミウム蓄電池 (nickel-cadmium battery)　47
ニッケル・コバルト (NiCo) 複酸化物　28
ニッケル酸リチウム ($LiNiO_2$)　60,70,153
ニッケル (Ni) 触媒　131
ニッケル－ジルコニア (Ni-YSZ) サーメット　97,104,106
ニッケル・水素電池 (nickel-hydrogen battery, nickel-metal hydride battery)　47,54,55,158
ニッケル多孔体基板　56
二硫化チタン ($TiS_2$)　81
熱安定性 (thermal stability)　64

熱分解温度（thermal decomposition temperature） 64
粘結剤（binding material） 64
燃料極（fuel electrode） 92
燃料電池（fuel cell） 91
燃料電池スタック（fuel cell stack） 162
燃料電池の構造 91
燃料電池の電極反応 93
燃料電池自動車（fuel cell vehicle：FCV） 146
燃料電池自動車用燃料電池システム 162,164
燃料利用率（fuel utilization efficiency） 215
濃度過電圧（concentration overpotential） 194
濃度分極（concentration polarization） 191

## ハ行

排熱利用 112
ハイブリッドキャパシタ 209
ハイブリッド自動車（hybrid electric vehicle：HEV） 146
ハイブリッド自動車用ニッケル・水素電池 158
ハイブリッド自動車用二次電池 157
ハイブリッド自動車用二次電池システム 156
バイポーラ電極（bipolar electrode） 53
バイポーラ板（bipolar plate） 92
バグダッド電池 6
白金（Pt）触媒（platinum catalyst） 98,100,115,117,126
白金（Pt）合金触媒 98,100,115,127
白金触媒の溶解 118
白金代替触媒 118
白金（Pt）担持カーボンブラック 102
発電効率（generation efficiency of electricity） 214,237
発電量の平準化（load levelling） 141
パッシブ型直接メタノール燃料電池 125
バッテリー（battery） 149
バッテリーコントローラ（battery control unit） 150
バッテリーパック 152
ハードカーボン（hard carbon） 67,154
パーフルオロアルキレン基 120,121
パーフルオロスルホン酸膜（perfluorosulfonic acid membrane） 115,120,121,122,166
パーフルオロビニルエーテル基 121
パラジウム-銀（Pd-Ag）合金膜 134
パラジウム（Pd）膜 134
パラレルハイブリッド（parallel hybrid）方式 156
パルス的大電流充放電 52
半無限拡散 228
微細多孔膜 61
比抵抗（specific resistance） 196
比導電率（specific conductance） 196
ビニルアセテート（vinyl acetate；VA） 79
非ファラデー電流（non-faradaic current） 224
非プロトン性有機電解液 35
標準化学ポテンシャル（standard chemical potential） 178
標準自由エネルギー変化（standard free energy change） 179
標準水素電極（normal hydrogen electrode；NHE） 179
標準電極電位（standard electrode potential） 179
ファラデーインピーダンス（faradaic impedance） 224
ファラデー電流（faradaic current） 224

索　引

ファンデルワールス力（van der Waals force）
　　　　　　　　　　　　　　　　　65
不可逆容量（irreversible capacity）　68
負極（negative electrode）　　　　　19
負極吸収方式　　　　　　　　　　　51
複合発電　　　　　　　　　　　　112
複窒化物（$Li_{3-x}M_xN$）　　　　　　77
不純物ガスの除去　　　　　　　　134
腐食（corrosion）　　　　　　　　203
腐食電位（corrosion potential）　　205
腐食電流（corrosion current）　　　205
フタロシアニン化合物　　　　　　　28
フッ化カルシウム（$CaF_2$）　　　　57
フッ化黒鉛（$(CF)_n$）　　　　　　 30
フッ化黒鉛・リチウム電池（fruolocarbon-
　　lithium cell）　　　　　　　　　30
物理電池（physical cell）　　　　　　2
不働態化（passivation）　　32,205,216
不働態皮膜（passive film）　　68,205
部分フッ素化膜　　　　　　　　　167
プラグインハイブリッド自動車（pulug-in
　　hybrid vehicle；PHV）　　　　146
フラーレン（fullerenes）　　　　　161
フラレノール（fullerenol）　　　　169
プランテ（Planté G.）　　　　　　　13
プランテ電池（Planté cell）　　　　13
プルベー図（Pourbaix diagram）　183
ブレーキエネルギー回生　　　　　　52
フロート充電（floating charge）　　86
プロチウム（protium）　　　　　　138
プロトン交換膜型燃料電池（proton
　　exchange membrane fuel cell；PEMFC）
　　　　　　　　　　　　　　　　115
プロトンジャンプ機構（proton-jump
　　mechanism）　　　　　　　　122
プロトン伝導性固体高分子膜
　　（proton-conductive polymer electorolyte

membrane）　　　　　　　　　　98
プロトン伝導性物質とパーフルオロスルホ
　　ン酸の複合膜　　　　　　　　167
プロピレンカーボネート
　　（propylen carbonate；PC）　34,36
分極（polarization）　　　　　　10,185
分極曲線（polarization curve）　　216
分極抵抗（polarization resistance）　219,226
分極抵抗法（polarization resistance method）
　　　　　　　　　　　　　　206,219
分極電位（polarization potential）　185
分散発電設備　　　　　　　　　　　91
平衡圧－組成等温曲線（pressure
　　composition isotherm, PCT curve）　58
平衡状態（equilibrium state）　　　177
平衡定数（equilibrium constant）　179
平衡電位（equilibrium potential）　177
ベータアルミナ（$Na_2O \cdot 11Al_2O_3$）　50
ペロブスカイト（perovskite）　　　110
ペロブスカイト系$H^+$イオン伝導性酸化物
　　　　　　　　　　　　　　　　110
ペロブスカイト系$O^{2-}$イオン伝導性酸化物
　　　　　　　　　　　　　　　　110
扁芯度　　　　　　　　　　　　　232
防縮剤　　　　　　　　　　　　　　50
放電曲線（discharge curve）　192,193
放電時間（discharge time）　　　　188
放電終止電圧（cut-off voltage）　　192
放電電流（discharge current）　　　187
保護回路　　　　　　　　　　　　　61
蛍石型面心立方晶　　　　107,108,109
ポテンショスタット（potentiostat）　217
ホーヤットラップア電池　　　　　　　6
ポリアセチレン（polyacetylene）　　73
ポリアニリン（polyaniline）　　　　74
ポリアニリン/リチウム二次電池　　74
ポリアミド（polyamide）　　　　　134

## 索引

| | |
|---|---|
| ポリイミド系スルホン酸膜 | 168 |
| ポリエチレン（polyethylen） | 34,61 |
| ポリエチレンオキシド | 39 |
| ポリエチレン多孔膜 | 31 |
| ポリピロール（polypirrole） | 74 |
| ポリフッ化ビニリデン樹脂 | 64 |
| ポリプロピレン（polypropylen） | 34,61 |
| ポリプロピレン系樹脂（EPP） | 51 |
| ポリマー電解質（polymer electrolyte） | 81 |
| ポリマー電池（polymer battery） | 38,83 |
| ポリマー二次電池 | 83 |
| ポリリン酸アンモニウム$(NH_4PO_3)_n$ | 111 |
| ポリリン酸塩系$H^+$イオン伝導体 | 111 |
| ボルタ（Volta A.G.） | 8 |
| ボルタの電堆（voltaic pile） | 8 |
| ボルタ電池（Volta cell） | 8 |

### マ 行

| | |
|---|---|
| マイクロ燃料電池（micro fuel cell） | 125 |
| 膜電位（membrane potential） | 202 |
| 膜電極接合体（membrane electrode assembly；MEA） | 115 |
| マグネシウムドープランタンクロマイト | 104 |
| 膜分離法 | 134 |
| 末期放電電圧（late discharge voltage） | 192 |
| マンガン乾電池（manganese dioxide-zinc dry cell） | 27 |
| マンガン酸リチウム（$LiMn_2O_4$） | 60,71,153 |
| ミッシュメタル（Mischmetall（独）） | 57 |
| 無機固体電解質 | 80 |
| 無機酸塩系固体電解質 | 106 |
| 無機-有機ハイブリッド電解質 | 168 |
| メソカーボン（mesocarbon） | 67 |
| メソフェーズ（mesophase） | 67 |
| メタノール（$CH_3OH$） | 125 |
| メタノールクロスオーバー（methanol crossover） | 127,128 |
| メタン（$CH_4$） | 133 |
| メモリー効果（memory effect） | 87 |
| モジュール（module） | 149 |

### ヤ 行

| | |
|---|---|
| 屋井乾電池 | 16 |
| 屋井先蔵（やいさきぞう） | 16 |
| 有機ジスルフィド化合物 | 74 |
| 有機電解液（organic electrolyte） | 78 |
| 有機ハイドライド | 138 |
| 有機溶剤（organic solvent） | 35 |
| 有限拡散（finite diffusion） | 230 |
| 輸率（transport number） | 200 |
| 陽イオン（カチオン；cation） | 196 |
| ヨウ化リチウム（LiI） | 37,80 |
| ヨウ素（$I_2$） | 37 |
| ヨウ素電荷移動錯体 | 37 |
| 溶媒和（solvation） | 68 |
| 溶融炭酸塩型燃料電池（molten carbonate fuel cell；MCFC） | 97 |
| 容量（capacity） | 192,193,212 |
| 容量保存率 | 213 |
| 四フッ化ホウ酸リチウム（$LiBF_4$） | 36,79 |
| 四塩化アルミニウムリチウム（$LiAlCl_4$） | 30 |

### ラ 行

| | |
|---|---|
| ラジカル（radical） | 122 |
| ラミネート型電池 | 152,154 |
| 乱層構造（turbostratic disorder） | 67 |
| ランタンガレート（$LaGaO_3$） | 110 |
| ランタンストロンチウムマンガナイト（$La_{0.8}Sr_{0.2}MnO_3$） | 97,104 |
| リサイクルマーク | 243 |
| リチウム-アルミニウム（Li-Al）合金 | 48,76 |
| リチウムイオン電池の生産量 | 40 |
| リチウムイオン伝導性固体電解質 | 37,68 |

リチウムイオン二次電池（lithium ion
　battery）　　　　　　　　　48,60,61
リチウム一次電池　　　　　　　　29
リチウム合金　　　　　　　　　　76
リチウム－炭素層間化合物（lithium carbon
　intercalation compound；Li-CIC）　60,65
リチウム窒素複合材料　　　　　139
リチウム二次電池　　　　　　　　48
リチウムの資源問題　　　　　　173
リチウム複酸化物　　　　　　　　60
リチウム・ヨウ素電池（Lithium-iodide cell）
　　　　　　　　　　　　　　　　37
リテイナー（retainer）　　　　　51
硫酸（$H_2SO_4$）　　　　　　　46,50
硫酸鉛（$PbSO_4$）　　　　　　　52
硫酸バナジウム溶液　　　　　　　49
硫酸水素セシウム（$CsHSO_4$）　111,169
理論エネルギー密度（theoretical energy
　density）　　　　　　　　　　212
理論発電効率（theoretical generation
　efficiency of electricity）　　214
理論容量（theoretical capacity）　211
臨界圧力（critical pressure）　　135
臨界温度（critical temperature）　135
リン酸（$H_3PO_4$）　　　　　　100
リン酸型燃料電池（phosphoric acid fuel cell；
　PAFC）　　　　　　　96,100,101
リン酸含浸耐熱性高分子膜　　　168
リン酸鉄リチウム（$LiFePO_4$）　72,153
ルギン細管（Luggin capillary）　218
ルクランシェ（Leclanché G.）　　14
ルクランシェ電池（Leclanché cell）　14
レドックスキャパシタ　　　　　209
レドックス反応（redox reaction）　178,209
レドックスフロー電池（redox flow cell）　49
六フッ化リン酸リチウム（$LiPF_6$）　48,61,79

## ワ 行

ワールブルグインピーダンス（Warburg
　impedance）　　　　　　　　228
ワールブルグ係数（Warburg coefficient）
　　　　　　　　　　　　　　　228

**著者略歴**

杉本 克久（すぎもと・かつひさ）
1969　東北大学大学院工学研究科金属工学専攻博士課程修了，工学博士
1969　東北大学助手　工学部金属工学科勤務，講師，助教授を経て
1988　東北大学教授　工学部金属工学科勤務
1997　東北大学教授　大学院工学研究科金属工学専攻勤務（職制変更）
2003　定年退官，東北大学名誉教授
受賞：日本金属学会論文賞・功績賞・学術功労賞，腐食防食協会協会賞・論文賞，日本鉄鋼協会里見賞，その他

---

化学電池の材料化学
（かがくでんち　ざいりょうかがく）

2010年 9月10日　初版第1刷発行
2013年 5月30日　初版第2刷発行

著　　　者　杉本 克久 ©

発 行 者　青木 豊松

発 行 所　株式会社 アグネ技術センター
〒107-0062 東京都港区南青山5-1-25 北村ビル
TEL 03 (3409) 5329 ／ FAX 03 (3409) 8237

印刷・製本　株式会社 平河工業社

Printed in Japan, 2010, 2013

落丁本・乱丁本はお取り替えいたします。
定価の表示は表紙カバーにしてあります。

ISBN 978-4-901496-56-8 C3054